W0254804

Anwendung programmierbarer Taschenrechner

Band 1 Angewandte Mathematik – Finanzmathematik – Statistik – Informatik für UPN-Rechner, von H. Alt

Band 2 Allgemeine Elektrotechnik – Nachrichtentechnik – Impulstechnik für UPN-Rechner, von H. Alt

Band 3/I Mathematische Routinen der Physik, Chemie und Technik für AOS-Rechner, Teil I, von P. Kahlig

Band 3/II Mathematische Routinen für Physik, Chemie und Technik für AOS-Rechner, Teil II, von P. Kahlig

Band 4 Statik – Kinematik – Kinetik für AOS-Rechner, von H. Nahrstedt

Band 5 Numerische Mathematik. Programme für den TI-59, von J. Kahmann

Band 6 Elektrische Energietechnik – Steuerungstechnik – Elektrizitätswirtschaft für UPN-Rechner, von H. Alt

Band 7 Festigkeitslehre für AOS-Rechner (TI-59), von H. Nahrstedt

Band 8 Graphische Darstellung mit dem Taschenrechner (AOS), von P. Kahlig

Band 9 Maschinenelemente für AOS-Rechner, Teil I: Grundlagen, Verbindungselemente, Rotationselemente, von H. Nahrstedt

Band 10 Getriebetechnik – Kinematik für AOS- und UPN-Rechner (TI-59 und HP 97), von K. Hain

Band 11 Indirektes Programmieren und Programmorganisation, von A. Tölke

Band 12 Algorithmen der Netzwerkanalyse für programmierbare Taschenrechner (HP-41 C), von D. Lange

Band 13 Getriebetechnik – Dynamik für AOS- und UPN-Rechner, von H. Kerle

Band 14 Graphische Darstellung mit dem Taschencomputer PC-1211/1212 von P. Kahlig

Band 15 Numerische Methoden bei Integralen und gewöhnlichen Differentialgleichungen für programmierbare Taschenrechner (AOS), von H. H. Gloistehn

Band 16 Elliptische Integrale für TI-58/59 Mathematische Routinen der Physik, Chemie und Technik, Teil III, von P. Kahlig

Band 17 Theta-Funktionen und elliptische Funktionen für TI-59 Mathematische Routinen der Physik, Chemie und Technik, Teil IV, von P. Kahlig

Anwendung programmierbarer Taschenrechner

Band 16

Peter Kahlig

Elliptische Integrale für TI-58/59

Mathematische Routinen der Physik, Chemie und Technik
Teil III

Mit 6 Programmen (für 12 Funktionen), 100 Beispielen,
70 Abbildungen, 20 Tabellen
und einem Verzeichnis von F.M.R.-Nummern

Geleitwort von N. Hofreiter

Friedr. Vieweg & Sohn   Braunschweig/Wiesbaden

CIP-Kurztitelaufnahme der Deutschen Bibliothek

Kahlig, Peter:
Mathematische Routinen der Physik, Chemie und
Technik / Peter Kahlig. – Braunschweig; Wiesbaden:
Vieweg
(Anwendung programmierbarer Taschenrechner; ...)
Bis Teil 2 u.d.T.: Kahlig, Peter: Mathematische
Routinen der Physik, Chemie und Technik für
AOS-Rechner

Teil 3. → Kahlig, Peter: Elliptische Integrale für TI-58, 59

Kahlig, Peter:
Elliptische Integrale für TI-58, 59 / Peter Kahlig.
Geleitw. von N. Hofreiter. – Braunschweig; Wiesbaden:
Vieweg, 1983.
(Mathematische Routinen der Physik, Chemie und
Technik / Peter Kahlig; Teil 3)
(Anwendung programmierbarer Taschenrechner; Bd. 16)
ISBN-13: 978-3-528-04213-4 e-ISBN-13: 978-3-322-89446-5
DOI: 10.1007/978-3-322-89446-5

NE: 2. GT

1983

Satz: Vieweg, Wiesbaden

ISBN-13: 978-3-528-04213-4

Geleitwort

Der vorliegende Band beschäftigt sich mit der Gewinnung von Zahlenwerten zu elliptischen Integralen erster und zweiter Gattung. Dies geschieht hier nicht mittels Tabellen und Interpolation, sondern durch geeignete Transformationen und numerische Approximationen. Die von Taschenrechnern erzielbare Genauigkeit liegt dabei relativ hoch (etwa 9 bis 10 Dezimalstellen).

Die mit bescheidensten Mitteln hergestellten Abbildungen sind nicht uninteressant. Anwendungsbeispiele illustrieren die wichtigsten Transformationen und schlagen eine Brücke zur technischen Praxis. Im Anhang mitgeteilte Fehlerschranken bezeugen die Brauchbarkeit der Routinen. Ein Register, das die Verbindung zum Tafel-Index von Fletcher-Miller-Rosenhead herstellt, erleichtert einen Literaturvergleich.

Natürlich sind große Computer sehr viel schneller, zugleich aber sehr viel aufwendiger. Zur prompten Berechnung einzelner Funktionswerte von elliptischen Integralen scheint der vorliegende Band jedenfalls einen gangbaren Weg zu weisen.

N. Hofreiter

Univ. Prof. Dr. Nikolaus Hofreiter, Institut für Mathematik der Universität Wien. Korrespond. Mitglied der Österr. Akademie der Wissenschaften. Koautor der *Integraltafeln* (Springer, Wien).

Vorwort

Dieses Buch ist als Soforthilfe für die Praxis bestimmt: Oft benötigte spezielle Funktionen der Physik, Chemie und Technik stehen auf Knopfdruck bereit. Die *ständige Verfügbarkeit* von Taschenrechnern ist dabei ein gewisser Vorteil gegenüber Tabellenwerken oder Großrechnern. Auch leisten Taschenrechner gute Dienste bei Test und Auswahl von ökonomischen Algorithmen für Großrechner. – Die Idee zu diesem Buch geht auf Anregungen von Studenten der Naturwissenschaften an der Universität Wien zurück.

Durch Verwendung von unkonventionellen Hierarchie-Befehlen werden möglichst wenig Datenregister verbraucht. Zur Verminderung der Programmlaufzeit wird durchgehend absolute Adressierung angewandt. Auf Modul-Programme wird nicht zugegriffen; daher sind die Programme dieses Buchs *parallel zu jedem beliebigen Modul* verwendbar. Für mathematische Grundlagen sind zahlreiche Literaturstellen angegeben. Für Rechner-Details wird auf Handbuch und einführende Literatur verwiesen (z.B. H. H. Gloistehn: Programmieren von Taschenrechnern, Band 3, Lehr- und Übungsbuch für den TI-58 und TI-59, Vieweg, Braunschweig, 1981).

Fast alle Abbildungen und Tabellen wurden mit den Plot- und Druckroutinen aus Band 3/I erzeugt. Die von Studenten oft gestellte Utilitäts-Frage „Wofür ist das gut?" wird durch viele *praxisbezogene Anwendungsbeispiele* beantwortet. – Funktionsroutinen, die sich auch für den TI-58 eignen, sind als solche gekennzeichnet.

Innovationen im vorliegenden Band 16:

(1) Taschenrechner-Routinen für *generalisiertes* vollständiges und unvollständiges elliptisches Integral zweiter Gattung. Demonstration der Nützlichkeit bei Anwendungen.

(2) Im Register-Teil sind *F.M.R.-Nummern* angegeben, die bekanntlich zur Kennzeichnung und Katalogisierung von speziellen Funktionen dienen.

Der vorliegende Band 16 in der Reihe „Anwendung programmierbarer Taschenrechner" behandelt u.a. folgende Funktionen: vollständige und unvollständige elliptische Integrale erster und zweiter Gattung, generalisiertes vollständiges und unvollständiges elliptisches Integral zweiter Gattung, Umrechnung von Parametern. Der Anhang enthält Referenzwerte und Fehlerkurven. – Der Fortsetzungsband 17 behandelt u.a. Theta-Funktionen von Jacobi, theta-Funktionen von Neville, elliptische Funktionen von Jacobi (mit Parameter w, q oder $m = k^2$).

Der Autor wünscht dem Leser Anregung und Erfolg bei der Verwendung dieses Buchs. Vorschläge für Verbesserungen und Ergänzungen werden gern entgegengenommen. Den Herren Univ. Prof. R. Gutdeutsch und Univ. Prof. P. Steinhauser gebührt Dank für zahlreiche Hinweise zur Geophysik. Den Mitarbeitern des Vieweg Verlags, im besonderen Herrn M. Langfeld, wird für die konstruktive Zusammenarbeit gedankt.

Peter Kahlig

Wien, im März 1982

Inhaltsverzeichnis

Inhaltsübersicht zu Band 16 und 17

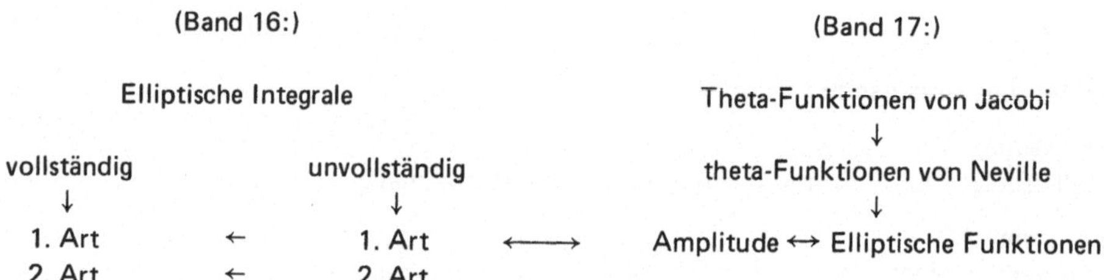

Die Übersicht zeigt, daß man drei Wege durch das Stoffgebiet wählen kann:

(1) Man nimmt als Ausgangspunkt die elliptischen Integrale *(Legendre)* und führt dann durch Umkehrung die Amplitude und die elliptischen Funktionen ein.

(2) Man nimmt als Ausgangspunkt elliptische Funktionen und Amplitude *(Abel)* und führt dann durch Umkehrung die unvollständigen elliptischen Integrale ein (mit den vollständigen elliptischen Integralen als Spezialfall).

(3) Man nimmt als Ausgangspunkt die Theta-Funktionen *(Jacobi)*, die im wesentlichen Zähler und Nenner der elliptischen Funktionen bilden (aber bei Wärmeleitungs- und Diffusionsproblemen ein Eigenleben führen). Über elliptische Funktionen und Amplitude kommt man dann (als Umkehrung) zu den elliptischen Integralen.

Einleitung

Zu Beginn jedes Kapitels findet man

(I) eine Übersicht über die enthaltenen *Programme* als Hilfe bei der Auswahl einer passenden Routine,

(II) eine Übersicht über die behandelten *Funktionen* (in Form von Integraldarstellungen, Reihendarstellungen, Differentialgleichungen) zur raschen Identifikation einer Funktion als Lösung eines Problems,

(III) eine Auswahl von einführender und weiterführender *Literatur*.

Den Hauptteil jedes Kapitels bilden die Programmbeschreibungen (Dokumentationen). Zur leichteren Orientierung ist jede Dokumentation in sechs Abschnitte gegliedert:

(a) Algorithmus,
(b) Bedienungshinweise,
(c) Checkwerte,
(d) Datenregister,
(e) Eingabe des Programms,
(f) Funktions-Anwendungen.

Die Abschnitte (a), (c), (f) sind für beliebige Rechnertypen (auch Großrechner) brauchbar. In Abschnitt (c) sind Richtwerte für Laufzeiten angegeben; das Verhältnis der Laufzeit von zwei Routinen ist annähernd auch für andere Rechnertypen gültig. Die Beispiele in Abschnitt (f) enthalten detaillierte Angaben über die Tastenfolge zur Lösung eines Problems, wobei nur konventionelle Befehle aufscheinen (unkonventionelle Befehle wie HIR werden ausschließlich in den Funktionsroutinen eingesetzt). Wie in Programmlisten üblich, wird die Präfix-Taste [2nd] nicht angeführt. Ein Hinweis wie „Gl. (1.12)" bezieht sich auf die numerierten Gleichungen der Übersicht (II) am Kapitelanfang.

Bekanntlich hat der Rechner sechs Subroutine-(SBR-)Ebenen, neun Klammer-Ebenen und acht unvollständige Operations-Ebenen; die Anzahl der von einem Programm belegten Ebenen ist bei den „Programmkenndaten" in Abschnitt (b) angegeben.

Jede Routine wird in Grundstellung der Speicherbereichsverteilung geladen. Zum Abruf einer Funktion ist daher nur folgendes zu tun: Rechner einschalten, Magnetkarte(n) einlesen, Argumentwert eingeben, Funktionstaste drücken. Die Funktionsroutinen enthalten absichtlich keine Druckbefehle; soll gedruckt werden, ist vom Anwender nach Funktionsaufruf ein Druckbefehl anzuschließen. Alle Funktionsroutinen sind auch als Unterprogramme einsetzbar; die Befehle =, CLR und RST wurden in den Funktionsroutinen vermieden.

Bei Benutzung einer Funktionsroutine als Unterprogramm steht dem Anwender für sein Hauptprogramm (und für eine Plot- oder Druckroutine) mindestens der gesamte Block 2 zur Verfügung (Schritt 240–479). Die Programm-Koordination sieht hier so aus:

Block 1 (manchmal auch 3, 4)	Block 2
Unterprogramm: Funktionsroutine Aufruf: A, B, ...	**Hauptprogramm:** Zusatzroutine Aufruf: E (oder SBR Label)

Die Abbildungen und Tabellen dienen zur Auflockerung und als zusätzliche Information. Bei allen Zahlenangaben ist die letzte Stelle i.a. um höchstens eine Einheit unsicher.

Mathematische Schreibweise und Bezeichnungen sind möglichst konform zu den weit verbreiteten Standardwerken "Handbook of Mathematical Functions" von Abramowitz-Stegun und „$\Sigma\ \Pi\ \int$" von Ryshik-Gradstein. Zahlenangaben erfolgen in der Form $c = 5.67 \times 10^{-8}$ (was der Rechner-Anzeige und Ein-Ausgabe ähnlicher ist als $5{,}67 \cdot 10^{-8}$).

Viele mathematische Details sind vereinfacht dargestellt. Wenn nicht anders vermerkt, sind die auftretenden Variablen stets reell („x beliebig" bedeutet daher „x beliebig reell").

Abkürzungen:

f(x), 8D	Die Funktionswerte f(x) sind auf acht Dezimalstellen genau.
f(x), 7S	Die Funktionswerte f(x) sind auf sieben signifikante Ziffern genau.
f(x), 6D/S	Die Funktionswerte f(x) sind für $\lvert f(x)\rvert < 1$ auf sechs Dezimalstellen genau, für $\lvert f(x)\rvert \geqslant 1$ auf sechs signifikante Ziffern genau.

[x]	Argumentwert x eingeben, angegebene Taste drücken.
[$x \to f$]	Argumentwert x eingeben, Funktion aufrufen (durch Tastendruck); Funktionswert f(x) wird angezeigt.
[$x \to f \rightleftharpoons g$]	Argumentwert x eingeben, Funktion aufrufen; 1. Funktionswert f(x) wird angezeigt, 2. Funktionswert g(x) ist im T-Register (Anzeige durch $x \rightleftharpoons t$).

Programmadreß-Tasten:

A'	B'	C'	D'	E'
A	B	C	D	E

1 Vollständige elliptische Integrale

(I) Programme in Kapitel 1 (Übersicht)

Programm	Funktion	Argument	Genauigkeit	Datenregister
1.1	K(m), E(m), B(m), D(m), w(m), q(m)	$0 \leqslant m \leqslant 1$	mäßig	effektiv $R_{30} - R_{51}$
1.2	K(m), E(m), B(m), D(m), w(m), q(m)	$0 \leqslant m \leqslant 1$	sehr hoch	$R_{28} - R_{56}$
1.3*)	K(m), E(m), B(m), D(m), w(m), q(m)	$-\infty < m \leqslant 1$	hoch	R_{28}, R_{29}
1.4*)	K(m), E(m), B(m), D(m), w(m), q(m) G(m; α, β)	$-\infty < m \leqslant 1$ $-\infty < m \leqslant 1$; α, β beliebig	hoch	$R_{26} - R_{29}$

*) auch für TI-58 geeignet

(II) Funktionen in Kapitel 1 (Übersicht)

Nomenklatur:

γ	Modularwinkel (modular angle),	$f\langle\gamma\rangle$	Funktion von γ
$k = \sin\gamma$	Modul (modulus),	$f\lceil k\rfloor$	Funktion von k
$m = k^2$	Milne-Parameter[1] (parameter),	$f(m)$	Funktion von m
$w = K(1-m)/K(m)$	Enneper-Parameter[2] (ratio),	$f[w]$	Funktion von w
$q = \exp(-\pi w)$	Jacobi-Parameter[3] (nome),	$f\{q\}$	Funktion von q

(f irgendein vollständiges elliptisches Integral erster oder zweiter Gattung). Die fünf Parameter γ, k, m, w, q sind eindeutig ineinander umrechenbar. Die Verwendung verschiedener Klammern nach dem Funktionszeichen sichert die Eindeutigkeit der Bezeichnungsweise:

$$f\langle\gamma\rangle = f\lceil\sin\gamma\rfloor = f(\sin^2\gamma) = f[w\langle\gamma\rangle] = f\{q\langle\gamma\rangle\},$$

beispielsweise

$$f\left\langle\frac{\pi}{4}\right\rangle = f\left\lceil\frac{1}{\sqrt{2}}\right\rfloor = f\left(\frac{1}{2}\right) = f[1] = f\{e^{-\pi}\}.$$

Bei Benutzung des Modularwinkels γ wird die Angabe der Winkeleinheit benötigt [Radiant, (Alt-)Grad ($^\circ$), Neugrad (^{g})]; die folgenden Ausdrücke sind gleichwertig:

$$f\left\langle\frac{\pi}{4}\right\rangle = f\langle 45^\circ\rangle = f\langle 50^g\rangle .$$

Einige Gründe für die Verwendung des Parameters $m = k^2$ statt des Moduls k:

(a) In allen Integral- und Reihendarstellungen (s.u.) tritt unmittelbar $m = k^2$ auf, nicht k.

(b) Rein imaginäres k entspricht *negativem reellen* m, was von numerischen Routinen mit AGM-Schema direkt verarbeitet wird (sogar für $m < -1$).

(c) Die Mehrzahl moderner Tabellen ist auf m aufgebaut, vgl. z.B. [1)] und [4)]–[10)].

(d) Bei physikalischen Anwendungen ist $m = k^2$ meist zweckmäßiger als k.

Bei gewissen Anwendungsgebieten sind die Parameter w und q zu bevorzugen, indem sie etwa unmittelbare physikalische Bedeutung besitzen (z.B. w Zeit) oder numerische Vorteile bringen (z.B. $q \ll 1$ in Reihenentwicklung).

Vollständiges elliptisches Integral erster Gattung K(m)

(Vollständiges 1. Normalintegral von Legendre)

Integraldarstellung: $(m < 1)$

$$K(m) = \int_0^{\pi/2} \frac{dt}{\sqrt{1 - m\sin^2 t}} = \int_0^{\pi/2} \frac{dt}{\sqrt{1 - m\cos^2 t}} = \int_0^1 \frac{dt}{\sqrt{(1 - mt^2)(1 - t^2)}} =$$

$$= \int_0^1 \frac{dt}{\sqrt{(1 - m + mt^2)(1 - t^2)}} = \int_0^\infty \frac{dt}{\sqrt{[1 + (1 - m)t^2](1 + t^2)}} = \int_0^\infty \frac{dt}{\sqrt{(1 - m + t^2)(1 + t^2)}} . \qquad (1.1)$$

---

1) *Milne-Thomson, L. M.* (1931a): Ten-figure table of the complete elliptic integrals ... Proc. London Math. Soc. (2) **33**, 160–164.
Milne-Thomson, L. M. (1931b): Die elliptischen Funktionen von Jacobi. Springer, Berlin.
Milne-Thomson, L. M. (1950): Jacobian Elliptic Function Tables. Dover, New York.
Milne-Thomson, L. M. (1968): Elliptic Integrals. In: Handbook of Mathematical Functions (*Abramowitz-Stegun* eds.), Ch. 17. NBS, U.S. Govt. Printing Office, Washington, D.C.

2) *Enneper, A.* (1890): Elliptische Functionen. (§ 46 Gl. 18.) Nebert, Halle a.S.

3) *Jacobi, C. G. J.* (1829): Fundamenta Nova Theoriae Functionum Ellipticarum. (§ 35.) Bornträger, Königsberg. (Abgedruckt in: Gesammelte Werke, Vol. I. Reimer, Berlin, 1881.)

4) *Belyakov, V. M., P. I. Kravtsova* and *M. G. Rappoport* (1965): Tables of Elliptical Integrals, Part I. Pergamon Press, Oxford. (Übersetzung aus dem Russischen.)

5) *Byrd, P. F.,* and *M. D. Friedman* (1971): Handbook of Elliptic Integrals for Engineers and Scientists. (Appendix p. 324.) Springer, Berlin.

6) *Dwight, H. B.* (1958): Mathematical Tables. (p. 91–97: Complete Elliptic Integrals.) Dover, New York.

7) *Eagle, A.* (1958): The Elliptic Functions as they should be. (Supplement B, Tables IV, V, VI.) Galloway and Porter, Cambridge.

8) *Fettis, H. E.,* and *J. C. Caslin* (1964): Tables of elliptic integrals ... ARL 64–232, Office of Aerospace Research, U.S. Air Force.

9) *Jahnke, E., F. Emde* und *F. Lösch* (1960): Tafeln höherer Funktionen. (Tafel 17.) Teubner, Stuttgart.

10) *Oberhettinger, F.* und *W. Magnus* (1949): Anwendung der elliptischen Funktionen in Physik und Technik. (Tabellen-Anhang S. 113–116.) Springer, Berlin.

Reihendarstellung:

$$K(m) = \frac{\pi}{2}\left\{1 + \sum_{n=1}^{\infty}\left[\frac{(2n-1)!!}{(2n)!!}\right]^2 m^n\right\} = \frac{1}{2}\sum_{n=0}^{\infty}\left[\frac{\Gamma(n+\frac{1}{2})}{n!}\right]^2 m^n = \frac{\pi}{2}\sum_{n=0}^{\infty}\binom{2n}{n}^2\left(\frac{m}{16}\right)^n =$$

$$= \frac{\pi}{2}\sum_{n=0}^{\infty}\frac{[(2n)!]^2}{(n!)^4}\left(\frac{m}{16}\right)^n \qquad (-1 < m < 1) \qquad (1.2)$$

Darstellung als hypergeometrische Funktion:

$$K(m) = \frac{\pi}{2} F(\tfrac{1}{2}, \tfrac{1}{2}; 1; m) \qquad (1.3)$$

Ableitung:

$$\frac{dK}{dm} = \frac{1}{2(1-m)} B(m) \qquad (1.4)$$

Differentialgleichung:

$$m(1-m)\frac{d^2f}{dm^2} + (1-2m)\frac{df}{dm} - \frac{1}{4}f = 0;$$

Lösung: $f(m) = a\,K(m) + b\,K(1-m)$, $\quad a, b = \text{const.}$ (1.5)

Enneper-Parameter (ratio) $w(m) = K(1-m)/K(m)$

Reihendarstellung:

$$w(m) = \frac{1}{\pi}\left[\ln\frac{16}{m} - \frac{m}{2} - \frac{13}{16}\left(\frac{m}{2}\right)^2 - \frac{23}{24}\left(\frac{m}{2}\right)^3 - \ldots\right] \qquad (0 < m < 1) \qquad (1.6)$$

Ableitung:

$$\frac{dw}{dm} = -\frac{1}{m(1-m)}\,\frac{\pi}{[2K(m)]^2} \qquad (1.7)$$

Jacobi-Parameter (nome) $q(m) = \exp[-\pi\, w(m)]$

Reihendarstellung:

(1) $$q(m) = \frac{m}{16} + 8\left(\frac{m}{16}\right)^2 + 84\left(\frac{m}{16}\right)^3 + 992\left(\frac{m}{16}\right)^4 + \ldots \qquad (0 \leqslant m < 1) \qquad (1.8)$$

(2) $$q(m) = \eta + 2\eta^5 + 15\eta^9 + 150\eta^{13} + \ldots \text{ mit } \eta = \frac{1}{2}\,\frac{1-(1-m)^{1/4}}{1+(1-m)^{1/4}} \qquad (0 \leqslant m < 1) \qquad (1.9)$$

Ableitung:

$$\frac{dq}{dm} = \frac{q(m)}{m(1-m)}\left[\frac{\pi}{2K(m)}\right]^2 \qquad (1.10)$$

Vollständiges elliptisches Integral zweiter Gattung E(m)

(Vollständiges 2. Normalintegral von Legendre)

Darstellung durch K:

$$E(m) = (1-m)\,[K(m) + 2m\, dK/dm] \qquad (1.11)$$

Integraldarstellung: $(m \leqslant 1)$

(1) $$E(m) = \int_0^{\pi/2} \sqrt{1-m\sin^2 t}\,dt = \int_0^{\pi/2} \sqrt{1-m\cos^2 t}\,dt = \int_0^1 \sqrt{\frac{1-m t^2}{1-t^2}}\,dt =$$

$$= \int_0^1 \sqrt{\frac{1-m+m t^2}{1-t^2}}\,dt = \int_0^\infty \sqrt{1+(1-m)\,t^2}\,\frac{dt}{(1+t^2)^{3/2}} = \int_0^\infty \sqrt{1-m+t^2}\,\frac{dt}{(1+t^2)^{3/2}} \qquad (1.12)$$

(2) $$E(m) = \int_0^{K(m)} dn^2(u\,|\,m)\,du \qquad \text{(mit dn aus Band 17)}^{1)} \qquad (1.13)$$

Reihendarstellung:

$$E(m) = \frac{\pi}{2}\left\{1 - \sum_{n=1}^{\infty} \frac{1}{2n-1}\left[\frac{(2n-1)!!}{(2n)!!}\right]^2 m^n\right\} = -\frac{1}{2}\sum_{n=0}^{\infty}\frac{1}{2n-1}\left[\frac{\Gamma(n+\frac{1}{2})}{n!}\right]^2 m^n =$$

$$= -\frac{\pi}{2}\sum_{n=0}^{\infty}\frac{1}{2n-1}\binom{2n}{n}^2\left(\frac{m}{16}\right)^n = -\frac{\pi}{2}\sum_{n=0}^{\infty}\frac{1}{2n-1}\,\frac{[(2n)!]^2}{(n!)^4}\left(\frac{m}{16}\right)^n \qquad (-1<m<1) \qquad (1.14)$$

Darstellung als hypergeometrische Funktion:

$$E(m) = \frac{\pi}{2}\,F(-\tfrac{1}{2}, \tfrac{1}{2}; 1; m) \qquad (1.15)$$

Ableitung:

$$\frac{dE}{dm} = -\frac{1}{2}\,D(m) \qquad (1.16)$$

Differentialgleichung:

$$m(1-m)\,\frac{d^2 f}{dm^2} + (1-m)\,\frac{df}{dm} + \frac{1}{4}\,f = 0;$$

Lösung: $f(m) = a\,E(m) + b\,(1-m)\,D(1-m)$, $\quad a, b = \text{const.}$ (1.17)

---

1) Die analoge Darstellung für K ist trivial: $K(m) = \int_0^{K(m)} du$

Vollständiges elliptisches Integral zweiter Gattung B(m)

Darstellung durch K und E:

(1) $B(m) = m^{-1}\,[E(m) - (1-m)\,K(m)]$ (1.18)

(2) $B(m) = 2\,(1-m)\,dK/dm$ (1.19)

Integraldarstellung: $(m \leqslant 1)$

(1) $$B(m) = \int_0^{\pi/2} \frac{\cos^2 t}{\sqrt{1-m\sin^2 t}}\,dt = \int_0^{\pi/2} \frac{\sin^2 t}{\sqrt{1-m\cos^2 t}}\,dt = \int_0^1 \sqrt{\frac{1-t^2}{1-m t^2}}\,dt =$$

$$= \int_0^1 \frac{t^2\,dt}{\sqrt{(1-m+m t^2)\,(1-t^2)}} = \int_0^\infty \frac{1}{\sqrt{1+(1-m)\,t^2}}\,\frac{dt}{(1+t^2)^{3/2}} = \int_0^\infty \frac{t^2}{\sqrt{1-m+t^2}}\,\frac{dt}{(1+t^2)^{3/2}}$$ (1.20)

(2) $$B(m) = \int_0^{K(m)} \mathrm{cn}^2\,(u\,|\,m)\,du$$ (mit cn aus Band 17) (1.21)

Reihendarstellung:

$$B(m) = \frac{\pi}{4}\left\{1 + \sum_{n=1}^{\infty} \frac{1}{n+1}\left[\frac{(2n-1)!!}{(2n)!!}\right]^2 m^n\right\} = \frac{1}{4}\sum_{n=0}^{\infty} \frac{1}{n+1}\left[\frac{\Gamma(\frac{1}{2}+n)}{n!}\right]^2 m^n =$$

$$= \frac{\pi}{4}\sum_{n=0}^{\infty} \frac{1}{n+1}\binom{2n}{n}^2\left(\frac{m}{16}\right)^n = \frac{\pi}{4}\sum_{n=0}^{\infty} \frac{1}{n+1}\,\frac{[(2n)!]^2}{(n!)^4}\left(\frac{m}{16}\right)^n \qquad (-1 < m < 1)$$ (1.22)

Darstellung als hypergeometrische Funktion:

$$B(m) = \frac{\pi}{4}\,F(\tfrac{1}{2}, \tfrac{1}{2}; 2; m)$$ (1.23)

Ableitung:

$$\frac{dB}{dm} = \frac{1}{2}\,C(m)$$ (1.24)

Differentialgleichung:

$$m\,(1-m)\,\frac{d^2 f}{dm^2} + 2\,(1-m)\,\frac{df}{dm} - \frac{1}{4}\,f = 0\,;$$

Lösung: $f(m) = a\,B(m) + b\,\frac{1}{m}\,A(1-m) =$

$$= a\,B(m) + 2b\,\frac{1}{m}\,(1-m)\,B(1-m)\,, \qquad a, b = \text{const.}$$ (1.25)

Vollständiges elliptisches Integral zweiter Gattung A(m)

Darstellung durch K und E:

(1) $A(m) = 2\,[E(m) - (1-m)\,K(m)]$ (1.26)

(2) $A(m) = 4\,m\,(1-m)\,dK/dm$ (1.27)

Darstellung durch B:

$$A(m) = 2\,m\,B(m) \tag{1.28}$$

Integraldarstellung, Reihendarstellung: B(m) mit Faktor 2 m

Ableitung:

$$\frac{dA}{dm} = K(m) \tag{1.29}$$

Differentialgleichung:

$$m(1-m)\,\frac{d^2f}{dm^2} - \frac{1}{4}\,f = 0\,;$$

Lösung: $f(m) = a\,A(m) + b\,A(1-m)$, $\quad a, b = \text{const.}$ (1.30)

Vollständiges elliptisches Integral zweiter Gattung D(m)

Darstellung durch K und E:

(1) $D(m) = m^{-1}\,[K(m) - E(m)]$ (1.31)

(2) $D(m) = -2\,dE/dm$ (1.32)

(3) $D(m) = K(m) - 2\,(1-m)\,dK/dm$ (1.33)

Darstellung durch B:

(1) $D(m) = K(m) - B(m)$ (1.34)

(2) $D(m) = B(m) + 2\,m\,dB/dm$ (1.35)

Integraldarstellung: $(m < 1)$

(1)
$$D(m) = \int_0^{\pi/2} \frac{\sin^2 t}{\sqrt{1-m\sin^2 t}}\,dt = \int_0^{\pi/2} \frac{\cos^2 t}{\sqrt{1-m\cos^2 t}}\,dt = \int_0^1 \frac{t^2}{\sqrt{(1-m\,t^2)\,(1-t^2)}}\,dt =$$
$$= \int_0^1 \sqrt{\frac{1-t^2}{1-m+m\,t^2}}\,dt = \int_0^\infty \frac{t^2}{\sqrt{1+(1-m)\,t^2}}\,\frac{dt}{(1+t^2)^{3/2}} = \int_0^\infty \frac{1}{\sqrt{1-m+t^2}}\,\frac{dt}{(1+t^2)^{3/2}} \tag{1.36}$$

(2) $D(m) = \int_0^{K(m)} \mathrm{sn}^2\,(u|m)\,du$ (mit sn aus Band 17) (1.37)

Reihendarstellung:

$$D(m) = \frac{\pi}{4}\left\{1 + \sum_{n=1}^{\infty} \frac{2n+1}{n+1}\left[\frac{(2n-1)!!}{(2n)!!}\right]^2 m^n\right\} = \frac{1}{4}\sum_{n=0}^{\infty} \frac{2n+1}{n+1}\left[\frac{\Gamma(\frac{1}{2}+n)}{n!}\right]^2 m^n =$$
$$= \frac{\pi}{4}\sum_{n=0}^{\infty} \frac{2n+1}{n+1}\binom{2n}{n}^2\left(\frac{m}{16}\right)^n = \frac{\pi}{4}\sum_{n=0}^{\infty} \frac{2n+1}{n+1}\,\frac{[(2n)!]^2}{(n!)^4}\left(\frac{m}{16}\right)^n \qquad (-1 < m < 1) \tag{1.38}$$

Darstellung als hypergeometrische Funktion:

$$D(m) = \frac{\pi}{4} F(\tfrac{1}{2}, \tfrac{3}{2}; 2; m) \tag{1.39}$$

Ableitung:

$$\frac{dD}{dm} = \frac{1}{2m}\left[\frac{B(m)}{1-m} - D(m)\right] \tag{1.40}$$

Differentialgleichung:

$$m(1-m)\frac{d^2f}{dm^2} + (2-3m)\frac{df}{dm} - \frac{3}{4} f = 0;$$

Lösung: $f(m) = a\,D(m) + b\,\frac{1}{m}\,E(1-m)$, $\quad a, b = \text{const.}$ (1.41)

Vollständiges elliptisches Integral zweiter Gattung C(m)

Darstellung durch K und E:

(1) $C(m) = m^{-2}\,[(2-m)\,K(m) - 2\,E(m)]$ (1.42)

(2) $C(m) = m^{-1}\,[K(m) - 4(1-m)\,dK/dm]$ (1.43)

Darstellung durch B und D:

(1) $C(m) = m^{-1}\,[D(m) - B(m)]$ (1.44)

(2) $C(m) = 2\,dB/dm$ (1.45)

Integraldarstellung: $(m < 1)$

(1)
$$C(m) = \frac{1}{m}\int_0^{\pi/2} \frac{\sin^2 t - \cos^2 t}{\sqrt{1 - m\sin^2 t}}\,dt = \frac{1}{m}\int_0^{\pi/2} \frac{\cos^2 t - \sin^2 t}{\sqrt{1 - m\cos^2 t}}\,dt =$$
$$= \frac{1}{m}\int_0^1 \frac{2t^2 - 1}{\sqrt{(1 - m t^2)(1 - t^2)}}\,dt = \frac{1}{m}\int_0^1 \frac{1 - 2t^2}{\sqrt{(1 - m + m t^2)(1 - t^2)}}\,dt =$$
$$= \frac{1}{m}\int_0^\infty \frac{t^2 - 1}{\sqrt{1 + (1-m)\,t^2}}\,\frac{dt}{(1+t^2)^{3/2}} = \frac{1}{m}\int_0^\infty \frac{1 - t^2}{\sqrt{1 - m + t^2}}\,\frac{dt}{(1+t^2)^{3/2}} \tag{1.46}$$

(2)
$$C(m) = \int_0^{\pi/2} \frac{\sin^2 t\,\cos^2 t}{(1 - m\sin^2 t)^{3/2}}\,dt = \int_0^{\pi/2} \frac{\sin^2 t\,\cos^2 t}{(1 - m\cos^2 t)^{3/2}}\,dt = \int_0^1 \frac{t^2\sqrt{1-t^2}}{(1 - m t^2)^{3/2}}\,dt =$$
$$= \int_0^1 \frac{t^2\sqrt{1-t^2}}{(1 - m + m t^2)^{3/2}}\,dt = \int_0^\infty \frac{t^2}{[1 + (1-m)\,t^2]^{3/2}}\,\frac{dt}{(1+t^2)^{3/2}} =$$
$$= \int_0^\infty \frac{t^2}{(1 - m + t^2)^{3/2}}\,\frac{dt}{(1+t^2)^{3/2}} \tag{1.47}$$

(3) $$C(m) = \frac{1}{m} \int_0^{K(m)} [\mathrm{sn}^2(u|m) - \mathrm{cn}^2(u|m)]\,du \qquad \text{(mit sn, cn aus Band 17)} \tag{1.48}$$

(4) $$C(m) = \int_0^{K(m)} \frac{\mathrm{sn}^2(u|m)\,\mathrm{cn}^2(u|m)}{\mathrm{dn}^2(u|m)}\,du \tag{1.49}$$

Reihendarstellung:

$$C(m) = \frac{\pi}{16}\left\{1 + 2\sum_{n=1}^{\infty} \frac{(2n+1)^2}{(n+1)(n+2)} \left[\frac{(2n-1)!!}{(2n)!!}\right]^2 m^n\right\} = \frac{1}{8}\sum_{n=0}^{\infty} \frac{(2n+1)!}{(n+1)(n+2)} \left[\frac{\Gamma(\frac{1}{2}+n)}{n!}\right]^2 m^n =$$

$$= \frac{\pi}{8}\sum_{n=0}^{\infty} \frac{(2n+1)^2}{(n+1)(n+2)} \binom{2n}{n}^2 \left(\frac{m}{16}\right)^n = \frac{\pi}{8}\sum_{n=0}^{\infty} \frac{(2n+1)^2}{(n+1)(n+2)} \frac{[(2n)!]^2}{(n!)^4} \left(\frac{m}{16}\right)^n \qquad (-1 < m < 1) \tag{1.50}$$

Darstellung als hypergeometrische Funktion:

$$C(m) = \frac{\pi}{16} F(\tfrac{3}{2}, \tfrac{3}{2}; 3; m) \tag{1.51}$$

Ableitung:

$$\frac{dC}{dm} = \frac{1}{2m}\left[\frac{B(m)}{1-m} - 4\,C(m)\right] \tag{1.52}$$

Differentialgleichung:

$$m(1-m)\frac{d^2f}{dm^2} + (3-4m)\frac{df}{dm} - \frac{9}{4}f = 0\,;$$

$$\text{Lösung:}\quad f(m) = a\,C(m) + b\left[\frac{1}{m}(1-m)\,C(1-m) + \frac{2}{m^2}B(1-m)\right] =$$

$$= a\,C(m) + b\left[\frac{1}{m}K(1-m) + \frac{1}{m^2}A(1-m)\right] =$$

$$= a\,C(m) + b\left[\frac{2-m}{m^2}B(1-m) + \frac{1}{m}D(1-m)\right], \qquad a, b = \text{const.} \tag{1.53}$$

Generalisiertes vollständiges elliptisches Integral zweiter Gattung $G(m; \alpha, \beta)$

[m Parameter; α, β Koeffizienten (Konstanten oder Funktionen von m)]

Darstellung durch K und E:

(1) $$G(m; \alpha, \beta) = m^{-1}[\beta - (1-m)\,\alpha]\,K(m) + m^{-1}(\alpha - \beta)\,E(m) \tag{1.54}$$

(2) $$G(m; \alpha, \beta) = \beta\,K(m) + 2(\alpha - \beta)(1-m)\,dK/dm \tag{1.55}$$

(3) $$G(m; \alpha, \beta) = 2\alpha(1-m)\,dK/dm - 2\beta\,dE/dm \tag{1.56}$$

Darstellung durch B und D:

(1) $$G(m; \alpha, \beta) = \alpha\,B(m) + \beta\,D(m) \tag{1.57}$$

(2) $$G(m; \alpha, \beta) = (\alpha + \beta)\,B(m) + 2\beta m\,dB/dm \tag{1.58}$$

Integraldarstellung: $(m < 1)$

$$(1)\quad G(m;\alpha,\beta) = \int_0^{\pi/2} \frac{\alpha\cos^2 t + \beta\sin^2 t}{\sqrt{1-m\sin^2 t}}\,dt = \int_0^{\pi/2} \frac{\alpha\sin^2 t + \beta\cos^2 t}{\sqrt{1-m\cos^2 t}}\,dt =$$

$$= \int_0^1 \frac{\alpha(1-t^2)+\beta t^2}{\sqrt{(1-m t^2)(1-t^2)}}\,dt = \int_0^1 \frac{\alpha t^2+\beta(1-t^2)}{\sqrt{(1-m+m t^2)(1-t^2)}}\,dt =$$

$$= \int_0^\infty \frac{\alpha+\beta t^2}{\sqrt{1+(1-m)t^2}}\,\frac{dt}{(1+t^2)^{3/2}} = \int_0^\infty \frac{\alpha t^2+\beta}{\sqrt{1-m+t^2}}\,\frac{dt}{(1+t^2)^{3/2}} \qquad (1.59)$$

$$(2)\quad G(m;\alpha,\beta) = \int_0^{K(m)} [\alpha\,\mathrm{cn}^2(u|m) + \beta\,\mathrm{sn}^2(u|m)]\,du \qquad \text{(mit cn, sn aus Band 17)} \qquad (1.60)$$

Reihendarstellung:

$$G(m;\alpha,\beta) = \frac{\pi}{4}\left\{\alpha+\beta+\sum_{n=1}^{\infty}\frac{\alpha+(2n+1)\beta}{n+1}\left[\frac{(2n-1)!!}{(2n)!!}\right]^2 m^n\right\} =$$

$$= \frac{1}{4}\sum_{n=0}^{\infty}\frac{\alpha+(2n+1)\beta}{n+1}\left[\frac{\Gamma(\frac{1}{2}+n)}{n!}\right]^2 m^n = \frac{\pi}{4}\sum_{n=0}^{\infty}\frac{\alpha+(2n+1)\beta}{n+1}\binom{2n}{n}^2\left(\frac{m}{16}\right)^n =$$

$$= \frac{\pi}{4}\sum_{n=0}^{\infty}\frac{\alpha+(2n+1)\beta}{n+1}\,\frac{[(2n)!]^2}{(n!)^4}\left(\frac{m}{16}\right)^n \qquad (-1 < m < 1) \qquad (1.61)$$

Darstellung als hypergeometrische Funktion:

$$G(m;\alpha,\beta) = \frac{\pi}{4}[\alpha F(\tfrac{1}{2},\tfrac{1}{2};2;m) + \beta F(\tfrac{1}{2},\tfrac{3}{2};2;m)] \qquad (1.62)$$

Ableitung:

$$\frac{dG}{dm} = G\left(m;\frac{\beta-(1-m)\alpha}{2m(1-m)}+\frac{d\alpha}{dm},\ \frac{\alpha-\beta}{2m}+\frac{d\beta}{dm}\right) \qquad (1.63)$$

Spezialfälle:

$$G(m;2m,0) = A(m),\quad G(m;1,0) = B(m),\quad G(m;-\tfrac{1}{m},\tfrac{1}{m}) = C(m),$$
$$G(m;0,1) = D(m),\quad G(m;1,1-m) = E(m),\quad G(m;1,1) = K(m) \qquad (1.64)$$

(III) Literatur zu Kapitel 1 (Auswahl)

Abramowitz, M., and *I. A. Stegun* (1968): Handbook of Mathematical Functions. (Ch. 17: Elliptic Integrals.) NBS, U.S. Govt. Printing Office, Washington, D.C.

Bowman, F. (1961): Introduction to elliptic functions with applications. (Ch. II: Elliptic integrals.) Dover, New York.

Bulirsch, R. (1965): Numerical calculation of elliptic integrals and elliptic functions. Numerische Mathematik 7, 78–90.

Davis, H. T. (1962): Introduction to Nonlinear Differential and Integral Equations. (Ch. 6: Elliptic Integrals, Elliptic Functions, and Theta Functions.) Dover, New York.

Erdélyi, A., W. Magnus, F. Oberhettinger, and *F. G. Tricomi* (1953): Higher Transcendental Functions, Vol. 2. (§ 13.8: Complete elliptic integrals.) McGraw-Hill, New York.

Gröbner, W., und *N. Hofreiter* (1973): Integraltafel, Teil II. (§ 221: Elliptische Integrale in der Legendreschen kanonischen Form.) Springer, Wien.

Hart, J. F., E. W. Cheney, C. L. Lawson, H. J. Maehly, C. K. Mesztenyi, J. R. Rice, H. G. Thacher Jr., and *C. Witzgall* (1968): Computer Approximations. (§ 6.9: Complete Elliptic Integrals.) Wiley, New York.

Jahnke, E., F. Emde und *F. Lösch* (1960): Tafeln höherer Funktionen. (Kap. V, C: Vollständige Normalintegrale.) Teubner, Stuttgart.

Magnus, W., F. Oberhettinger, and *R. P. Soni* (1966): Formulas and Theorems for the Special Functions of Mathematical Physics. (§ 10.1: Elliptic integrals.) Springer, Berlin.

Oberhettinger, F. und *W. Magnus* (1949): Anwendung der elliptischen Funktionen in Physik und Technik. (§ 12: Elliptische Integrale.) Springer, Berlin.

Ryshik, I. M. und *I. S. Gradstein* (1963): Summen-, Produkt- und Integral-Tafeln. (§ 6.11: Elliptische Integrale.) Deutscher Verlag der Wissenschaften, Berlin. (Übersetzung aus dem Russischen.)

Tölke, F. (1966): Praktische Funktionenlehre, Band II. (Kap. 3: Parameterfunktionen.) Springer, Berlin.

Tricomi, F. (1951): Funzioni ellittiche. (Cap. II: Integrali ellittici.) Zanichelli, Bologna. – Deutsche Übersetzung: Elliptische Funktionen. Akademische Verlagsgesellschaft, Leipzig 1948.

Whittaker, E. T., and *G. N. Watson* (1952): A Course of Modern Analysis. (§ 22.7: Elliptic Integrals.) University Press, Cambridge.

Programm 1.1: Vollständige elliptische Integrale [nach Polynom-Approximation]

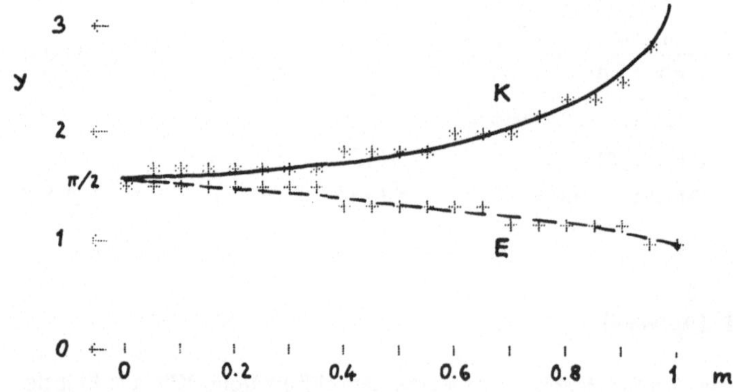

Bild 1.1-1 Elliptische Integrale K und E für positive Werte des Parameters $m = k^2$
$y = K(m)$, $y = E(m)$, $0 \leqslant m \leqslant 1$
$[K(0) = \pi/2, K(1) = \infty;\ E(0) = \pi/2, E(1) = 1]$

(a) Algorithmus

(I) Vollständiges elliptisches Integral erster Gattung K(m):

Als Approximation für $0 \leqslant m \leqslant 1$ wird eine Polynom-Kombination verwendet (Approximation Nr. 7402 nach *Hart* et al.):[1), 2)]

$$K(m) = \tfrac{1}{8}\,[P(1-m) - Q(1-m)\ln(1-m)]\,[1+\delta_1(m)]$$

mit $|\delta_1(m)| < 1 \times 10^{-8}$ [vgl. Fehlerkurve $\delta_1(m)$ in Anhang β (Bild β-1)],

$$P(1-m) = \sum_{n=0}^{4} p_n (1-m)^n \quad \text{und} \quad Q(1-m) = \sum_{n=0}^{4} q_n (1-m)^n, \quad \text{wobei}$$

$p_0 = 11.09035489$	$q_0 = 4$
$p_1 = 0.7733070680$	$q_1 = 0.9998875746$
$p_2 = 0.2871984072$	$q_2 = 0.5504236404$
$p_3 = 0.2994031657$	$q_3 = 0.2662816812$
$p_4 = 0.1161070845$	$q_4 = 0.0353471858$

Die Auswertung des Polynoms $Q = \sum_{n=0}^{4} q_n z^n$ [mit $z = 1 - m$] (und analog auch P) erfolgt nach dem Horner-Schema:

$$h_4 = q_4, \quad h_n = q_n + z\,h_{n+1} \qquad (n = 3, 2, 1, 0), \qquad Q = h_0.$$

(II) Vollständiges elliptisches Integral zweiter Gattung E(m):

(1) $E(1) = 1$

(2) Als Approximation für $0 \leqslant m < 1$ wird eine Polynom-Kombination verwendet (Approximation Nr. 7302 nach *Hart* et al.):[3)]

$$E(m) = \tfrac{1}{8}\,[R(1-m) - S(1-m)\ln(1-m)]\,[1+\delta_2(m)]$$

mit $|\delta_2(m)| < 2 \times 10^{-8}$ [vgl. Fehlerkurve $\delta_2\langle\gamma\rangle = \delta_2(\sin^2\gamma)$ in Anhang β (Bild β-2)],

$$R(1-m) = \sum_{n=0}^{4} r_n (1-m)^n \quad \text{und} \quad S(1-m) = \sum_{n=1}^{4} s_n (1-m)^n, \quad \text{wobei}$$

$r_0 = 8$	$s_1 = 1.999869313$
$r_1 = 3.546012116$	$s_2 = 0.7360087499$
$r_2 = 0.5008609554$	$s_3 = 0.3255574731$
$r_3 = 0.3805923543$	$s_4 = 0.0421103148$
$r_4 = 0.1389051883$	

Die Polynome R und S werden nach Horner ausgewertet (wie oben).

---

1) Um innerhalb des Auswerte-Verfahrens (Horner-Schema) keine signifikanten Ziffern zu verlieren, wurden die ursprünglichen Koeffizienten mit 8 multipliziert.

2) Eine ähnliche Approximation findet sich in: *Hastings Jr., C.* (1955): Approximations for Digital Computers. (Sheet 48.) Princeton University Press, Princeton. (Abgedruckt in *Abramowitz-Stegun* Nr. 17.3.34.)

3) Eine ähnliche Approximation findet sich in: *Hastings Jr., C.* (1955): Approximations for Digital Computers. (Sheet 51.) Princeton University Press, Princeton. (Abgedruckt in *Abramowitz-Stegun* Nr. 17.3.36.)

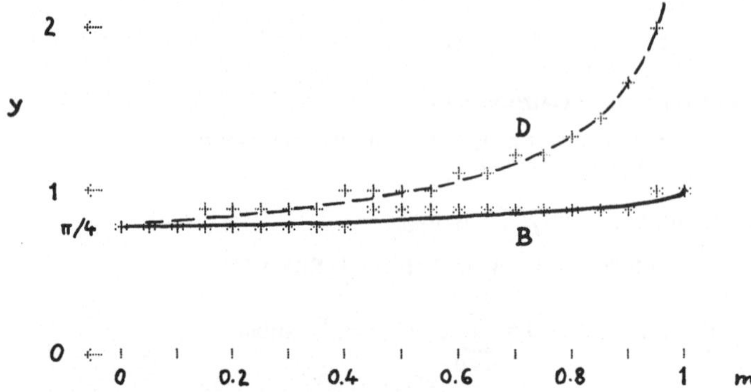

Bild 1.1-2 Elliptische Integrale B und D
für positive Werte des Parameters $m = k^2$
$y = B(m)$, $y = D(m)$, $0 \leqslant m \leqslant 1$
$[B(0) = \pi/4, B(1) = 1;\ D(0) = \pi/4, D(1) = \infty]$

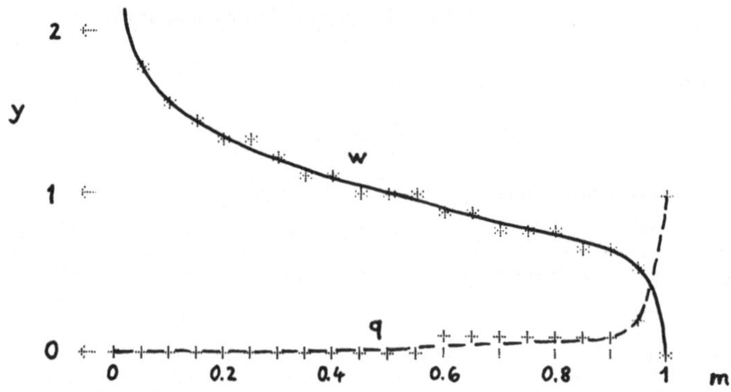

Bild 1.1-3 Parameter w und q
als Funktionen des Parameters $m = k^2$
$y = w(m)$, $y = q(m)$, $0 \leqslant m \leqslant 1$
$[w(0) = \infty, w(1) = 0;\ q(0) = 0, q(1) = 1]$

(III) Vollständiges elliptisches Integral zweiter Gattung B(m):

(Gl. 1.18:) $B(m) = (1 - m^{-1})\,K(m) + m^{-1}\,E(m)$, $B(0) = \pi/4$, $B(1) = 1$

(IV) Vollständiges elliptisches Integral zweiter Gattung D(m):

(Gl. 1.31:) $D(m) = m^{-1}\,[K(m) - E(m)]$, $D(0) = \pi/4$

(V) Enneper-Parameter (ratio) w(m):

$w(m) = K(1 - m)/K(m)$, $w(1) = 0$

(VI) Jacobi-Parameter (nome) q(m):

$q(m) = \exp[-\pi\,w(m)]$, $q(0) = 0$. Für den absoluten Fehler ϵ von q(m) gilt $|\epsilon(m)| < 5 \times 10^{-9}$ [vgl. Fehlerkurve $\epsilon(m)$ in Anhang β (Bild β-3)].

(b) Bedienungshinweise

Programmadreß-Tasten:

m → w(m)	m → q(m)		
m → K(m)	m → B(m)	m → E(m)	m → D(m)

Speicherbereichsverteilung: Grundstellung
Programm laden: 2 Magnetkartenseiten einlesen (Block 1 und 3)
Winkelmodus: beliebig
Anzeigeformat: beliebig (zurück bleibt INV Fix)
Argumentbereich: $0 \leqslant m \leqslant 1$
Genauigkeit (Richtwert): 7 D/S

Programmkenndaten

Speicherbedarf: effektiv 237 Programmschritte, 22 Datenregister ($R_{30}-R_{51}$)
Labels: A–D, A', B'; abs. Adressen: ja; T-Reg.: verwendet; Flags: keine
SBR-Ebenen / Klammer-Ebenen / unvollständige Op.-Ebenen:

K(m): 1/3/2; E(m): 1/3/3
B(m): 2/5/6; D(m): 2/5/5; w(m): 2/4/4; q(m): 3/4/4

(c) Checkwerte

(I)	K(1/π) = 1.7247563	(Laufzeit 6 Sek.),	Tastenfolge π 1/x A
(II)	E(1/π) = 1.4371298	(6 Sek.),	Tastenfolge π 1/x C
(III)	B(1/π) = 0.8211511	(12 Sek.),	Tastenfolge π 1/x B
(IV)	D(1/π) = 0.9036052	(12 Sek.),	Tastenfolge π 1/x D
(V)	w(1/π) = 1.1881243	(12 Sek.),	Tastenfolge π 1/x A'
(VI)	q(1/π) = 0.0239305	(13 Sek.),	Tastenfolge π 1/x B'

(d) Datenregister

Das Programm wird in Grundstellung der Speicherbereichsverteilung eingelesen und benutzt effektiv 22 Datenregister ($R_{30}-R_{51}$).
Andere Zählung: das eigentliche Programm benötigt 413 Schritte und keine Datenregister. Während der Ausführung schaltet das Programm vorübergehend auf die Verteilung 719.29 und benutzt Block 3 als Programmteil.

(e) Eingabe des Programms

Speicherbereichsverteilung durch 3 Op 17 einstellen auf 719.29. Programm eintasten. (Eingabe des Befehls HIR: Band 3/I, Anhang A.) Speicherbereichsverteilung durch 6 Op 17 auf Grundstellung setzen. Block 1 und 3 auf je eine Magnetkartenseite aufzeichnen.

Programmstruktur

Schritt 016–033, 544–678 K(m); 039–145, 682–716 E(m); 151–167 B(m), 170–187 D(m) 191–207 w(m), 211–222 q(m)

1. Liste zu Programm 1.1

```
000  75  -        050  08  8        100  02  2        150  12  B
001  32  X:T      051  09  9        101  01  1        151  32  X:T
002  54  )        052  00  0        102  01  1        152  00  0
003  53  (        053  05  5        103  06  6        153  67  EQ
004  53  (        054  01  1        104  54  )        154  14  D
005  53  (        055  08  8        105  53  (        155  01  1
006  22  INV      056  08  8        106  32  X:T      156  67  EQ
007  58  FIX      057  03  3        107  65  ×        157  17  B'
008  65  ×        058  85  +        108  32  X:T      158  32  X:T
009  32  X:T      059  93  .        109  85  +        159  82  HIR
010  03  3        060  03  3        110  08  8        160  08  08
011  69  OP       061  08  8        111  54  )        161  53  (
012  17  17       062  00  0        112  75  -        162  11  A
013  92  RTN      063  05  5        113  53  (        163  75  -
014  76  LBL      064  09  9        114  32  X:T      164  53  (
015  11  A        065  02  2        115  65  ×        165  61  GTO
016  32  X:T      066  03  3        116  32  X:T      166  01  01
017  53  (        067  05  5        117  93  .        167  79  79
018  01  1        068  04  4        118  00  0        168  76  LBL
019  71  SBR      069  03  3        119  04  4        169  14  D
020  00  00       070  54  )        120  02  2        170  53  (
021  00  00       071  53  (        121  01  1        171  29  CP
022  93  .        072  32  X:T      122  01  1        172  67  EQ
023  01  1        073  65  ×        123  00  0        173  02  02
024  01  1        074  32  X:T      124  03  3        174  24  24
025  06  6        075  85  +        125  01  1        175  82  HIR
026  01  1        076  93  .        126  04  4        176  08  08
027  00  0        077  05  5        127  08  8        177  53  (
028  07  7        078  00  0        128  85  +        178  11  A
029  00  0        079  00  0        129  93  .        179  75  -
030  08  8        080  08  8        130  03  3        180  82  HIR
031  04  4        081  06  6        131  02  2        181  18  18
032  05  5        082  00  0        132  05  5        182  13  C
033  85  +        083  09  9        133  05  5        183  54  )
034  61  GTO      084  05  5        134  05  5        184  55  ÷
035  05  05       085  05  5        135  07  7        185  82  HIR
036  44  44       086  04  4        136  04  4        186  18  18
037  76  LBL      087  54  )        137  07  7        187  54  )
038  13  C        088  53  (        138  03  3        188  92  RTN
039  32  X:T      089  32  X:T      139  01  1        189  76  LBL
040  01  1        090  65  ×        140  54  )        190  16  A'
041  67  EQ       091  32  X:T      141  53  (        191  82  HIR
042  17  B'       092  85  +        142  32  X:T      192  08  08
043  53  (        093  03  3        143  65  ×        193  53  (
044  71  SBR      094  93  .        144  32  X:T      194  94  +/-
045  00  00       095  05  5        145  85  +        195  85  +
046  00  00       096  04  4        146  61  GTO      196  01  1
047  93  .        097  06  6        147  06  06       197  54  )
048  01  1        098  00  0        148  82  82       198  29  CP
049  03  3        099  01  1        149  76  LBL      199  67  EQ
```

```
200  17  B'
201  53  (
202  11  A
203  55  ÷
204  82  HIR
205  18  18
206  11  A
207  54  )
208  92  RTN
209  76  LBL
210  17  B'
211  29  CP
212  67  EQ
213  00  00
214  13  13
215  16  A'
216  53  (
217  94  +/-
218  65  ×
219  89  π
220  54  )
221  22  INV
222  23  LNX
223  92  RTN
224  89  π
225  55  ÷
226  04  4
227  54  )
228  92  RTN
229  54  )
230  55  ÷
231  06  6
232  69  OP
233  17  17
234  08  8
235  54  )
236  92  RTN
```

2. Liste zu Programm 1.1

```
544  93  .
545  02  2
546  09  9
547  09  9
548  04  4
549  00  0
550  03  3
551  01  1
552  06  6
553  05  5
554  07  7
555  54  )
556  53  (
557  32  X:T
558  65  ×
559  32  X:T
560  85  +
561  93  .
562  02  2
563  08  8
564  07  7
565  01  1
566  09  9
567  08  8
568  04  4
569  00  0
570  07  7
571  02  2
572  54  )
573  53  (
574  32  X:T
575  65  ×
576  32  X:T
577  85  +
578  93  .
579  07  7
580  07  7
581  03  3
582  03  3
583  00  0
584  07  7
585  00  0
586  06  6
587  08  8
588  54  )
589  53  (
590  32  X:T
591  65  ×
592  32  X:T
593  85  +
594  01  1
595  01  1
596  93  .
597  00  0
598  09  9
599  00  0
600  03  3
601  05  5
602  04  4
603  08  8
604  09  9
605  54  )
606  75  -
607  53  (
608  32  X:T
609  65  ×
610  32  X:T
611  93  .
612  00  0
613  03  3
614  05  5
615  03  3
616  04  4
617  07  7
618  01  1
619  08  8
620  05  5
621  08  8
622  85  +
623  93  .
624  02  2
625  06  6
626  06  6
627  02  2
628  08  8
629  01  1
630  06  6
631  08  8
632  01  1
633  02  2
634  54  )
635  53  (
636  32  X:T
637  65  ×
638  32  X:T
639  85  +
640  93  .
641  05  5
642  05  5
643  00  0
644  04  4
645  02  2
646  03  3
647  06  6
648  04  4
649  00  0
650  04  4
651  54  )
652  53  (
653  32  X:T
654  65  ×
655  32  X:T
656  85  +
657  93  .
658  09  9
659  09  9
660  09  9
661  08  8
662  08  8
663  07  7
664  05  5
665  07  7
666  04  4
667  06  6
668  54  )
669  53  (
670  32  X:T
671  65  ×
672  32  X:T
673  85  +
674  04  4
675  54  )
676  65  ×
677  32  X:T
678  23  LNX
679  61  GTO
680  02  02
681  29  29
682  93  .
683  07  7
684  03  3
685  06  6
686  00  0
687  00  0
688  08  8
689  07  7
690  04  4
691  09  9
692  09  9
693  54  )
694  53  (
695  32  X:T
696  65  ×
697  32  X:T
698  85  +
699  01  1
700  93  .
701  09  9
702  09  9
703  09  9
704  08  8
705  06  6
706  09  9
707  03  3
708  01  1
709  03  3
710  54  )
711  65  ×
712  53  (
713  32  X:T
714  65  ×
715  23  LNX
716  54  )
717  61  GTO
718  02  02
719  29  29
```

(f) Funktions-Anwendungen

- *Beispiel 1.1-1:* Das vollständige elliptische Integral A(m) braucht wegen des einfachen Zusammenhangs A(m) = 2m B(m) [Gl. (1.28)] keine separate Routine. Man berechne A(1/4). –
  Es kommt $A(\frac{1}{4}) = \frac{1}{2} B(\frac{1}{4}) = 0.4062989$, Tastenfolge 4 1/x B ÷ 2 =

- *Beispiel 1.1-2:* Mit den Funktionalgleichungen *(Reflexionsformeln)*

  (I) $w(m) = 1/w(1-m) \qquad (0 < m < 1)$

  (II) $q(m) = \exp[\pi^2/\ln q(1-m)] \qquad (0 < m < 1)$

  teste man die w- und q-Routine (Testwert m = 1/4). –

  (I) Man erhält w(1/4) = 1/w(3/4), links 1.2792616, Tastenfolge 4 1/x A', und rechts 1.2792616, Tastenfolge .75 A' 1/x

  (II) Es kommt $q(1/4) = \exp[\pi^2/\ln q(3/4)]$, links 0.0179724, Tastenfolge 4 1/x B', und rechts 0.0179724, Tastenfolge .75 B' ln x 1/x × π x^2 = INV ln x

- *Beispiel 1.1-3:* Für m = 1/2 folgen aus Beispiel 1.1-2 die Beziehungen w(1/2) = 1 und $\ln q(1/2) = -\pi$. Damit teste man die w- und q-Routine. –
  Man erhält w(1/2) = 1.0000000, Tastenfolge .5 A', und ln q(1/2) = – 3.1415927, Tastenfolge .5 B' ln x

- *Beispiel 1.1-4: Aufsteigende quadratische Transformation.* Mit der Abkürzung
  $M = 1 - \left(\frac{1-\sqrt{m}}{1+\sqrt{m}}\right)^2 = 4\sqrt{m}/(1+\sqrt{m})^2$ gelten die Funktionalgleichungen

  (I) $w(m) = 2\,w(M) \qquad (0 \leqslant m \leqslant 1)$

  (II) $q(m) = q^2(M)$

  [Der Name ‚aufsteigend' ist dadurch begründet, daß Parameterwerte m, die zwischen 0 und 1 liegen, durch die Transformation zu *größeren* Werten M aufsteigen (die gleichfalls zwischen 0 und 1 liegen).] Man teste die w- und q-Routine mit der Berechnung von w(1/4) und q(1/4). –

  (I) Für m = 1/4 wird $M = \frac{4}{2}/(1+\frac{1}{2})^2 = 8/9$. Es kommt w(1/4) = 2 w(8/9), links 1.2792616, Tastenfolge 4 1/x A', und rechts 1.2792616, Tastenfolge 8 ÷ 9 = A' × 2 =

  (II) Man erhält $q(1/4) = q^2(8/9)$, links 0.0179724, Tastenfolge 4 1/x B', und rechts 0.0179724, Tastenfolge 8 ÷ 9 = B' x^2

- *Beispiel 1.1-5: Absteigende quadratische Transformation.* [Umkehrung zur aufsteigenden Transformation aus Beispiel 1.1-4.] Mit der Abkürzung $\mu = [(1-\sqrt{1-m})/(1+\sqrt{1-m})]^2$ gelten die Funktionalgleichungen

  (I) $w(m) = \frac{1}{2}\,w(\mu) \qquad (0 \leqslant m \leqslant 1)$

  (II) $q(m) = \sqrt{q(\mu)}$

  [Der Name ‚absteigend' ist dadurch begründet, daß Parameterwerte m, die zwischen 0 und 1 liegen, durch die Transformation zu *kleineren* Werten μ absteigen (die gleichfalls zwischen 0 und 1 liegen).] Man teste die w- und q-Routine mit der Berechnung von w(3/4) und q(3/4). –

(I) Für $m = 3/4$ wird $\mu = [(1-1/2)/(1+1/2)]^2 = 1/9$. Es kommt $w(\frac{3}{4}) = \frac{1}{2} w(\frac{1}{9})$, links 0.7817010, Tastenfolge .75 A', und rechts 0.7817010, Tastenfolge 9 1/x A' ÷ 2 =

(II) Man erhält $q(3/4) = \sqrt{q(1/9)}$, links 0.0857957, Tastenfolge .75 B', und rechts 0.0857957, Tastenfolge 9 1/x B' $\sqrt{x}$

- *Beispiel 1.1-6:* Für $m = 1/2$ folgt aus Beispiel 1.1-5 die Beziehung

$$w(\mu) = 2 \quad \text{mit} \quad \mu = \left(\frac{\sqrt{2}-1}{\sqrt{2}+1}\right)^2 = (\sqrt{2}-1)^4 = \tan^4 \frac{\pi}{8}.$$

Damit teste man die w-Routine. –
Man bekommt $w(\mu) = 2.0000000$, Tastenfolge 2 $\sqrt{x}$ − 1 = x^2 x^2 A' oder auch π ÷ 8 = Rad tan x^2 x^2 A'

- *Beispiel 1.1-7:* Wählt man in Gl. (1.6) speziell $m = \frac{1}{2}$, so wird $w = 1$ und es folgt eine Reihenentwicklung für π:

$$\pi = 5 \ln 2 - \frac{1}{4} - \frac{13}{256} - \frac{23}{1536} - \dots$$

Man bestimme die ersten Partialsummen. –
Es kommt 3.47, 3.22, 3.16, 3.15, ...

- *Beispiel 1.1-8:* (Pendelschwingungen bei endlicher Auslenkung.) Die Schwingungsdauer τ eines mathematischen Pendels (Bild 1.1-4), das sich nicht überschlägt, ist[1)]

$$\tau = 4\sqrt{\frac{L}{g}}\, K\left(\sin^2 \frac{\vartheta_0}{2}\right)$$

(L Pendellänge, g Fallbeschleunigung, ϑ_0 anfänglicher Auslenkungswinkel vor Loslassen des Pendels; beim Fadenpendel ist $\vartheta_0 \leqslant 90^\circ$ zu wählen, beim Stangenpendel $\vartheta_0 \leqslant 180^\circ$). Sonderfälle:

(I) Bei maximaler Auslenkung der Pendelstange ($\vartheta_0 = 180^\circ$) bleibt das Pendel „auf dem Kopf" stehen mit der „Schwingungsdauer" $\tau = 4\sqrt{L/g}\, K(1) = \infty$.

(II) Für sehr kleine Auslenkungen ($\vartheta_0 \to 0$) erhält man wegen $K(0) = \pi/2$ die bekannte Formel $\tau \approx \tau_0 = 2\pi\sqrt{L/g}$.

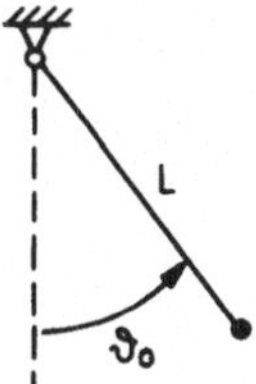

Bild 1.1-4
Mathematisches Pendel
(L Pendellänge,
ϑ_0 anfängliche Auslenkung)

1) *Legendre, A. M.* (1825): Traité des Fonctions Elliptiques, Tome I. (Chap. VIII: Expression du temps dans le mouvement du pendule simple.) Huzard-Courcier, Paris. – Vgl. auch *Sommerfeld, A.* (1968): Mechanik. (§ 15: Das mathematische Pendel.) AVG, Leipzig. – *Landau, L. D.* und *E. M. Lifschitz* (1969): Mechanik. (§ 11.) Akademie Verlag, Berlin. (Übersetzung aus dem Russischen.)

Nimmt man τ_0 als Referenzwert für τ, so kommt als normierte Schwingungsdauer

$$\frac{\tau}{\tau_0} = \frac{2}{\pi} K \left(\sin^2 \frac{\vartheta_0}{2}\right)$$

(Bild 1.1-5). Man tabelliere die normierte Schwingungsdauer τ/τ_0 für $\vartheta_0 = 0°$ (10°) 180°, 6D. –

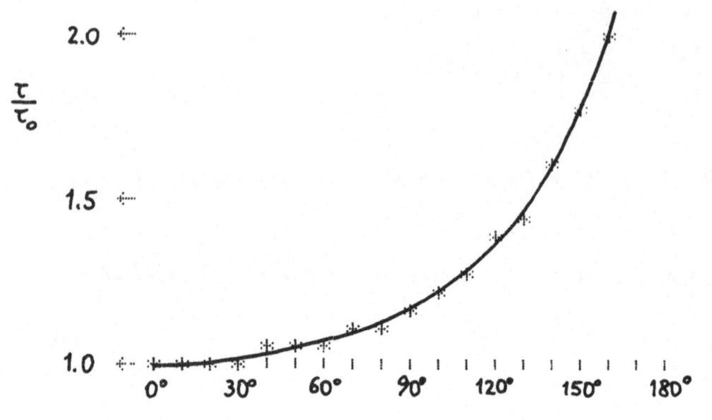

Bild 1.1-5
Normierte Schwingungsdauer eines mathematischen Pendels

Mit der Zusatzroutine

```
240  76 LBL      246  38 SIN      252  89  π
241  15  E       247  33 X²       253  95  =
242  60 DEG      248  11  A       254  58 FIX
243  55  ÷       249  65  ×       255  06  06
244  02  2       250  02  2       256  99 PRT
245  95  =       251  55  ÷       257  92 RTN
```

läßt sich nach Eingabe des Arguments ϑ_0 (in Grad) und Aufruf der Zusatzroutine (durch Taste E) folgende Tabelle erzeugen:

ϑ_0	τ/τ_0	ϑ_0	τ/τ_0
0°	1.000000	100°	1.232229
10	1.001907	110	1.295340
20	1.007669	120	1.372881
30	1.017409	130	1.469819
40	1.031341	140	1.594446
50	1.049783	150	1.762204
60	1.073182	160	2.007507
70	1.102145	170	2.439363
80	1.137493	180	∞
90	1.180341		

Bemerkung: Wird ein mathematisches Pendel aus *horizontaler* Lage (Auslenkung $\vartheta_0 = 90°$) losgelassen, so erhält man für die normierte Schwingungsdauer $\tau/\tau_0 = (2/\pi)\,K(1/2) = (\sqrt{2}/\pi)\,c = 1.180341$ (mit der Lemniskaten-Konstante $c = 2.622058$ aus Beispiel 1.3-9).

• *Beispiel 1.1-9:* Stationäre laminare Strömung einer zähen Flüssigkeit in einem Diffusor[1]. In einem keilförmigen Diffusor (Bild 1.1-6) strömt eine zähe Flüssigkeit (ρ Dichte [kg m^{-3}], ν kinematische Zähigkeit [m^2 s^{-1}]) aus einer Linienquelle (Q Ergiebigkeit der Linienquelle [kg m^{-1} s^{-1}]). Die Strömungsform läßt sich durch die Reynolds-Zahl $Re = Q/(\rho\nu)$ charakterisieren: eine symmetrische, überall divergierende Strömung im Diffusor (wie in Bild 1.1-6 angedeutet) ist nur für Reynolds-Zahlen möglich, die eine bestimmte Grenze Re_{max} nicht überschreiten (sonst treten Bereiche mit Rückströmung auf). Dabei hängt Re_{max} vom Öffnungswinkel α ab: berechnet man als Hilfsgröße einen Parameter m aus der Gleichung

$$\alpha = 2\sqrt{1-2m}\,K(m) \qquad (0 \leqslant m \leqslant 1/2) \tag{I}$$

so ist $Re_{max} = -6\,\alpha\,\dfrac{1-m}{1-2m} + \dfrac{12}{\sqrt{1-2m}}\,E(m)$ oder [nach Einsetzen von Gl. (I)]

$$Re_{max} = \frac{6}{\sqrt{1-2m}}\,A(m) = \frac{12\,m}{\sqrt{1-2m}}\,B(m) \qquad (0 \leqslant m < \tfrac{1}{2}) \tag{II}$$

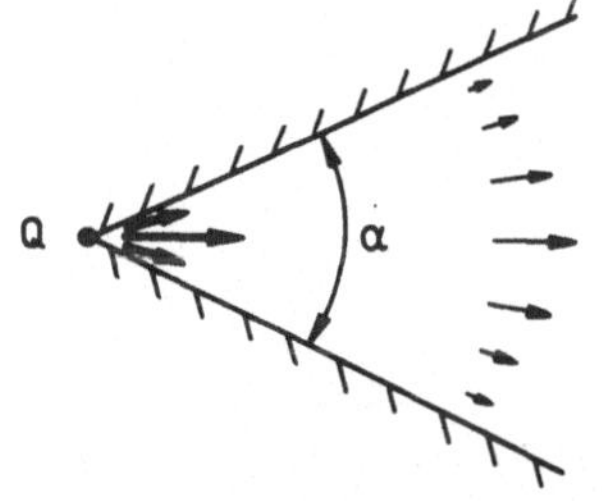

Bild 1.1-6
Diffusor-Strömung
(Q Ergiebigkeit der Linienquelle,
α Öffnungswinkel)

Man berechne die Reynolds-Zahl Re_{max} für einen keilförmigen Diffusor mit dem Öffnungswinkel $\alpha = 90° = \pi/2$. –

Nach Gl. (I) ist zunächst der Parameter m aus $2\sqrt{1-2m}\,K(m) = \pi/2$ zu berechnen; das geschieht z.B. durch Probieren, oder durch systematische Iteration: Gl. (I) läßt sich schreiben als $m = \frac{1}{2}\left[1 - \left(\frac{\alpha}{2K(m)}\right)^2\right]$, mit $\alpha = \pi/2$ kommt $m = \frac{1}{2}\left[1 - \left(\frac{\pi}{4K(m)}\right)^2\right]$. Die rechte Seite dieser Iterationsgleichung wird durch folgende Zusatzroutine realisiert (Aufruf E):

```
240  76  LBL
241  15  E
242  11  A
243  35  1/X
244  55  ÷
245  04  4
246  65  ×
247  89  π
248  95  =
249  33  X²
250  94  +/-
251  85  +
252  01  1
253  95  =
254  55  ÷
255  02  2
256  95  =
257  92  RTN
```

Nach Eingabe des (zwischen 0 und 1/2 gelegenen) willkürlichen Startwerts m = 0.3 erhält man nacheinander die (sich ständig verbessernden) Näherungswerte

m = 0.3, 0.39500, 0.40200, 0.40254, <u>0.40258</u>, <u>0.40258</u>, <u>0.40258</u>

durch die Tastenfolge E E E E E E. Nun liefert Gl. (II) die gesuchte Reynolds-Zahl: $Re_{max} = (12\,m/\sqrt{1-2m})\,B(m) = 9.112$, Tastenfolge 0.40258 STO 00 X B X 12 ÷ (1 – 2 X RCL 00) $\sqrt{x}$ =

[1] *Landau, L. D.* und *E. M. Lifschitz* (1971): Hydrodynamik. (§ 23: Exakte Lösungen der Bewegungsgleichungen für zähe Flüssigkeiten. Nr. 2.) Akademie Verlag, Berlin. (Übersetzung aus dem Russischen.)

Zusatz: Die Zusammenhänge (I) und (II) sind in Bild 1.1-7, 1.1-8 und 1.1-9 graphisch dargestellt. Man erkennt, daß bei großen Öffnungswinkeln nur kleine Reynolds-Zahlen zulässig sind (wenn Rückströmung vermieden werden soll).

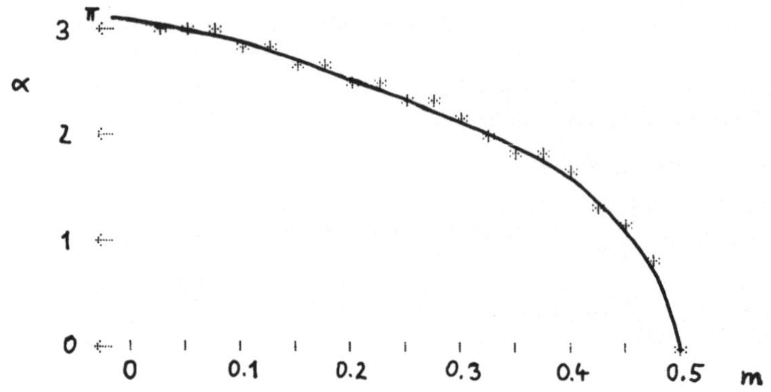

Bild 1.1-7
Öffnungswinkel α als Funktion des Parameters m [nach Gl. (I)]

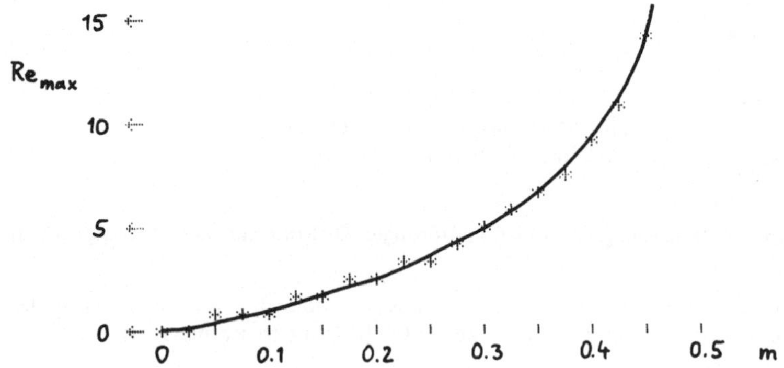

Bild 1.1-8
Reynolds-Zahl Re_{max} als Funktion des Parameters m [nach Gl. (II)]

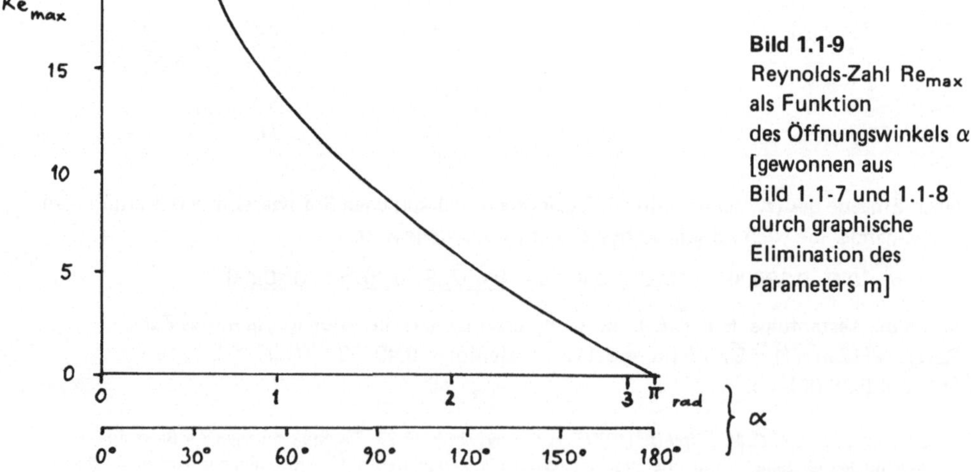

Bild 1.1-9
Reynolds-Zahl Re_{max} als Funktion des Öffnungswinkels α [gewonnen aus Bild 1.1-7 und 1.1-8 durch graphische Elimination des Parameters m]

• *Beispiel 1.1-10:* Endliche Biegung. Ein elastischer Stab wird durch eine Kraft F (die in Richtung der Verbindungslinie der Stab-Enden wirkt) auf Biegung belastet (Bild 1.1-10). Die Auslenkung a läßt sich durch den Biegewinkel ϑ ausdrücken[1) 2) 3)]:

$$a = L\,h(\vartheta) \quad \text{mit} \quad h(\vartheta) = \left(\sin\frac{\vartheta}{2}\right)/K\left(\sin^2\frac{\vartheta}{2}\right)$$

[L gesamte Bogenlänge (Stablänge); die Auflagerkraft ist R = F.]

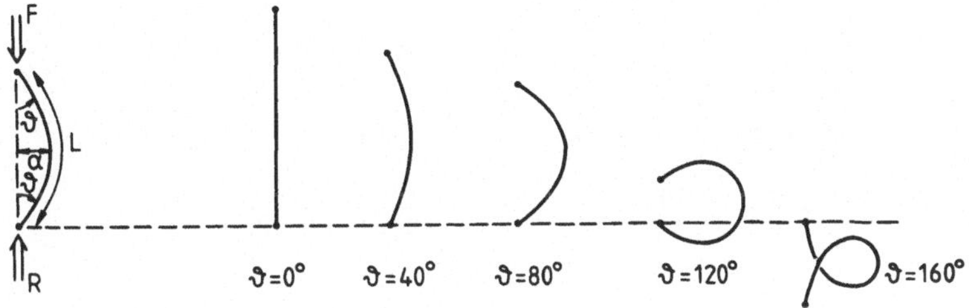

Bild 1.1-10 Endliche Biegung eines elastischen Stabs

Man tabelliere die Funktion $h(\vartheta)$ für $\vartheta = 0°\ (10°)\ 180°$, 7D, und bestimme ihr Maximum. –

(I) Mit der Zusatzroutine

```
240  76 LBL     245  95  =      250  95  =
241  15  E      246  38 SIN     251  58 FIX
242  60 DEG     247  55  ÷      252  07  07
243  55  ÷      248  33 X²      253  99 PRT
244  02  2      249  11  A      254  92 RTN
```

läßt sich nach Eingabe des Arguments ϑ (in Grad) und Aufruf der Zusatzroutine (durch Taste E) folgende Tabelle erzeugen (vgl. Bild 1.1-11):

ϑ	h(ϑ)	ϑ	h(ϑ)
0 •	0.0000000	100 •	0.3957698
10	0.0553794	110	0.4025880
20	0.1097065	120	0.4015855
30	0.1619500	130	0.3925472
40	0.2111202	140	0.3751942
50	0.2562884	150	0.3489537
60	0.2966038	160	0.3123018
70	0.3313086	170	0.2599848
80	0.3597485	180	0.0000000
90	0.3813799		

1) *Euler, L.* (1744): Methodus inveniendi lineas curvas maximi minimeve proprietate gaudentes. (Additamentum I: De curvis elasticis.) Bousquet, Lausanne. (Abgedruckt in: Opera Omnia, Ser. I, Vol. 24, E.-Nr. 65. Birkhäuser, Basel/Stuttgart.)

2) *Truesdell, C.* (1960): The Rational Mechanics of Flexible or Elastic Bodies 1638–1788. (§ 28: Euler's treatise on elastic curves.) In: L. Euler's Opera Omnia, Ser. II, Vol. 11/2. Birkhäuser, Basel/Stuttgart.

3) *Nash, W. A.* (1977): Strength of Materials. (Problem 15.22.) McGraw-Hill, New York. [Fig. 15–17 ist zu korrigieren: L ist hier *nicht* der kürzeste Abstand der Stabenden („span"), sondern die gesamte Bogenlänge (Stablänge).]

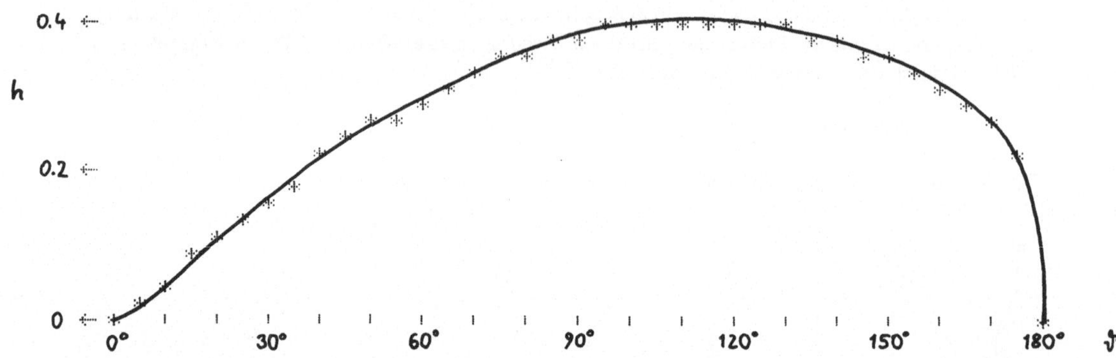

Bild 1.1-11 (Normierte) Auslenkung $a/L = h(\vartheta)$

(II) Für das Maximum von $h(\vartheta)$ erhält man aus der Bedingung $dh/d\vartheta = 0$ die transzendente Gleichung $\tan^2 \frac{\vartheta}{2} = K(\sin^2 \frac{\vartheta}{2}) / B(\sin^2 \frac{\vartheta}{2})$. Mit der Abkürzung $x = \tan^2 \frac{\vartheta}{2}$ kommt die Iterationsgleichung $x = K(\frac{x}{1+x}) / B(\frac{x}{1+x})$ oder auch $x = 2\,K(\frac{x}{1+x}) / E(\frac{x}{1+x}) - 1$. Die rechte Seite der letzten Iterationsgleichung wird durch folgende Zusatzroutine realisiert (Aufruf E):

```
240  76  LBL
241  15   E
242  55   ÷
243  53   (
244  40  IND
245  85   +
246  01   1
247  95   =
248  42  STO
249  00  00
250  11   A
251  55   ÷
252  43  RCL
253  00  00
254  13   C
255  65   ×
256  02   2
257  75   -
258  01   1
259  95   =
260  92  RTN
```

Als Startwert für die Iteration ist jeder beliebige Wert $\geqslant 0$ geeignet. Gibt man z.B. 1 ein, startet die Iteration mit Taste E und drückt nach jeder Anzeige wieder die Taste E, so erhält man nacheinander die (sich ständig verbessernden) Näherungswerte $x = 1$, 1.7454678, 2.1127950, 2.2613447, 2.3168211, ... Schließlich konvergiert die Folge der Näherungswerte gegen $x = \underline{2.3481485}$. Daraus folgt für die Stelle des Maximums $\vartheta = 2 \arctan \sqrt{x} = 113.744° \approx 114°$. Für das Maximum selbst bekommt man $h = (\sin \frac{\vartheta}{2}) / K(\sin^2 \frac{\vartheta}{2}) = \sqrt{\frac{x}{1+x}} / K(\frac{x}{1+x}) = 0.4031402$.

Bemerkungen:

(1) Für $\vartheta = \pi/2 = 90°$ wird $h = 1/[\sqrt{2}\,K(1/2)] = 1/c = 0.3813799$ (mit der Lemniskaten-Konstante $c = 2.6220576$ aus Beispiel 1.3-9).

(2) Für sehr kleine Biegewinkel ($\vartheta \to 0$) kommt wegen $K(0) = \pi/2$ die bekannte Näherung $h(\vartheta) \approx (2/\pi) \sin(\vartheta/2)$.

• *Beispiel 1.1-11:* Für die Ableitungen an der Stelle $m = 0$ gilt

$$8\,(dK/dm)_0 = \pi, \qquad 8\,(dE/dm)_0 = -\pi$$
$$32\,(dB/dm)_0 = \pi, \qquad \tfrac{32}{3}\,(dD/dm)_0 = \pi$$
$$\tfrac{64}{3}\,(dC/dm)_0 = \pi, \qquad 2\,(dA/dm)_0 = \pi.$$

Mit den ersten beiden Beziehungen teste man die K- und E-Routine. –

Für eine differenzierbare Funktion f(m) gilt $df/dm = \lim_{x \to 0} [f(m+x) - f(m-x)]/(2x)$, an der Stelle m = 0 daher $(df/dm)_0 = \lim_{x \to 0} [f(x) - f(-x)]/(2x)$.

(I) Als erste Testgröße dient $U(x) = 4\,[K(x) - K(-x)]/x$, so daß $\lim_{x \to 0} U(x) = 8\,(dK/dm)_0 = \pi$. Man erhält U(0.1) = 3.15395, U(0.01) = 3.14172, U(0.001) = 3.14160, Tastenfolge im letzten Fall .001 STO 00 A – RCL 00 +/– A = ÷ RCL 00 X 4 =

(II) Als zweite Testgröße dient $V(x) = 4\,[E(x) - E(-x)]/x$, so daß $\lim_{x \to 0} V(x) = 8\,(dE/dm)_0 = -\pi$. Es kommt V(0.1) = – 3.14404, V(0.01) = – 3.14161, V(0.001) = – 3.14159, Tastenfolge im letzten Fall .001 STO 00 C – RCL 00 +/– C = ÷ RCL 00 X 4 =

Programm 1.2: Vollständige elliptische Integrale [nach Polynom-Approximation]

Tabelle 1.2-1 Elliptische Integrale K und E für positive Werte des Parameters $m = k^2$
K(m), E(m), m = 0(.1)1, 9D

m	K(m)	E(m)
0.0	1.570796327	1.570796327
0.1	1.612441349	1.530757637
0.2	1.659623599	1.489035058
0.3	1.713889448	1.445363064
0.4	1.777519371	1.399392139
0.5	1.854074677	1.350643881
0.6	1.949567750	1.298428035
0.7	2.075363135	1.241670568
0.8	2.257205327	1.178489924
0.9	2.578092113	1.104774733
1.0	∞	1.000000000

(a) Algorithmus

(I) Vollständiges elliptisches Integral erster Gattung K(m):

Als Approximation für $0 \leqslant m \leqslant 1$ wird eine Polynom-Kombination verwendet (Approximation Nr. 7404 nach *Hart* et al.):

$$K(m) = [P(1-m) - Q(1-m)\ln(1-m)]\,[1 + \delta_1(m)]$$

mit $|\delta_1(m)| < 1 \times 10^{-11}$ [vgl. Fehlerkurve $\delta_1(m)$ in Anhang β (Bild β-4)],

$$P(1-m) = \sum_{n=0}^{6} p_n (1-m)^n \quad \text{und} \quad Q(1-m) = \sum_{n=0}^{6} q_n (1-m)^n, \text{ wobei}$$

$p_0 = 1.386294361120 \times 10^{0}$	$q_0 = 5 \times 10^{-1}$
$p_1 = 9.657384310222 \times 10^{-2}$	$q_1 = 1.249999674874 \times 10^{-1}$
$p_2 = 3.095395553115 \times 10^{-2}$	$q_2 = 7.029809758617 \times 10^{-2}$
$p_3 = 1.694195913164 \times 10^{-2}$	$q_3 = 4.815988439862 \times 10^{-2}$
$p_4 = 1.974290515993 \times 10^{-2}$	$q_4 = 3.072442176960 \times 10^{-2}$
$p_5 = 1.723718860829 \times 10^{-2}$	$q_5 = 1.050491149435 \times 10^{-2}$
$p_6 = 3.052114141768 \times 10^{-3}$	$q_6 = 7.896799185804 \times 10^{-4}$

Die Polynome P und Q werden nach Horner ausgewertet (wie in Programm 1.1).

(II) Vollständiges elliptisches Integral zweiter Gattung E(m):

(1) E(1) = 1

(2) Als Approximation für $0 \leqslant m < 1$ wird eine Polynom-Kombination verwendet (Approximation Nr. 7304 nach *Hart* et al.):

$$E(m) = R(1-m) - S(1-m)\ln(1-m) + \delta_2(m)$$

mit $|\delta_2(m)| < 1.5 \times 10^{-11}$ [vgl. Fehlerkurve $\delta_2\langle\gamma\rangle = \delta_2(\sin^2\gamma)$ in Anhang β (Bild β-5)],

$$R(1-m) = \sum_{n=0}^{6} r_n (1-m)^n \quad \text{und} \quad S(1-m) = \sum_{n=1}^{6} s_n (1-m)^n, \text{ wobei}$$

$r_0 = 1$
$r_1 = 4.43147615951 \times 10^{-1}$
$r_2 = 5.688158801381 \times 10^{-2}$
$r_3 = 2.405236356817 \times 10^{-2}$
$r_4 = 2.365794698451 \times 10^{-2}$
$r_5 = 1.962327208454 \times 10^{-2}$
$r_6 = 3.433694548748 \times 10^{-3}$

$s_1 = 2.499999638547 \times 10^{-1}$
$s_2 = 9.373400594700 \times 10^{-2}$
$s_3 = 5.785280833776 \times 10^{-2}$
$s_4 = 3.535965164090 \times 10^{-2}$
$s_5 = 1.188511561929 \times 10^{-2}$
$s_6 = 8.874178446464 \times 10^{-4}$

Die Polynome R und S werden nach Horner ausgewertet (wie in Programm 1.1).

Tabelle 1.2-2 Elliptische Integrale B, D und A für positive Werte des Parameters $m = k^2$
B(m), D(m), A(m), m = 0(.1)1, 9D

m	B(m)	D(m)	A(m)
0.0	0.785398163	0.785398163	0.000000000
0.1	0.795604230	0.816837118	0.159120846
0.2	0.806680896	0.852942703	0.322672358
0.3	0.818801502	0.895087946	0.491280901
0.4	0.832201290	0.945318081	0.665761032
0.5	0.847213085	1.006861593	0.847213085
0.6	0.864334892	1.085232858	1.037201870
0.7	0.884373753	1.190989382	1.238123255
0.8	0.908811074	1.348394253	1.454097718
0.9	0.941072802	1.637019312	1.693931043
1.0	1.000000000	∞	2.000000000

Tabelle 1.2-3 Parameter w und q als Funktionen des Parameters $m = k^2$
w(m), m = 0(.1)1, 9D; q(m), m = 0(.1)1, 10D

m	w(m)	q(m)
0.0	∞	0.0000000000
0.1	1.598874970	0.0065846516
0.2	1.360070638	0.0139428573
0.3	1.210908403	0.0222774362
0.4	1.096791282	0.0318833473
0.5	1.000000000	0.0432139183
0.6	0.911750500	0.0570202578
0.7	0.825826295	0.0746899435
0.8	0.735255929	0.0992736973
0.9	0.625439774	0.1401731270
1.0	0.000000000	1.0000000000

(III)–(VI) B(m), D(m), w(m), q(m): wie in Programm 1.1. Für den absoluten Fehler ϵ von q(m) gilt $|\epsilon(m)| < 1 \times 10^{-12}$ [vgl. Fehlerkurve ϵ(m) in Anhang β (Bild β-6)].

(b) Bedienungshinweise

Programmadreß-Tasten:

m → w(m)	m → q(m)			
m → K(m)	m → B(m)	m → E(m)	m → D(m)	

Speicherbereichsverteilung: Grundstellung
Programm laden: 2 Magnetkartenseiten einlesen (Block 1 und 3)
Winkelmodus: beliebig
Anzeigeformat: beliebig
Argumentbereich: $0 \leqslant m \leqslant 1$
Genauigkeit (Richtwert): 10 D/S

Programmkenndaten

Speicherbedarf: 159 Programmschritte, 29 Datenregister ($R_{28} - R_{56}$)
Labels: A–D, A', B'; abs. Adressen: ja; T-Reg.: verwendet; Flags: keine
SBR-Ebenen / Klammer-Ebenen / unvollständige Op.-Ebenen:

K(m): 1/2/2; E(m): 1/2/3
B(m): 2/4/6; D(m): 2/4/5; w(m): 2/3/4; q(m): 3/3/4

(c) Checkwerte

(I)	K(1/π) = 1.724756270	(Laufzeit 10 Sek.), Tastenfolge π 1/x A
(II)	E(1/π) = 1.437129808	(10 Sek.), Tastenfolge π 1/x C
(III)	B(1/π) = 0.8211510904	(21 Sek.), Tastenfolge π 1/x B
(IV)	D(1/π) = 0.9036051796	(21 Sek.), Tastenfolge π 1/x D
(V)	w(1/π) = 1.188124289	(21 Sek.), Tastenfolge π 1/x A'
(VI)	q(1/π) = 0.0239304747	(22 Sek.), Tastenfolge π 1/x B'

(d) Datenregister

Inhalt der 29 Datenregister $R_{28} - R_{56}$:

R_{28} Schleifenindex, R_{29} Adresse
$R_{30} - R_{43}$ Koeffizienten ($p_6 - p_0$, $q_6 - q_0$), $R_{44} - R_{56}$ Koeffizienten ($r_6 - r_0$, $s_6 - s_1$)

(e) Eingabe des Programms

Speicherbereichsverteilung in Grundstellung. Programm eintasten. (Eingabe des Befehls HIR: Band 3/I, Anhang A.) Eingabe der Befehlsfolge Dsz 28 138 (Schritt 149–152): zunächst eintasten Dsz 2 138, dann die 2 in Schritt 150 überschreiben mit log (= Code 28). Koeffizienten $p_0 - p_6$ und $q_0 - q_6$ eingeben mit nachstehender Tastenfolge:

1 EE +/− 12 STO 0 CLR (temporäre Abspeicherung des Faktors 10^{-12});

```
1.386294361 + 120 × RCL 0 =           STO 36
9.657384310 + 222 × RCL 0 = ÷   100 = STO 35
3.095395553 + 115 × RCL 0 = ÷   100 = STO 34
1.694195913 + 164 × RCL 0 = ÷   100 = STO 33
1.974290515 + 993 × RCL 0 = ÷   100 = STO 32
1.723718860 + 829 × RCL 0 = ÷   100 = STO 31
3.052114141 + 768 × RCL 0 = ÷  1000 = STO 30
                                   .5 STO 43
1.249999674 + 874 × RCL 0 = ÷    10 = STO 42
7.029809758 + 617 × RCL 0 = ÷   100 = STO 41
4.815988439 + 862 × RCL 0 = ÷   100 = STO 40
3.072442176 + 960 × RCL 0 = ÷   100 = STO 39
1.050491149 + 435 × RCL 0 = ÷   100 = STO 38
7.896799185 + 804 × RCL 0 = ÷ 10000 = STO 37
```

In ähnlicher Weise erfolgt die Eingabe der Koeffizienten $r_0 - r_6$ (in $R_{50} - R_{44}$) und $s_1 - s_6$ (in $R_{56} - R_{51}$). Block 1 und 3 auf je eine Magnetkartenseite aufzeichnen.

Zur Kontrolle lassen sich die eingegebenen Koeffizienten mit Programm E4 (aus Band 3/I, Anhang E) 13-stellig auflisten (Aufruf: 30A):

```
3.05211414    R30
     1.768    -03
1.72371886    R31
     0.829    -02
1.97429051    R32
     5.993    -02
1.69419591    R33
     3.164    -02
3.09539555    R34
     3.115    -02
9.65738431    R35
     0.222    -02
1.38629436    R36
     1.120     00
7.89679918    R37
     5.804    -04
1.05049114    R38
     9.435    -02
3.07244217    R39
     6.960    -02
4.81598843    R40
     9.862    -02
7.02980975    R41
     8.617    -02
1.24999967    R42
     4.874    -01
5.00000000    R43
     0.000    -01
```

```
3.43369454    R44
     8.748    -03
1.96232720    R45
     8.454    -02
2.36579469    R46
     8.451    -02
2.40523635    R47
     6.817    -02
5.68815880    R48
     1.381    -02
4.43147461    R49
     5.951    -01
1.00000000    R50
     0.000     00
8.87417844    R51
     6.464    -04
1.18851156    R52
     1.929    -02
3.53596516    R53
     4.090    -02
5.78528083    R54
     3.776    -02
9.37340059    R55
     4.700    -02
2.49999963    R56
     8.547    -01
```

Programmstruktur

Schritt 002–020 K (m), 024–050 E (m); 138–152 Horner-Schleife
054–070 B (m), 073–090 D (m); 094–110 w (m), 114–125 q (m)

Liste zu Programm 1.2

```
000  76 LBL
001  11  A
002  53  (
003  94 +/-
004  85  +
005  01  1
006  54  )
007  32 X:T
008  02  2
009  09  9
010  71 SBR
011  01  01
012  27  27
013  75  -
014  71 SBR
015  01  01
016  30  30
017  65  ×
018  32 X:T
019  23 LNX
020  54  )
021  92 RTN
022  76 LBL
023  13  C
024  32 X:T
025  53  (
026  01  1
027  67  EQ
028  00  00
029  20  20
030  75  -
031  32 X:T
032  54  )
033  32 X:T
034  04  4
035  03  3
036  71 SBR
037  01  01
038  27  27
039  75  -
040  05  5
041  71 SBR
042  01  01
043  31  31
044  65  ×
045  53  (
046  32 X:T
047  65  ×
048  23 LNX
049  54  )
050  54  )
051  92 RTN
052  76 LBL
053  12  B
054  32 X:T
055  00  0
056  67  EQ
057  14  D
058  01  1
059  67  EQ
060  13  C
061  32 X:T
062  82 HIR
063  08  08
064  53  (
065  11  A
066  75  -
067  53  (
068  61 GTO
069  00  00
070  82  82
071  76 LBL
072  14  D
073  53  (
074  29 CP
075  67  EQ
076  01  01
077  54  54
078  82 HIR
079  08  08
080  53  (
081  11  A
082  75  -
083  82 HIR
084  18  18
085  13  C
086  54  )
087  55  ÷
088  82 HIR
089  18  18
090  54  )
091  92 RTN
092  76 LBL
093  16  A'
094  82 HIR
095  08  08
096  53  (
097  94 +/-
098  85  +
099  01  1
100  54  )
101  29 CP
102  67  EQ
103  17  B'
104  53  (
105  11  A
106  55  ÷
107  82 HIR
108  18  18
109  11  A
110  54  )
111  92 RTN
112  76 LBL
113  17  B'
114  29 CP
115  67  EQ
116  00  00
117  21  21
118  16  A'
119  53  (
120  94 +/-
121  65  ×
122  89  π
123  54  )
124  22 INV
125  23 LNX
126  92 RTN
127  53  (
128  42 STO
129  29  29
130  06  6
131  42 STO
132  28  28
133  01  1
134  44 SUM
135  29  29
136  73 RC*
137  29  29
138  53  (
139  32 X:T
140  65  ×
141  32 X:T
142  85  +
143  01  1
144  44 SUM
145  29  29
146  73 RC*
147  29  29
148  54  )
149  97 DSZ
150  28  28
151  01  01
152  38  38
153  92 RTN
154  89  π
155  55  ÷
156  04  4
157  54  )
158  92 RTN
```

(f) Funktions-Anwendungen

- *Beispiel 1.2-1: Aufsteigende Transformation vierter Ordnung.* Mit der Abkürzung $L = 1 - [(1 - m^{1/4})/(1 + m^{1/4})]^4 = 8\,m^{1/4}\,(1 + \sqrt{m})/(1 + m^{1/4})^4$ gelten die Funktionalgleichungen

(I) $w(m) = 4\,w(L) \qquad (0 \leqslant m \leqslant 1)$

(II) $q(m) = q^4(L)$

Man teste die w- und q-Routine mit der Berechnung von $w(1/4)$ und $q(1/4)$. –

(I) Für $m = 1/4$ wird $L = (8/\sqrt{2})\,(1 + 1/2)/(1 + 1/\sqrt{2})^4 = 24\sqrt{2}/(\sqrt{2} + 1)^4 = 0.9991334482$. Es kommt $w(1/4) = 4\,w(L)$, links 1.279261571, Tastenfolge 4 1/x A', und rechts 1.279261571, Tastenfolge 2 $\sqrt{x}$ ÷ (CE + 1) x^2 x^2 X 24 = STO 00 A' X 4 =

(II) Man erhält $q(1/4) = q^4(L)$, links 0.0179723870, Tastenfolge 4 1/x B', und rechts 0.0179723870, Tastenfolge RCL 00 B' x^2 x^2

- *Beispiel 1.2-2: Absteigende Transformation vierter Ordnung.* [Umkehrung zur aufsteigenden Transformation aus Beispiel 1.2-1.] Mit der Abkürzung $\lambda = \{[1 - (1 - m)^{1/4}]/[1 + (1 - m)^{1/4}]\}^4$ gelten die Funktionalgleichungen

(I) $w(m) = \frac{1}{4}\,w(\lambda) \qquad (0 \leqslant m \leqslant 1)$

(II) $q(m) = q^{1/4}(\lambda)$

Man teste die w- und q-Routine mit der Berechnung von $w(3/4)$ und $q(3/4)$. –

(I) Für $m = 3/4$ wird $\lambda = [(1 - 1/\sqrt{2})/(1 + 1/\sqrt{2})]^4 = [(\sqrt{2} - 1)/(\sqrt{2} + 1)]^4 = (\sqrt{2} - 1)^8 =$ $= 0.0008665518$. Es kommt $w(3/4) = \frac{1}{4}\,w(\lambda)$, links 0.7817009614, Tastenfolge .75 A', und rechts 0.7817009614, Tastenfolge 2 $\sqrt{x}$ – 1 = x^2 x^2 x^2 STO 00 A' ÷ 4 =

(II) Man erhält $q(3/4) = q^{1/4}(\lambda)$, links 0.0857957337, Tastenfolge .75 B', und rechts 0.0857957337, Tastenfolge RCL 00 B' $\sqrt{x}$ $\sqrt{x}$

- *Beispiel 1.2-3:* Für $m = 1/2$ folgt aus Beispiel 1.2-2 die Beziehung

$$w(\lambda) = 4 \quad \text{mit} \quad \lambda = \left(\frac{2^{1/4} - 1}{2^{1/4} + 1}\right)^4 .$$

Damit teste man die w-Routine. –
Man bekommt $w(\lambda) = 4$, Tastenfolge 2 $\sqrt{x}$ $\sqrt{x}$ – 1 = ÷ (CE + 2 = x^2 x^2 A'

- *Beispiel 1.2-4:* Negative Werte des Parameters m lassen sich durch eine Funktionalgleichung *(Reflexionsformel)* berücksichtigen:

$$K(m) = \frac{1}{\sqrt{1 - m}}\,K\left(\frac{m}{m - 1}\right), \qquad E(m) = \sqrt{1 - m}\,E\left(\frac{m}{m - 1}\right) \qquad (m < 1)$$

$$B(m) = \frac{1}{\sqrt{1 - m}}\,D\left(\frac{m}{m - 1}\right), \qquad D(m) = \frac{1}{\sqrt{1 - m}}\,B\left(\frac{m}{m - 1}\right) \qquad (m < 1)$$

Man berechne $K(-3)$. –
Es kommt $K(-3) = \frac{1}{2}\,K(\frac{3}{4}) = 1.078257824$, Tastenfolge .75 A ÷ 2 =

- *Beispiel 1.2-5:* Man berechne die Integrale $P = \int_0^{\pi} \frac{dt}{\sqrt{\alpha + \beta \cos t}}$ und $Q = \int_0^{\pi} \frac{dt}{\sqrt{\alpha - \beta \cos t}}$ $(\alpha > |\beta|)$ für $\alpha = 3,\ \beta = 2$. –

Bei Ersatz von t durch 2t ist $P = 2 \int_0^{\pi/2} \frac{dt}{\sqrt{\alpha + \beta \cos 2t}}$; mit der Umformung $\cos 2t = \cos^2 t - \sin^2 t = 1 - 2 \sin^2 t$ bekommt man $P = 2 \int_0^{\pi/2} \frac{dt}{\sqrt{\alpha + \beta - 2\beta \sin^2 t}} = \frac{2}{\sqrt{\alpha+\beta}} \int_0^{\pi/2} \frac{dt}{\sqrt{1 - \frac{2\beta}{\alpha+\beta} \sin^2 t}} =$
$= \frac{2}{\sqrt{\alpha+\beta}} K\left(\frac{2\beta}{\alpha+\beta}\right)$ [nach Gl. (1.1)]. Ersetzt man β durch $-\beta$, so entsteht $Q = \frac{2}{\sqrt{\alpha-\beta}} K\left(-\frac{2\beta}{\alpha-\beta}\right)$; mit der Reflexionsformel aus Beispiel 1.2-4 erhält man $Q = \frac{2}{\sqrt{\alpha+\beta}} K\left(\frac{2\beta}{\alpha+\beta}\right) = P$. (Die Gleichheit von P und Q folgt auch bereits aus ihrer ursprünglichen Integraldarstellung, indem t durch $\pi - t$ ersetzt wird.) Somit kommt $(P = Q =) \int_0^{\pi} \frac{dt}{\sqrt{3 + 2\cos t}} = \int_0^{\pi} \frac{dt}{\sqrt{3 - 2\cos t}} = \frac{2}{\sqrt{5}} K(\tfrac{4}{5}) = 2.018905820$,

Tastenfolge .8 A × 2 ÷ 5 $\sqrt{x}$ =

- *Beispiel 1.2-6:* Werte des Parameters m, die größer als 1 sind, lassen sich durch eine Funktionalgleichung *(Inversionsformel)* berücksichtigen; man erhält komplexe Funktionswerte:

$$K(m) = \frac{1}{\sqrt{m}} K\left(\frac{1}{m}\right) + i \frac{1}{\sqrt{m}} K\left(1 - \frac{1}{m}\right) \qquad (i = \sqrt{-1})$$

$$E(m) = \frac{1}{\sqrt{m}} B\left(\frac{1}{m}\right) + i \frac{m-1}{\sqrt{m}} B\left(1 - \frac{1}{m}\right)$$

$$B(m) = \frac{1}{\sqrt{m}} E\left(\frac{1}{m}\right) + i \frac{m-1}{m^{3/2}} \left[K\left(1 - \frac{1}{m}\right) + B\left(1 - \frac{1}{m}\right)\right]$$

$$D(m) = \frac{1}{m^{3/2}} D\left(\frac{1}{m}\right) + i \frac{1}{m^{3/2}} \left[K\left(1 - \frac{1}{m}\right) - (m-1) B\left(1 - \frac{1}{m}\right)\right]$$

Man berechne K(9). –
Es kommt $K(9) = \frac{1}{3} K(\frac{1}{9}) + i \frac{1}{3} K(\frac{8}{9}) = 0.5391289119 + i\,0.8428751774$,
Tastenfolge 9 1/x A ÷ 3 = [für Realteil] und 8 ÷ 9 = A ÷ 3 = [für Imaginärteil]

- *Beispiel 1.2-7:* (Bogenlänge einer Sinus-Linie.) Für die Bogenlänge der Sinus-Linie $y = \sin x$ zwischen $x = 0$ und $x = \pi/2$ (Bild 1.2-1) erhält man

$$s = \int_0^{\pi/2} \sqrt{1 + y'^2}\, dx = \int_0^{\pi/2} \sqrt{1 + \cos^2 x}\, dx = \int_0^{\pi/2} \sqrt{2 - \sin^2 x}\, dx = \sqrt{2} \int_0^{\pi/2} \sqrt{1 - \tfrac{1}{2} \sin^2 x}\, dx .$$

Nach Gl. (1.12) folgt $s = \sqrt{2}\, E(1/2) = 1.910098895$, Tastenfolge 2 $\sqrt{x}$ × .5 C =

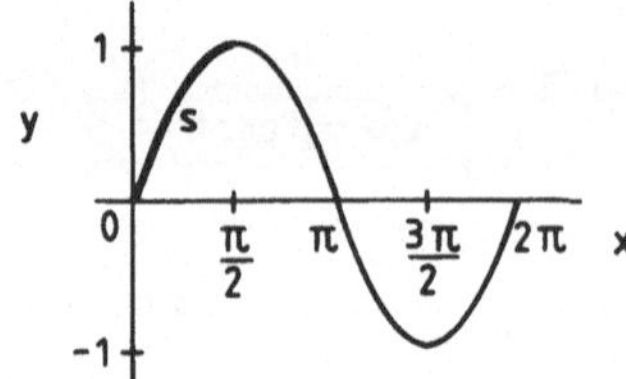

Bild 1.2-1
Sinus-Linie $y = \sin x$

Die Länge, die einer vollen Schwingung entspricht, ist $L = 4s = 4\sqrt{2}\,E(1/2) = 7.640395578$.

- *Beispiel 1.2-8:* Mit der *Legendre-Beziehung*

$$2\,[E(m)\,K(1-m) + K(m)\,E(1-m) - K(m)\,K(1-m)] = \pi \qquad (0 < m < 1)$$

teste man die K- und E-Routine (Testwert m = 0.4). –
Man erhält 3.141592654, Tastenfolge .4 C X .6 A STO 00 + .4 A STO 01 X .6 C – RCL 01 X RCL 00 = X 2 =

- *Beispiel 1.2-9:* (Ellipsen-Umfang.) Eine Ellipse mit den Halbachsen a und b (Bild 1.2-2) wird in normaler Lage beschrieben durch die cartesische Gleichung $x^2/a^2 + y^2/b^2 = 1$. Dazu äquivalent ist die Parameter-Darstellung $x = a \sin t$, $y = b \cos t$. Die Bogenlänge zwischen dem Nebenscheitel B und dem Hauptscheitel A ist (vgl. Bild 1.2-2)

$$s = \int_0^{\pi/2} \sqrt{\dot{x}^2 + \dot{y}^2}\,dt = \int_0^{\pi/2} \sqrt{a^2\cos^2 t + b^2 \sin^2 t}\,dt = \int_0^{\pi/2} \sqrt{a^2 - (a^2 - b^2)\sin^2 t}\,dt =$$

$$= a \int_0^{\pi/2} \sqrt{1 - e^2 \sin^2 t}\,dt \quad \text{mit der (numerischen) Exzentrizität } e = \frac{1}{a}\sqrt{a^2 - b^2}\,.$$

Nach Gl. (1.12) folgt $s = a\,E(e^2)$. Der Umfang der Ellipse besteht aus vier solchen Bögen: $L = 4s = 4a\,E(e^2)$. Man vergleiche diese exakte Beziehung mit der in der Literatur[1)] angegebenen Näherung $L \approx \pi\,[\frac{3}{2}(a+b) - \sqrt{ab}]$. –

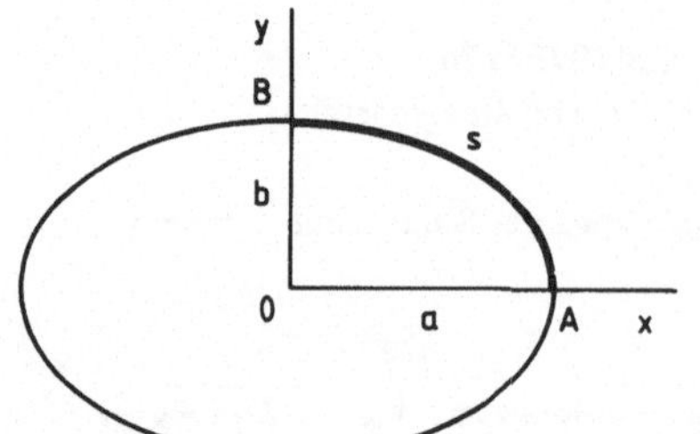

Bild 1.2-2
Bogenlänge einer Ellipse

[1)] Z.B. *Bronstein, I. N.* und *K. A. Semendjajew* (1979): Taschenbuch der Mathematik. (§ 2.6.6.1: Analytische Geometrie der Ebene.) Nauka, Moskau, und Teubner, Leipzig.

Es ist hier zweckmäßig, den Ellipsen-Umfang L als Bruchteil des Umkreis-Umfangs $2\pi a$ auszudrücken (vgl. Bild 1.2-3). Man erhält dann exakt $\frac{L}{2\pi a} = \frac{2}{\pi} E(e^2) = f_1(e)$ (Bild 1.2-4) und als Näherung $\frac{L}{2\pi a} \approx \frac{3}{4}(1 + \frac{b}{a}) - \frac{1}{2}\sqrt{\frac{b}{a}}$ oder (wegen $\frac{b}{a} = \sqrt{1-e^2}$) auch $\frac{L}{2\pi a} \approx \frac{3}{4}(1 + \sqrt{1-e^2}) - \frac{1}{2}\sqrt[4]{1-e^2} =$ $= f_2(e)$. Zusatzroutinen für f_1 und f_2 sehen so aus:

$f_1(e) = \frac{2}{\pi} E(e^2)$
(Aufruf E)

```
240  76 LBL
241  15  E
242  33 X²
243  13  C
244  65  ×
245  02  2
246  55  ÷
247  89  π
248  95  =
249  92 RTN
```

$f_2(e) = \frac{3}{4}(1 + \sqrt{1-e^2}) - \frac{1}{2}\sqrt[4]{1-e^2}$
(Aufruf E')

```
250  76 LBL
251  10 E'
252  33 X²
253  94 +/-
254  85  +
255  01  1
256  95  =
257  34 √X
258  85  +
259  32 X⇄T
260  01  1
261  95  =
262  65  ×
263  93  .
264  07  7
265  05  5
266  75  -
267  32 X⇄T
268  34 √X
269  55  ÷
270  02  2
271  95  =
272  92 RTN
```

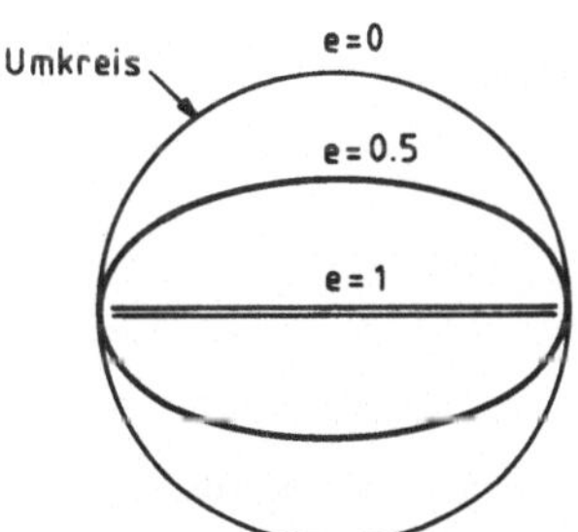

Bild 1.2-3
Ellipsen mit gleichem Umkreis
(Umkreis-Radius a)
[Einteilung nach Exzentrizität: e = 0 Kreis,
$0 < e < 1$ eigentliche Ellipse, e = 1 Parabel]

In der folgenden Tabelle sind exakte Werte $f_1(e)$ und Näherungswerte $f_2(e)$ einander gegenübergestellt. Es ist $f_1(e) = f_2(e) + \epsilon(e)$ (mit ϵ als „Fehler"). Man sieht, daß der Fehler der Näherung bis e = 0.7 unter 10^{-4} liegt; erst für $e \to 1$ erhöht sich der Fehler auf 10^{-1}.

Exzentrizität e	exakter Wert $f_1(e)$	Näherungswert $f_2(e)$	Fehler $\epsilon = f_1 - f_2$
0	1.000000000	1.000000000	0
0.1	0.997495293	0.997495293	0
0.2	0.989923722	0.989923722	0
0.3	0.977105331	0.977105345	-1×10^{-8}
0.4	0.958712206	0.958712368	-2×10^{-7}
0.5	0.934215458	0.934216623	-1×10^{-6}
0.6	0.902779928	0.902786405	-6×10^{-6}
0.7	0.863040684	0.863072269	-3×10^{-5}
0.8	0.812549610	0.812701665	-2×10^{-4}
0.9	0.745925511	0.746807631	-1×10^{-3}
0.99	0.654748035	0.668005845	-1×10^{-2}
1	$2/\pi$ = 0.636619772	0.750000000	-1×10^{-1}

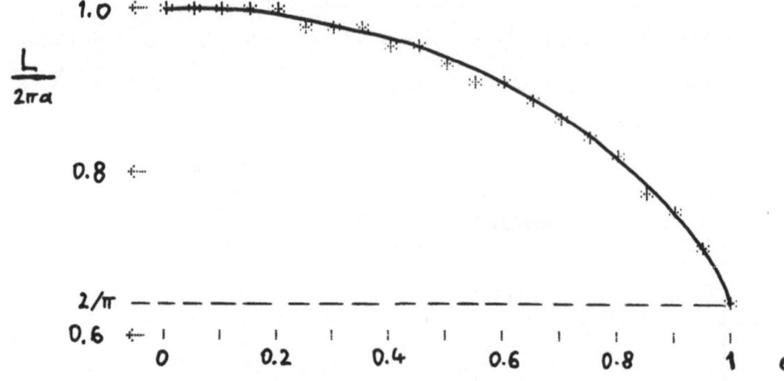

Bild 1.2-4
Umfang einer Ellipse in Abhängigkeit von der Exzentrizität (L Ellipsen-Umfang, a große Halbachse, e Exzentrizität)

- *Beispiel 1.2-10:* (Ellipsen-Umfang.) Nach Beispiel 1.2-9 gilt für den Ellipsen-Umfang L die Beziehung $L/(4a) = E(e^2) = E(1 - (b/a)^2)$. Für den letzten Ausdruck fand Euler*) mehrere Reihenentwicklungen und gab folgende Musterbeispiele:

b/a	L/(4a)
1/10	1.015993545
1/5	1.050502227
$1/\sqrt{2}$	1.350643

Man erstelle eine analoge Tabelle. –

b/a	L/(4a)	
1/10	E(0.99) = 1.015993545	(Tastenfolge .99 C)
1/5	E(0.96) = 1.050502227	
$1/\sqrt{2}$	E(0.5) = 1.350643881	

- *Beispiel 1.2-11:* In[1] wird im Zusammenhang mit einer Trochoiden-Bewegung die Nullstelle x der folgenden transzendenten Gleichung gesucht:

$$I(x) - \frac{x^2-1}{2} = 0, \qquad \text{wobei } I(x) = \int_0^{\pi/2} \sqrt{x^2 - \cos^2\varphi}\, d\varphi .$$

Das dort verwendete Verfahren liefert nach etwa 25 Minuten die Lösung x = 3.368074527. Man rekonstruiere diese Lösung durch Programm 1.2 in kurzer Zeit und mit geringem Aufwand. –

Das elliptische Integral I(x) ist durch eine Normalform von Legendre ausdrückbar:

$$I(x) = x \int_0^{\pi/2} \sqrt{1 - \frac{1}{x^2}\cos^2\varphi}\, d\varphi = x\, E\left(\frac{1}{x^2}\right) \qquad \text{[nach Gl. (1.12)].}$$

Die transzendente Gleichung $x\,E(1/x^2) - (x^2-1)/2 = 0$ läßt sich schreiben in der Form $x = H(x)$, wobei $H(x) = 2\,E(1/x^2)/(1 - 1/x^2)$.

---

*) *Euler, L.* (1750): Animadversiones in rectificationem ellipsis. Opuscula varii argumenti **2**, 121–166. (Abgedruckt in: Opera Omnia, Ser. I, Vol. 20, E.-Nr. 154. Birkhäuser, Basel/Stuttgart.)

1) *Gloistehn, H. H.* (1981): Mathematische Unterhaltungen und Spiele mit dem programmierbaren Taschenrechner (AOS). (§ 4.3: Der Terrier und die Kreiskompanie.) Vieweg, Braunschweig/Wiesbaden.

(I) Zeichnet man in eine Skizze von $y = H(x)$ die Gerade $y = x$ dazu (Bild 1.2-5), so liefert der Schnittpunkt die *graphische* Lösung der Gleichung $x = H(x)$, nämlich $x \approx 3.35$.

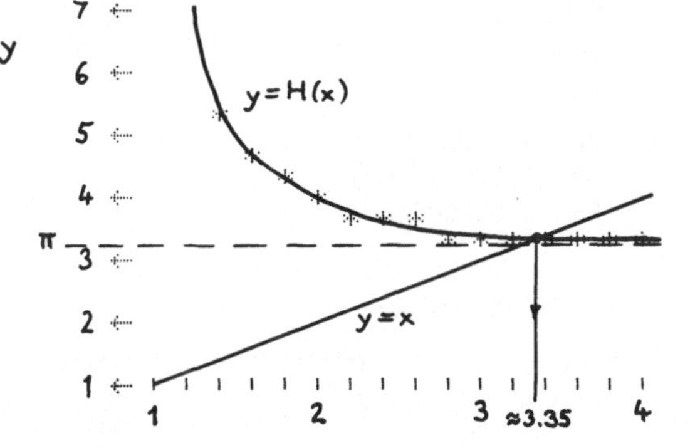

Bild 1.2-5
Graphische Lösung einer transzendenten Gleichung [Asymptoten der Kurve $y = H(x)$: $x = 1$ und $y = \pi$]

(II) Einen genaueren Wert erhält man mit einem Iterationsverfahren zur *numerischen* Lösung der Gleichung $x = H(x)$. Eine Zusatzroutine für $H(x)$ (Aufruf E) sieht so aus:

```
240  76 LBL        246  13  C        252  75  -
241  15  E         247  65  ×        253  43 RCL
242  33 X²         248  02  2        254  00  00
243  35 1/X        249  55  ÷        255  95  =
244  42 STO        250  53  (        256  92 RTN
245  00  00        251  01  1
```

Gibt man irgendeinen Startwert > 1 ein, z.B. 3, und drückt man nach jeder Anzeige wieder die Taste E, so erhält man nacheinander die (sich ständig verbessernden) Näherungswerte

x = 3, 3.43, 3.3587, 3.36945, 3.36787, 3.36810, 3.368070, 3.368075, 3.3680744, 3.36807454, 3.368074525, <u>3.368074527</u>, <u>3.368074527</u>, <u>3.368074527</u>

Bemerkungen:

(1) Die ursprüngliche Gleichung $I(x) - (x^2 - 1)/2 = 0$ läßt sich auch umformen auf $x = \sqrt{1 + 2x\,E(1/x^2)}$, was wieder iterativ lösbar ist, aber nur langsam konvergiert.

(2) Die naheliegende Umformung $x = (x^2 - 1)/[2\,E(1/x^2)]$ ist nutzlos, da ein darauf aufgebautes Iterationsverfahren nicht konvergiert.

• *Beispiel 1.2-12:* (Pendelschwingungen bei endlicher Auslenkung.) Zur Messung der Erdschwere (als Fallbeschleunigung g) kann man Pendel benutzen[1) 2)] [vgl. Beispiel 1.1-8]. Die beobachtete

---

1) *Heiskanen, W.* (1936): Beobachtung der Schwerkraft. (Kap. 36: Theorie der Pendelmessungen.) In: Handbuch der Geophysik, Band 1 (B. Gutenberg ed.). Borntraeger, Berlin.

2) *Garland, G. D.* (1956): Gravity and Isostasy. (Sect. 11: Correction of Pendulum Observations.) In: Handbuch der Physik, Band 47 (S. Flügge ed.). Springer, Berlin.

Bemerkung: Modernere Methoden zur Schweremessung sind genauer, allerdings apparativ aufwendiger. Vgl. dazu *Sakuma, A.* (1971): Recent developments in the absolute measurement of gravitational acceleration. In: *D. N. Langenberg* and *B. N. Taylor* (eds.), NBS Spec. Publ. 343: 447–456. U.S. Govt. Printing Office, Washington, D.C.

Schwingungszeit τ eines Pendels der Länge L wird auf den Referenzwert $\tau_0 = 2\pi\sqrt{L/g}$ reduziert gemäß $\tau_0 = \tau - R(\vartheta_0)\,\tau$; dabei ist ϑ_0 der anfängliche Auslenkungswinkel und R ein Reduktionsfaktor: $R(\vartheta_0) = 1 - \tau_0/\tau = 1 - \pi/[2\,K(\sin^2\frac{\vartheta_0}{2})]$. Aus τ_0 folgt dann die Fallbeschleunigung $g = 4\pi^2\,L/\tau_0^2$. In[1] (Tab. 34) sind Werte des Reduktionsfaktors $R(\vartheta_0)$ angegeben (ϑ_0 im Gradmaß):

ϑ_0	R	ϑ_0	R
0° 05′	0.00000013	0° 25′	0.00000331
10′	0.00000053	30′	0.00000476
15′	0.00000119	35′	0.00000648
20′	0.00000212		

Man erstelle eine analoge Tabelle [ϑ_0 = 0°05′(5′)1°00′, 9D]. –

Mit der Druckroutine D1 (aus Band 3/I, Anhang D) in Block 2 und mit der Zusatzroutine

```
221  76 LBL     226  95  =      231  35 1/X     236  94 +/-
222  15  E      227  60 DEG     232  55  ÷      237  85  +
223  88 DMS     228  38 SIN     233  02  2      238  01  1
224  55  ÷      229  33 X²      234  65  ×      239  95  =
225  02  2      230  11  A      235  89  π
```

läßt sich nach Eingabe des Arguments ϑ_0 (in der Form Grad. Minuten) und Aufruf der Zusatzroutine (durch Taste E) folgende Tabelle erzeugen:

ϑ_0	R	ϑ_0	R
0° 05'	0.000000132	0° 35'	0.000006478
10	0.000000529	40	0.000008462
15	0.000001190	45	0.000010709
20	0.000002115	50	0.000013221
25	0.000003305	55	0.000015998
30	0.000004760	1° 00	0.000019039

Programm 1.3: Vollständige elliptische Integrale [nach Landen-Transformation]

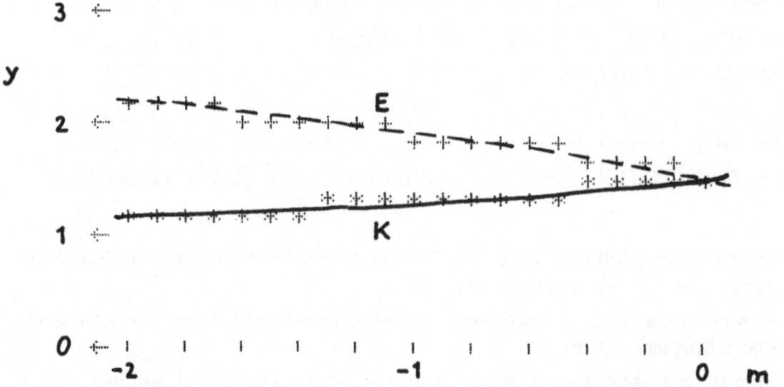

Bild 1.3-1 Elliptische Integrale K und E für negative Werte des Parameters $m = k^2$
$y = K(m)$, $y = E(m)$, $-2 \leqslant m \leqslant 0$

(a) Algorithmus

(I) Vollständiges elliptisches Integral erster Gattung K(m):

Als Grundlage dient die absteigende Landen-Transformation für K [vgl. Beispiel 1.4-12]:

$$K(m) = \frac{2}{1+\kappa_0} K(\mu_1) \quad \text{mit} \quad \kappa_0 = \sqrt{1-m}, \quad \mu_1 = \left(\frac{1-\kappa_0}{1+\kappa_0}\right)^2 \quad (m < 1)$$

Iteration (nochmalige Anwendung der Transformation) ergibt

$$K(m) = \frac{2}{1+\kappa_0} \frac{2}{1+\kappa_1} K(\mu_2) \quad \text{mit} \quad \kappa_1 = \sqrt{1-\mu_1} = \frac{2}{1+\kappa_0}\sqrt{\kappa_0}, \; \mu_2 = \left(\frac{1-\kappa_1}{1+\kappa_1}\right)^2$$

Nach mehrmaliger Iteration erhält man allgemein

$$K(m) = K(\mu_n) \prod_{r=0}^{n-1} \frac{2}{1+\kappa_r} \qquad (n = 1, 2, \ldots; \; \mu_0 = m)$$

$$\text{mit} \quad \kappa_n = \sqrt{1-\mu_n} = \frac{2}{1+\kappa_{n-1}}\sqrt{\kappa_{n-1}}, \quad \mu_n = \left(\frac{1-\kappa_{n-1}}{1+\kappa_{n-1}}\right)^2$$

Bei der absteigenden Landen-Transformation gilt

$$n \to \infty: \; \mu_n \to 0, \; \text{daher} \; K(\mu_n) \to K(0) = \frac{\pi}{2}, \; \text{somit} \; K(m) = \frac{\pi}{2} \prod_{r=0}^{\infty} \frac{2}{1+\kappa_r}$$

Das Verfahren wird nach dem N-ten Schritt abgebrochen:

$$K(m) = [1+\delta_1(m)]\,P(m) \quad \text{mit} \quad P = \frac{\pi}{2}\prod_{r=0}^{N}\frac{2}{1+\kappa_r} \quad \text{und} \quad 1+\delta_1 = \prod_{r=N+1}^{\infty}\frac{2}{1+\kappa_r} = \frac{2}{\pi} K(\mu_{N+1}),$$

wobei $N = N(m)$ vom Programm so bestimmt wird, daß $|\delta_1(m)| < 5 \times 10^{-11}$ [vgl. Fehlerkurve $\delta_1(m)$ in Anhang β (Bild β-7)].

Die Realisierung des Iterationsverfahrens (zur Berechnung der Näherung P) erfolgt zweckmäßig durch das AGM-Schema von Gauß (arithmetisch-geometrisches Mittel):[1)]

Startwerte: $a_0 = 1, \; b_0 = \sqrt{1-m}$

Iterationsverfahren: (arithm. Mittel:) $a_n = \frac{1}{2}(a_{n-1} + b_{n-1})$,

(geom. Mittel:) $b_n = \sqrt{a_{n-1}\, b_{n-1}}$ $\qquad (n = 1, 2, \ldots, N)$.

Dann ist $a_N \approx b_N$ und $P = \frac{\pi}{2}\,\frac{1}{a_N}$.

(II) Vollständiges elliptisches Integral zweiter Gattung E(m):

Grundlage ist die absteigende Landen-Transformation für E [vgl. Beispiel 1.4-12]:

$$E(m) = (1+\kappa_0)\,E(\mu_1) - \kappa_0\,K(m) \qquad [\text{mit } \kappa_0, \mu_1 \text{ wie oben in Abschnitt (I)}]$$

---

1) Vgl. z.B. *Abramowitz-Stegun* § 17.6, *Davis* Ch. 6 § 7. – Ferner: *Henrici, P.* (1977a): Applied and Computational Complex Analysis, Vol. 2. (§ 9.10, Problem 10, Problem 13.) Wiley, New York. *Henrici, P.* (1977b): Computational Analysis with the HP-25 Pocket Calculator. (p. 241: Complete Elliptic Integrals.) Wiley, New York. – Deutsche Übersetzung: Analytische Rechenverfahren für den Taschenrechner HP-25. Oldenbourg, München/Wien.

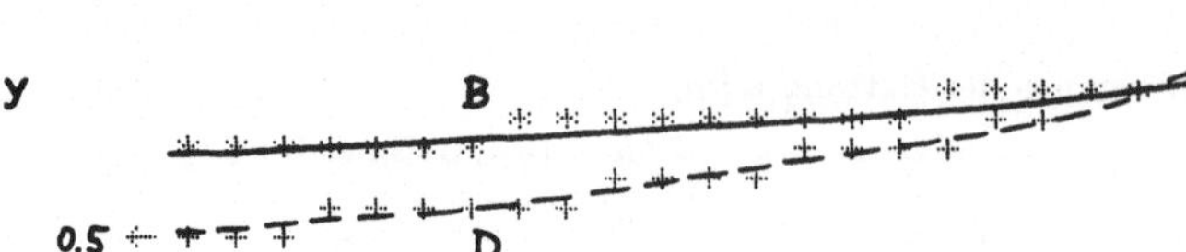

Bild 1.3-2 Elliptische Integrale B und D für negative Werte des Parameters $m = k^2$
$y = B(m)$, $y = D(m)$, $-2 \leqslant m \leqslant 0$

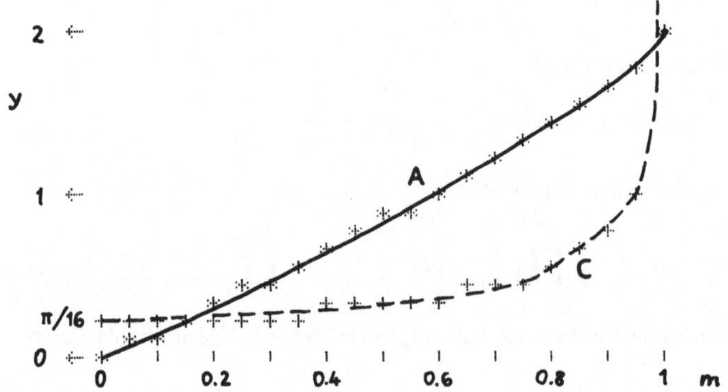

Bild 1.3-3 Elliptische Integrale A und C für positive Werte des Parameters $m = k^2$
$y = A(m)$, $y = C(m)$, $0 \leqslant m \leqslant 1$

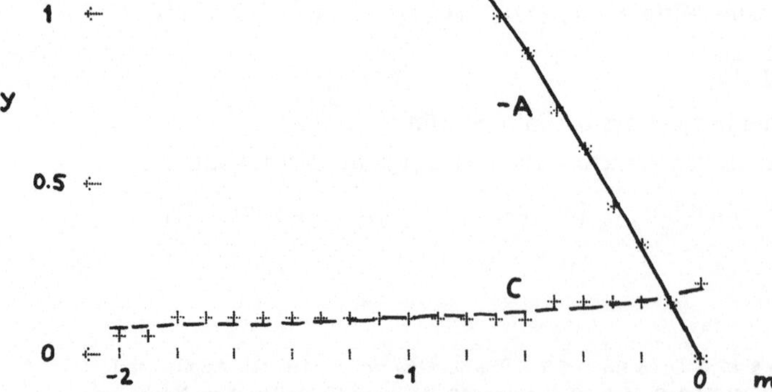

Bild 1.3-4 Elliptische Integrale A und C für negative Werte des Parameters $m = k^2$
$y = -A(m)$, $y = C(m)$, $-2 \leqslant m \leqslant 0$

Unter Verwendung obiger Transformation für K(m) erhält man

$$\frac{E(m)}{K(m)} = \frac{(1+\kappa_0)^2}{2}\,\frac{E(\mu_1)}{K(\mu_1)} - \kappa_0$$

Eine zweckmäßige Umformung ist

$$1 - \frac{E(m)}{K(m)} = 1 + \kappa_0 - \frac{(1+\kappa_0)^2}{2}\,\frac{E(\mu_1)}{K(\mu_1)} = \frac{m}{2} + \frac{(1+\kappa_0)^2}{2}\left[1 - \frac{E(\mu_1)}{K(\mu_1)}\right]$$

Mit der Abkürzung $Q(m) = 1 - E(m)/K(m)$ kommt

$$Q(m) = \frac{m}{2} + \frac{(1+\kappa_0)^2}{2}\,Q(\mu_1)$$

Iteration (nochmalige Anwendung der Transformation) ergibt

$$Q(m) = \frac{m}{2} + \frac{(1+\kappa_0)^2}{2}\left[\frac{\mu_1}{2} + \frac{(1+\kappa_1)^2}{2}\,Q(\mu_2)\right] =$$

$$= \frac{m}{2} + \frac{\mu_1}{2}\,\frac{(1+\kappa_0)^2}{2} + \frac{(1+\kappa_0)^2}{2}\,\frac{(1+\kappa_1)^2}{2}\,Q(\mu_2)$$

Nach mehrmaliger Iteration erhält man allgemein

$$Q(m) = \sum_{s=0}^{n-1} \frac{\mu_s}{2} \prod_{r=0}^{s-1} \frac{(1+\kappa_r)^2}{2} + Q(\mu_n) \prod_{r=0}^{n-1} \frac{(1+\kappa_r)^2}{2} \qquad (n = 1, 2, \dots; \mu_0 = m)$$

Bei der absteigenden Landen-Transformation gilt

$n \to \infty$: $\mu_n \to 0$, daher $Q(\mu_n) \to Q(0) = 0$, somit

$$E(m)/K(m) = 1 - Q(m) = 1 - \frac{1}{2} \sum_{s=0}^{\infty} \mu_s \prod_{r=0}^{s-1} \frac{(1+\kappa_r)^2}{2}$$

Das Verfahren wird nach dem N-ten Schritt abgebrochen:

$$\frac{E(m)}{K(m)} = R(m) + \epsilon_1(m) \quad \text{mit} \quad R = 1 - \frac{1}{2} \sum_{s=0}^{N} \mu_s \prod_{r=0}^{s-1} \frac{(1+\kappa_r)^2}{2} \quad \text{und}$$

$$\epsilon_1 = -\frac{1}{2} \sum_{s=N+1}^{\infty} \mu_s \prod_{r=0}^{s-1} \frac{(1+\kappa_r)^2}{2} = -Q(\mu_{N+1}) \prod_{r=0}^{N} \frac{(1+\kappa_r)^2}{2}$$

[mit $N = N(m)$ wie oben in Abschnitt (I)]. Es kommt $E(m) = [1 + \delta_2(m)]\,R(m)\,P(m)$ mit $1 + \delta_2 = (1 + \delta_1)(1 + \epsilon_1/R)$, $|\delta_2(m)| < 7 \times 10^{-11}$ [vgl. Fehlerkurve $\delta_2\langle\gamma\rangle = \delta_2(\sin^2\gamma)$ in Anhang β (Bild β-8)].

Tabelle 1.3-1 Elliptische Integrale K und E für negative Werte des Parameters $m = k^2$
K(m), E(m), m = −2(.2)0, 9D

m	K(m)	E(m)
-2.0	1.171420084	2.184438143
-1.8	1.194498192	2.133053126
-1.6	1.219599958	2.080104799
-1.4	1.247072653	2.025431474
-1.2	1.277357921	1.968840473
-1.0	1.311028777	1.910098894
-0.8	1.348846512	1.848920451
-0.6	1.391851856	1.784946066
-0.4	1.441518376	1.717714111
-0.2	1.500026891	1.646612469
0.0	1.570796327	1.570796327

Tabelle 1.3-2 Elliptische Integrale B, D und A für negative Werte des Parameters $m = k^2$
B(m), D(m), A(m), m = −2(.2)0, 9D

m	B(m)	D(m)	A(m)
-2.0	0.664911055	0.506509029	-2.659644219
-1.8	0.673078784	0.521419408	-2.423083622
-1.6	0.681784433	0.537815525	-2.181710185
-1.4	0.691102066	0.555970587	-1.935085784
-1.2	0.701122461	0.576235460	-1.682693906
-1.0	0.711958660	0.599070117	-1.423917322
-0.8	0.723754089	0.625092424	-1.158006542
-0.6	0.736694839	0.655157017	-0.884033807
-0.4	0.751029040	0.690489336	-0.600823232
-0.2	0.767099005	0.732927886	-0.306839602
0.0	0.785398163	0.785398163	0.000000000

Das AGM-Schema (zur Berechnung der Näherungen R und P) lautet hier:

Startwerte: $a_0 = 1,\ b_0 = \sqrt{1-m},\ c_0 = \sqrt{m}$

Iterationsverfahren: $a_n = \frac{1}{2}(a_{n-1} + b_{n-1}),\ b_n = \sqrt{a_{n-1} b_{n-1}},\ c_n = \frac{1}{2}(a_{n-1} - b_{n-1})$ $(n = 1, 2, \ldots, N)$.

Dann ist $a_N \approx b_N$ und $\mu_s \prod_{r=0}^{s-1} \frac{(1+\kappa_r)^2}{2} = 2^s c_s^2$, somit $R = 1 - \frac{1}{2} \sum_{s=0}^{N} 2^s c_s^2$, ferner $P = \frac{\pi}{2} \frac{1}{a_N}$ [wie oben in Abschnitt (I)].

(III)–(VI) B(m), D(m), w(m), q(m): wie in Programm 1.1. Für den absoluten Fehler ϵ von q(m) gilt $|\epsilon(m)| < 3 \times 10^{-12}$ [vgl. Fehlerkurve ϵ(m) in Anhang β (Bild β-9)].

(b) Bedienungshinweise

Programmadreß-Tasten:

m → w(m)	m → q(m)			
m → K(m)	m → B(m)	m → K(m) ⇌ E(m)	m → D(m)	

Speicherbereichsverteilung: Grundstellung
Programm laden: 1 Magnetkartenseite einlesen (Block 1) (TI-58: Programm eintasten)
Winkelmodus: beliebig
Anzeigeformat: beliebig
Argumentbereich: (I) K, E, B, D(m): etwa $-10^{12} \leqslant m \leqslant 1$; (II) w, q(m): $0 \leqslant m \leqslant 1$
Genauigkeit (Richtwert): 9D/S

Programmkenndaten

Speicherbedarf: 230 Programmschritte, 2 Datenregister (R_{28}, R_{29})
Labels: A–D, A', B'; abs. Adressen: ja; T-Reg.: verwendet; Flags: keine
SBR-Ebenen / Klammer-Ebenen / unvollständige Op.-Ebenen:

K(m): (über Taste A:) 1/2/2, (über Taste C:) 1/2/5; E(m): 1/2/5;
B(m): 2/4/6; D(m): 2/4/6; w(m): 2/3/4; q(m): 3/4/4

(c) Checkwerte

(I) (über Taste A:) $K(1/\pi) = 1.72475627$ (Laufzeit 6 Sek.), Tastenfolge π 1/x A;
$K(-\pi) = 1.06733169$ (7 Sek.); $K(-10\pi) = 0.551906752$ (7 Sek.)
(über Taste C:) $K(1/\pi) = 1.72475627$ (9 Sek.), Tastenfolge π 1/x C;
$K(-\pi) = 1.06733169$ (11 Sek.); $K(-10\pi) = 0.551906752$ (11 Sek.)

(II) $E(1/\pi) = 1.43712981$ (9 Sek.), Tastenfolge π 1/x C $x \rightleftharpoons t$;
$E(-\pi) = 2.45358660$ (11 Sek.); $E(-10\pi) = 5.92619248$ (11 Sek.)

(III) $B(1/\pi) = 0.821151090$ (11 Sek.), Tastenfolge π 1/x B;
$B(-\pi) = 0.626073049$ (13 Sek.), $B(-10\pi) = 0.380837924$ (13 Sek.)

(IV) $D(1/\pi) = 0.903605180$ (11 Sek.), Tastenfolge π 1/x D;
$D(-\pi) = 0.441258642$ (13 Sek.); $D(-10\pi) = 0.171068828$ (13 Sek.)

(V) $w(1/\pi) = 1.18812429$ (14 Sek.), Tastenfolge π 1/x A'

(VI) $q(1/\pi) = 0.023930475$ (15 Sek.), Tastenfolge π 1/x B'

(d) Datenregister

Inhalt der 2 Datenregister R_{28}, R_{29}:

R_{28} c_n, R_{29} a_n

(e) Eingabe des Programms

Speicherbereichsverteilung in Grundstellung. Programm eintasten. (Eingabe des Befehls HIR: Band 3/I, Anhang A.) Block 1 auf eine Magnetkartenseite aufzeichnen.

Programmstruktur

Schritt 002–047 K(m) (über Taste A); 051–127 K(m) (über Taste C) und E(m)
203–223 Vorbereitung
131–147 B(m), 150–166 D(m); 170–186 w(m), 190–201 q(m)

Liste zu Programm 1.3

```
000  76 LBL
001  11  A
002  32 X:T
003  01  1
004  67  EQ
005  02  02
006  00  00
007  71 SBR
008  02  02
009  05  05
010  53  (
011  53  (
012  82 HIR
013  18  18
014  85  +
015  43 RCL
016  29  29
017  54  )
018  55  ÷
019  02  2
020  54  )
021  53  (
022  48 EXC
023  29  29
024  65  ×
025  82 HIR
026  18  18
027  54  )
028  34 √X
029  53  (
030  82 HIR
031  08  08
032  55  ÷
033  43 RCL
034  29  29
035  54  )
036  22 INV
037  77  GE
038  00  00
039  10  10
040  53  (
041  89  π
042  55  ÷
043  02  2
044  55  ÷
045  43 RCL
046  29  29
047  54  )
048  92 RTN
049  76 LBL
050  13  C
051  82 HIR
052  06  06
053  32 X:T
054  01  1
055  67  EQ
056  11  A
057  71 SBR
058  02  02
059  03  03
060  53  (
061  53  (
062  82 HIR
063  18  18
064  85  +
065  43 RCL
066  29  29
067  54  )
068  55  ÷
069  02  2
070  82 HIR
071  47  47
072  54  )
073  42 STO
074  28  28
075  53  (
076  48 EXC
077  29  29
078  65  ×
079  82 HIR
080  18  18
081  22 INV
082  44 SUM
083  28  28
084  54  )
085  34 √X
086  53  (
087  82 HIR
088  08  08
089  55  ÷
090  53  (
091  43 RCL
092  28  28
093  33  X²
094  65  ×
095  82 HIR
096  17  17
097  85  +
098  82 HIR
099  16  16
100  54  )
101  82 HIR
102  06  06
103  43 RCL
104  29  29
105  54  )
106  22 INV
107  77  GE
108  00  00
109  60  60
110  53  (
111  89  π
112  55  ÷
113  02  2
114  82 HIR
115  56  56
116  55  ÷
117  43 RCL
118  29  29
119  65  ×
120  32 X:T
121  82 HIR
122  16  16
123  55  ÷
124  02  2
125  54  )
126  94 +/-
127  32 X:T
128  92 RTN
129  76 LBL
130  12  B
131  32 X:T
132  00  0
133  67  EQ
134  14  D
135  01  1
136  67  EQ
137  17  B'
138  32 X:T
139  82 HIR
140  05  05
141  53  (
142  13  C
143  75  -
144  53  (
145  61 GTO
146  01  01
147  59  59
148  76 LBL
149  14  D
150  53  (
151  29 CP
152  67  EQ
153  02  02
154  25  25
155  82 HIR
156  05  05
157  53  (
158  13  C
159  75  -
160  32 X:T
161  54  )
162  55  ÷
163  82 HIR
164  15  15
165  54  )
166  29 CP
167  92 RTN
168  76 LBL
169  16  A'
170  82 HIR
171  07  07
172  53  (
173  94 +/-
174  85  +
175  01  1
176  54  )
177  29 CP
178  67  EQ
179  17  B'
180  53  (
181  11  A
182  55  ÷
183  82 HIR
184  17  17
185  11  A
186  54  )
187  92 RTN
188  76 LBL
189  17  B'
190  29 CP
191  67  EQ
192  00  00
193  48  48
194  53  (
195  16  A'
196  65  ×
197  89  π
198  54  )
199  22 INV
200  23 LNX
201  35 1/X
202  92 RTN
203  82 HIR
204  07  07
205  53  (
206  42 STO
207  29  29
208  75  -
209  01  1
210  00  0
211  94 +/-
212  22 INV
213  28 LOG
214  54  )
215  32 X:T
216  53  (
217  94 +/-
218  85  +
219  01  1
220  54  )
221  34 √X
222  82 HIR
223  08  08
224  92 RTN
225  89  π
226  55  ÷
227  04  4
228  54  )
229  92 RTN
```

(f) Funktions-Anwendungen

- *Beispiel 1.3-1:* Mit der Beziehung $\lim\limits_{m \to 0} \frac{m}{q(m)} = 16$ teste man die q-Routine. –

Für die Testgröße $T(m) = m/q(m)$ erhält man $T(.01) = 15.920$, $T(.001) = 15.992$, $T(.0001) = 15.999$, Tastenfolge im letzten Fall .0001 ÷ B' =

- *Beispiel 1.3-2:* Das vollständige elliptische Integral C(m) ist nach Gl. (1.42) über K und E berechenbar: $C(m) = m^{-2}[(2-m)K(m) - 2E(m)]$. Man erstelle eine Routine für die Funktion C(m) ($m \leqslant 1$), Aufruf mit Taste E. –

Eine zweckmäßige C-Routine, die auch den Sonderfall $C(0) = \pi/16$ korrekt wiedergibt, sieht hier so aus:

240	76	LBL	249	53	(	258	75	-	267	54	)
241	15	E	250	13	C	259	02	2	268	92	RTN
242	53	(	251	65	×	260	65	×	269	89	π
243	29	CP	252	53	(	261	32	X⇌T	270	55	÷
244	67	EQ	253	02	2	262	54	)	271	01	1
245	02	02	254	75	-	263	55	÷	272	06	6
246	69	69	255	43	RCL	264	43	RCL	273	54	)
247	42	STO	256	00	00	265	00	00	274	92	RTN
248	00	00	257	54	)	266	33	X²			

Damit erhält man z.B. $C(1/4) = 0.2422192361$, Tastenfolge 4 1/x E, ferner $C(1/\pi) = 0.2590371609$, Tastenfolge π 1/x E, und $C(-\pi) = 0.0588282529$, Tastenfolge π +/– E

Bemerkung: Da C hier als Differenz zweier Größen von etwa gleicher Größenordnung gewonnen wird, sind die letzten 1–2 Stellen unsicher.

Zusatz: Die Beziehung $16 \lim\limits_{m \to 0} C(m) = \pi$ läßt sich mit der vorliegenden C-Routine leicht testen: man bekommt $16\,C(.01) = 3.165$; $16\,C(.001) = 3.144$; $16\,C(.0001) = 3.142$, Tastenfolge im letzten Fall .0001 E × 16 = [Der Wert m = 0 selbst wird in der C-Routine abgefangen, daher erhält man tatsächlich $16\,C(0) = 3.141592654$, Tastenfolge 0 E × 16 =]

- *Beispiel 1.3-3:* Mit der Funktionalgleichung *(Reflexionsformel)*

$$C(m) = \frac{1}{(1-m)^{3/2}}\, C\left(\frac{m}{m-1}\right) \qquad (m < 1)$$

teste man die C-Routine aus Beispiel 1.3-2 (Testwert m = – 3). –

Es kommt $C(-3) = (1/8)\,C(3/4)$, links 0.0607850009, Tastenfolge 3 +/– E, und rechts 0.0607850009, Tastenfolge .75 E ÷ 8 =

- *Beispiel 1.3-4:* Für C gilt die *Inversionsformel*

$$C(m) = \frac{1}{m^{5/2}}\left[C\left(\frac{1}{m}\right) - 2(m-1)\,D\left(\frac{1}{m}\right)\right] - i\,\frac{1}{m^{5/2}}\left[\frac{4+m(m-5)}{m-1}\,K\left(1-\frac{1}{m}\right) + 2m\,E\left(1-\frac{1}{m}\right)\right]$$

($i = \sqrt{-1}$), die zur Berücksichtigung von $m > 1$ geeignet ist und komplexe Funktionswerte liefert. Mit der C-Routine aus Beispiel 1.3-2 berechne man C(9). –

Man bekommt $C(9) = \frac{1}{243}[C(\frac{1}{9}) - 16\,D(\frac{1}{9})] - i\,\frac{1}{243}[5\,K(\frac{8}{9}) + 18\,E(\frac{8}{9})] = -0.0531493234 -$ $- i\,0.1345286728$, Tastenfolge 9 1/x E − 16 X 9 1/x D = ÷ 243 = [für Realteil] und 8 ÷ 9 = C X 5 + x⇌t X 18 = ÷ 243 = +/− [für Imaginärteil]

- *Beispiel 1.3-5:* Eine Form der *Legendre-Beziehung,* Die C enthält, ist

$$K(m)\,K(1-m) - m^2\,C(m)\,K(1-m) - (1-m)^2\,C(1-m)\,K(m) = \pi \qquad (0 < m < 1)$$

Damit teste man die C-Routine aus Beispiel 1.3-2 (Testwert $m = 1/2$). –

Für $m = 1/2$ reduziert sich die Legendre-Beziehung auf $K(\frac{1}{2})\,[K(\frac{1}{2}) - \frac{1}{2}\,C(\frac{1}{2})] = \pi$.

Man erhält 3.141592653, Tastenfolge .5 A X (CE − .5 X E =

- *Beispiel 1.3-6:* Im Gegensatz zu Programm 1.1 und 1.2 verarbeitet Programm 1.3 von vornherein auch negative Werte des Parameters m, daher sind die Reflexionsformeln aus Beispiel 1.2-4 hier als Kontrolle verwendbar: man teste z.B. die K-Routine mit der Beziehung $K(m) = \frac{1}{\sqrt{1-m}}\,K(\frac{m}{m-1})$ (Testwert $m = -3$). –

Es kommt $K(-3) = (1/2)\,K(3/4)$, links 1.078257824, Tastenfolge 3 +/− A, und rechts 1.078257824, Tastenfolge .75 A ÷ 2 =

- *Beispiel 1.3-7:* Die folgenden Versionen der *Legendre-Beziehung* enthalten nur zwei Summanden:

(I) $2\,[K(m)\,E(1-m) - m\,D(m)\,K(1-m)] = \pi \qquad (0 < m < 1)$

(II) $2\,[m\,B(m)\,K(1-m) + (1-m)\,B(1-m)\,K(m)] = \pi \qquad (0 < m < 1)$

oder auch $A(m)\,K(1-m) + A(1-m)\,K(m) = \pi \qquad (0 < m < 1)$

(III) $2\,[E(m)\,E(1-m) - m(1-m)\,D(m)\,D(1-m)] = \pi \qquad (0 < m < 1)$

Damit teste man die Routinen (Testwert $m = 0.3$.) –

(I) Man erhält 3.141592654, Tastenfolge .3 C X .7 C x⇌t − x⇌t X (.3 X D = X 2 =

(II) Es kommt 3.141592654, Tastenfolge .3 X B X .7 A + .7 X B X .3 A = X 2 =

(III) Es ergibt sich 3.141592654, Tastenfolge .3 C x⇌t X .7 C x⇌t − .21 X .3 D X .7 D = X 2 =

- *Beispiel 1.3-8:* Aus Gl. (II) und (III) von Beispiel 1.3-7 erhält man für $m = 1/2$ die Spezialfälle $2\,B(\frac{1}{2})\,K(\frac{1}{2}) = \pi$ und $2\,E^2(\frac{1}{2}) - \frac{1}{2}\,D^2(\frac{1}{2}) = \pi$. Damit teste man die Routinen. –

Man bekommt 3.141592653, Tastenfolge 2 X 1/x B X .5 A =, und 3.141592653, Tastenfolge 2 X 1/x C x⇌t x^2 − .5 X D x^2 =

- *Beispiel 1.3-9:* Lemniskaten-Konstante c. Man berechne das Integral

$$c = \int_0^{\pi/2} \frac{dt}{\sqrt{\sin t}} = \int_0^{\pi/2} \frac{dt}{\sqrt{\cos t}} = \int_0^1 \frac{dt}{\sqrt{t(1-t^2)}} = 2\int_0^1 \frac{dt}{\sqrt{1-t^4}}$$

auf mehrere Arten. –

(I) Es ist $\sin t = \cos\left(\frac{\pi}{2} - t\right) = \cos\left[2\left(\frac{\pi}{4} - \frac{t}{2}\right)\right] = \cos^2\left(\frac{\pi}{4} - \frac{t}{2}\right) - \sin^2\left(\frac{\pi}{4} - \frac{t}{2}\right) =$

$= 1 - 2\sin^2\left(\frac{\pi}{4} - \frac{t}{2}\right)$, daher $c = \int_0^{\pi/2} \frac{dt}{\sqrt{\sin t}} = \int_0^{\pi/2} \frac{dt}{\sqrt{1 - 2\sin^2(\frac{\pi}{4} - \frac{t}{2})}}$. Ersatz von t durch

$\pi/2 - 2t$ ergibt $c = 2 \int_0^{\pi/4} \frac{dt}{\sqrt{1 - 2\sin^2 t}}$; nach Ersatz von t durch $\arcsin(\frac{1}{\sqrt{2}} \sin t)$ erhält

man die Standardform $c = \sqrt{2} \int_0^{\pi/2} \frac{dt}{\sqrt{1 - \frac{1}{2}\sin^2 t}}$. Nach Gl. (1.1) wird $c = \sqrt{2}\, K(\frac{1}{2}) =$

$= 2.622057554$, Tastenfolge 2 $\sqrt{x}$ X .5 A =

(II) Mit der Reflexionsformel aus Beispiel 1.2-4 kommt $c = 2\,K(-1) = 2.622057554$, Tastenfolge 2 X 1 +/− A =

(III) Nach Band 3/I, Beispiel 1.1-2 (mit $a = -1/2$), ist c auch als Eulersches Integral berechenbar: $c = \frac{1}{2}\sqrt{\pi}\,\Gamma(1/4)/\Gamma(3/4)$ oder, da nach der Verdopplungsformel der Gamma-Funktion (Band 3/I, Beispiel 1.1-3) $\Gamma(1/4)\,\Gamma(3/4) = \pi\sqrt{2}$ gilt, auch $c = \frac{1}{2\sqrt{2\pi}}\Gamma^2(\frac{1}{4}) = \frac{\pi^{3/2}}{\sqrt{2}} \frac{1}{\Gamma^2(\frac{3}{4})}$.

Bemerkungen:

(1) Begründung des Namens Lemniskaten-Konstante. Die Lemniskate (Schleifenkurve) ist darstellbar in der Form[1)]

$(x^2 + y^2)^2 - x^2 + y^2 = 0$ (Bild 1.3-5).

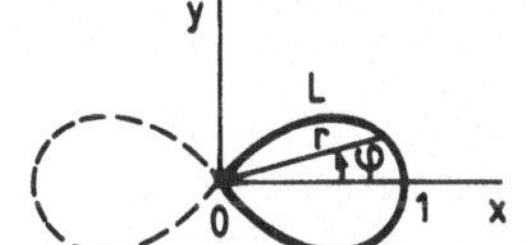

Bild 1.3-5 Lemniskate

Nach Einführung von Polarkoordinaten r, φ durch $x = r\cos\varphi$, $y = r\sin\varphi$ kommt $r = \sqrt{\cos 2\varphi}$. Der Umfang der rechten Lemniskatenschleife ist

$$L = \int_{-\pi/4}^{\pi/4} \sqrt{r^2 + \left(\frac{dr}{d\varphi}\right)^2}\, d\varphi = \int_{-\pi/4}^{\pi/4} \sqrt{\cos 2\varphi + \frac{\sin^2 2\varphi}{\cos 2\varphi}}\, d\varphi = 2\int_0^{\pi/4} \frac{d\varphi}{\sqrt{\cos 2\varphi}} = \int_0^{\pi/2} \frac{d\varphi}{\sqrt{\cos\varphi}} =$$

$= c = 2.622057554.$

(2) Zum Zahlenwert der Lemniskaten-Konstante. Bereits Euler[2)] fand durch Reihensummation den Wert $c = 2.62206$. Nach[3)] ist ein auf 13S genauer Wert $c = 2.622057554292$.

• *Beispiel 1.3-10:* Zugeordnete Lemniskaten-Konstante d. Man berechne das Integral

$$d = \int_0^{\pi/2} \sqrt{\sin t}\, dt = \int_0^{\pi/2} \sqrt{\cos t}\, dt = \int_0^1 \sqrt{\frac{t}{1-t^2}}\, dt = 2\int_0^1 \frac{t^2}{\sqrt{1-t^4}}\, dt$$

auf mehrere Arten. –

---

1) *Euler, L.* (1756/1761): Observationes de comparatione arcuum curvarum irrectificabilium. (Sect. III: De curva lemniscata.) Novi commentarii academiae scientiarum Petropolitanae **6**, 58–84 (1761). (Abgedruckt in: Opera Omnia, Ser. I, Vol. 20, E.-Nr. 252. Birkhäuser, Basel/Stuttgart.)

2) *Euler, L.* (1782/1786): De miris proprietatibus curvae elasticae ... (§ 18.) Acta academiae scientiarum Petropolitanae 1782: II (1786), 34–61. (Abgedruckt in: Opera Omnia, Ser. I, Vol. 21, E.-Nr. 605. Birkhäuser, Basel/Stuttgart.)

3) *Abramowitz-Stegun* Nr. 18.14.7

(I) Analog zu Beispiel 1.3-9 ist $d = \int_0^{\pi/2} \sqrt{\sin t}\, dt = 2 \int_0^{\pi/4} \sqrt{1 - 2\sin^2 t}\, dt = \sqrt{2} \int_0^{\pi/2} \frac{\cos^2 t}{\sqrt{1 - \frac{1}{2}\sin^2 t}} dt.$

Nach Gl. (1.20) wird $d = \sqrt{2}\, B(\frac{1}{2}) = 1.198140235$, Tastenfolge 2 $\sqrt{x}$ X .5 B =

(II) Mit der Reflexionsformel aus Beispiel 1.2-4 kommt $d = 2\,D(-1) = 1.198140235$, Tastenfolge 2 X 1 +/− D =

(III) Nach Band 3/I, Beispiel 1.1-2 (mit a = 1/2), ist d auch als Eulersches Integral berechenbar: $d = \frac{1}{2}\sqrt{\pi}\,\Gamma(3/4)/\Gamma(5/4) = 2\sqrt{\pi}\,\Gamma(3/4)/\Gamma(1/4)$ oder wegen $\Gamma(1/4)\,\Gamma(3/4) = \pi\sqrt{2}$ (wie in Beispiel 1.3-9) auch $d = (2\pi)^{3/2}/\Gamma^2(1/4) = \sqrt{2/\pi}\,\Gamma^2(3/4)$. Vergleicht man diese Darstellung von d mit jener von c (aus Beispiel 1.3-9), so folgt der Zusammenhang $d = \pi/c$, in Übereinstimmung mit der speziellen Legendre-Beziehung aus Beispiel 1.3-8: $cd = 2\,K(1/2)\,B(1/2) = \pi$.

Bemerkung: Zum Zahlenwert der zugeordneten Lemniskaten-Konstante. Bereits Euler*) fand durch Reihensummation den Wert d = 1.1981. Ein auf 13S genauer Wert ist d = 1.198140234736 [erhältlich z.B. aus $d = \pi/c$].

- *Beispiel 1.3-11:* In Beispiel 1.1-10 wurde als Lösung der transzendenten Gleichung $x = K(\frac{x}{1+x})\,/\,B(\frac{x}{1+x})$ der Wert x = 2.3481485 erhalten. Mit der Reflexionsformel aus Beispiel 1.2-4 gilt hier $2\,K(-x) = E(-x) = 2x\,D(-x)$. Damit teste man die entsprechenden Routinen. –

  Es ergibt sich $2\,K(-x) = 2.2705547$ und $E(-x) = 2.2705547$, Tastenfolge 2.3481485 STO 00 +/− C X 2 = und x⇌t; ferner $2x\,D(-x) = 2.2705547$, Tastenfolge RCL 00 X +/− D X 2 =

- *Beispiel 1.3-12:* Periheldrehung des Planeten Merkur. Für einen vollen Umlauf eines Planeten (von Perihel zu Perihel) ist der Azimutwinkel φ in der klassischen Physik gemäß Newton (Index N) gegeben durch

$$\varphi_N = \int_0^{2\pi} d\vartheta = 2\pi\,,$$

dagegen in der allgemeinen Relativitätstheorie gemäß Einstein (Index E) durch [vgl. [1] Gl. (54)]

$$\varphi_E = \int_0^{2\pi} \frac{d\vartheta}{\sqrt{\alpha - \beta\cos\vartheta}} \neq 2\pi$$

Bedeutung der Abkürzungen: $\alpha = 1 - \omega$, $\beta = \omega e/3$, $\omega = 6\,R_G/[a\,(1 - e^2)]$, wobei a große Halbachse der Bahnellipse des Planeten, e numerische Exzentrizität der Bahnellipse; $R_G = \gamma M/c^2$ Gravitationsradius (= halber Schwarzschildradius) des Zentralgestirns, wobei γ Gravitationskonstante, M Masse des Zentralgestirns, c Lichtgeschwindigkeit im Vakuum.

---

*) *Euler, L.* (1782/1786): De miris proprietatibus curvae elasticae sub aequatione $y = \int xx\,dx/\sqrt{(1 - x^4)}$ contentae. (§ 20.) Acta academiae scientiarum Petropolitanae 1782: II (1786), 34–61. (Abgedruckt in: Opera Omnia, Ser. I, Vol. 21, E.-Nr. 605. Birkhäuser, Basel/Stuttgart.)

1) *Weyl, H.* (1923): Raum – Zeit – Materie. (§ 34: Lichtstrahlen und Planeten im Gravitationsfeld der Sonne.) Springer, Berlin. (Neudruck 1970.) [Zusammenhang mit den Bezeichnungen von Weyl: $R_G = m$, $\alpha = 2m\,(\rho_0 - \frac{\rho_1 + \rho_2}{2})$, $\beta = m\,(\rho_1 - \rho_2)$.]

Das Vorrücken des Perihels (Periheldrehung) pro Bahnumlauf ist dann $\psi = \varphi - 2\pi$, somit

nach Newton: $\psi_N = \varphi_N - 2\pi = 0$, dagegen
nach Einstein: $\psi_E = \varphi_E - 2\pi \neq 0$.

In [1] sind folgende Daten angegeben:
Bahnellipse des Merkur: $a = 57.9 \times 10^9$ m, $e = 0.206$
Gravitationsradius (= halber Schwarzschildradius) der Sonne:
$R_G = \gamma M/c^2 = (6.67 \times 10^{-11}\,\mathrm{m^3 s^{-2} kg^{-1}})\,(1.99 \times 10^{30}\,\mathrm{kg})/(3 \times 10^8\,\mathrm{m\,s^{-1}})^2 = 1470$ m
[vgl. [1] S. 254]

Anzahl der Bahnumläufe des Merkur pro Jahrhundert: $n = 415$.
Damit berechne man die Periheldrehung des Merkur pro Jahrhundert. –
Analog zu Beispiel 1.2-5 läßt sich φ_E umformen:

$$\varphi_E = \int_0^{2\pi} \frac{d\vartheta}{\sqrt{\alpha - \beta \cos\vartheta}} = 4 \int_0^{\pi/2} \frac{d\vartheta}{\sqrt{\alpha - \beta + 2\beta \sin^2\vartheta}} = \frac{4}{\sqrt{\alpha - \beta}}\, K\left(-\frac{2\beta}{\alpha - \beta}\right) = \frac{4}{\sqrt{\alpha + \beta}}\, K\left(\frac{2\beta}{\alpha + \beta}\right).$$

Nach Einsetzen der Abkürzungen α, β erhält man

$$\varphi_E = \frac{4}{\sqrt{1 - \omega\,(1 - e/3)}}\, K\left(\frac{2\,\omega\, e/3}{1 - \omega\,(1 - e/3)}\right),$$

wobei

$$\omega = \frac{6\,R_G}{a\,(1 - e^2)} = \frac{6 \times 1470\,\mathrm{m}}{(57.9 \times 10^9\,\mathrm{m})\,(1 - 0.206^2)} = 1.59 \times 10^{-7}.$$

Die Periheldrehung pro Bahnumlauf wird

$$\psi_E = \varphi_E - 2\pi = 2\pi \left[\frac{1}{\sqrt{1 - \omega\,(1 - e/3)}}\, \frac{2}{\pi}\, K\left(\frac{2\,\omega\, e/3}{1 - \omega\,(1 - e/3)}\right) - 1\right] =$$

$$= 2\pi \left[\frac{1}{\sqrt{1 - 1.48 \times 10^{-7}}}\, \frac{2}{\pi}\, K(2.18 \times 10^{-8}) - 1\right] = 4.99 \times 10^{-7}\,\mathrm{rad} = 0.103'',$$

Tastenfolge 2.18 EE +/– 8 A × 2 ÷ π ÷ (1 – 1.48 EE +/– 7) √x – 1 = × 2 × π =

Die Periheldrehung pro Jahrhundert ist

nach Newton: $\Psi_N = n\,\psi_N = 0$, dagegen
nach Einstein: $\Psi_E = n\,\psi_E = 415\,\psi_E = 2.07 \times 10^{-4}\,\mathrm{rad} = 42.7''$,

was gut zu beobachteten Werten paßt.

Bemerkungen:

(1) Vernachlässigt man das Produkt $\omega\, e/3 = 10^{-8} \ll 1$, so erhält man wegen $K(0) = \pi/2$ für die Periheldrehung die bekannte, hier bei weitem ausreichende Näherung

$$\psi_E \approx 2\pi \left[\frac{1}{\sqrt{1 - \omega}} - 1\right] \approx \pi\,\omega = 0.103''.$$

---

[1] *Sexl, R.* und *H.* (1975): Weiße Zwerge – schwarze Löcher. (§ 2.3: Die Perihelverschiebung.) Rowohlt, Hamburg, und Vieweg, Braunschweig.

(2) Benutzt man das dritte Keplersche Gesetz in der Form $R_G = 4\pi^2 a^3/(c^2 T^2)$, wo T die Umlaufszeit des Planeten bezeichnet, so lautet die letzte Näherung [vgl. [1] Gl. (113)]

$$\psi_E \approx \pi\omega = \frac{6\pi R_G}{a(1-e^2)} = \frac{24\pi^3 a^2}{(1-e^2)c^2 T^2}.$$

Programm 1.4: Vollständige elliptische Integrale [nach Landen-Transformation]

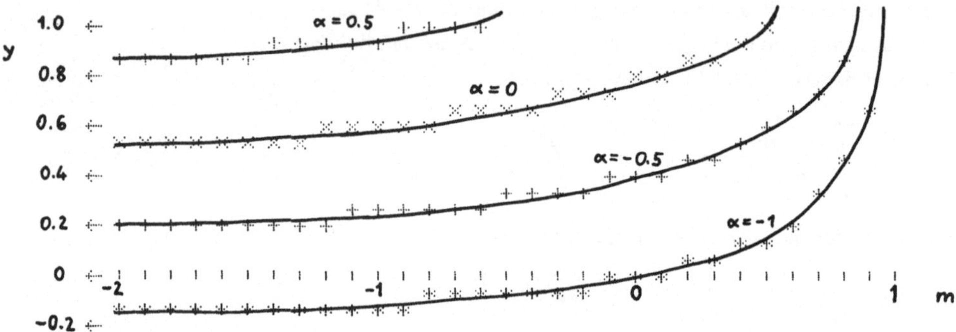

Bild 1.4-1 Generalisiertes elliptisches Integral G für positive und negative Werte des Parameters $m = k^2$, Koeffizient β konstant
$y = G(m;\alpha,\beta)$, $\beta = 1$, $\alpha = -1(.5).5$, $-2 \leqslant m \leqslant 1$

(a) Algorithmus

(I) Generalisiertes vollständiges elliptisches Integral zweiter Gattung $G(m;\alpha,\beta)$: Grundlage ist die absteigende Landen-Transformation für G [vgl. Beispiel 1.4-12]:

$$G(m;\alpha,\beta) = \frac{2}{1+\kappa_0}\,G(\mu_1;\alpha_1,\beta_1)$$

$$\text{mit}\quad \kappa_0 = \sqrt{1-m},\quad \mu_1 = \left(\frac{1-\kappa_0}{1+\kappa_0}\right)^2,\quad \alpha_1 = \frac{\alpha+\beta}{2},\quad \beta_1 = \frac{\beta+\alpha\kappa_0}{1+\kappa_0}\qquad (m<)$$

Iteration (nochmalige Anwendung der Transformation) ergibt

$$G(m;\alpha,\beta) = \frac{2}{1+\kappa_0}\,\frac{2}{1+\kappa_1}\,G(\mu_2;\alpha_2,\beta_2)$$

$$\text{mit}\quad \kappa_1 = \sqrt{1-\mu_1} = \frac{2}{1+\kappa_0}\sqrt{\kappa_0},\quad \mu_2 = \left(\frac{1-\kappa_1}{1+\kappa_1}\right)^2,\quad \alpha_2 = \frac{\alpha_1+\beta_1}{2},\quad \beta_2 = \frac{\beta_1+\alpha_1\kappa_1}{1+\kappa_1}$$

Nach mehrmaliger Iteration erhält man allgemein

$$G(m;\alpha,\beta) = G(\mu_n;\alpha_n,\beta_n)\prod_{r=0}^{n-1}\frac{2}{1+\kappa_r}\qquad (n = 1, 2, \ldots;\ \mu_0 = m,\ \alpha_0 = \alpha,\ \beta_0 = \beta)$$

[1] *Einstein, A.* (1922, 1955): The Meaning of Relativity. Princeton University Press, Princeton.

mit $\kappa_n = \sqrt{1-\mu_n} = \dfrac{2}{1+\kappa_{n-1}}\sqrt{\kappa_{n-1}}$, $\mu_n = \left(\dfrac{1-\kappa_{n-1}}{1+\kappa_{n-1}}\right)^2$, $\alpha_n = \dfrac{\alpha_{n-1}+\beta_{n-1}}{2}$,

$$\beta_n = \frac{\beta_{n-1}+\alpha_{n-1}\kappa_{n-1}}{1+\kappa_{n-1}}$$

Bei der absteigenden Landen-Transformation gilt

$n\to\infty$: $\mu_n \to 0$, $\alpha_n \to \bar{\alpha}$, $\beta_n \to \bar{\beta} = \bar{\alpha}$, daher $G(\mu_n; \alpha_n, \beta_n) \to G(0; \bar{\alpha}, \bar{\alpha}) = \frac{\pi}{2}\bar{\alpha}$,

somit $\quad G(m; \alpha, \beta) = \dfrac{\pi}{2}\bar{\alpha}\displaystyle\prod_{r=0}^{\infty}\dfrac{2}{1+\kappa_r}$

Das Verfahren wird nach dem N-ten Schritt abgebrochen:

$G(m; \alpha, \beta) = [1 + \delta(m; \alpha, \beta)]\, V(m; \alpha, \beta)$ mit $V = \dfrac{\pi}{2}\alpha_N \displaystyle\prod_{r=0}^{N}\dfrac{2}{1+\kappa_r}$ und

$1 + \delta = \dfrac{\bar{\alpha}}{\alpha_N}\displaystyle\prod_{r=N+1}^{\infty}\dfrac{2}{1+\kappa_r} = \dfrac{2}{\pi\,\alpha_N}\, G(\mu_{N+1}; \alpha_{N+1}, \beta_{N+1})$, wobei $N = N(m; \alpha, \beta)$ vom Programm so bestimmt wird, daß $|\delta(m; \alpha, \beta)| \lesssim 1 \times 10^{-10}$ [vgl. Fehlerkurven $\delta_1(m) = \delta(m; 1, 1)$ und $\delta_2\langle\gamma\rangle = \delta(\sin^2\gamma; 1, \cos^2\gamma)$ in Anhang β (Bild β-10 und β-11)].

Die Realisierung des Iterationsverfahrens (zur Berechnung der Näherung V) erfolgt zweckmäßig durch das modifizierte AGM-Schema von Bulirsch (algorithm 1, procedure cel 2):

Startwerte: $a_0 = 2$, $b_0 = 2\sqrt{1-m}$, $\alpha_0 = \alpha$, $\beta_0 = \beta$

Iterationsverfahren: $a_n = a_{n-1} + b_{n-1}$, $b_n = 2\sqrt{a_{n-1}b_{n-1}}$,

$\alpha_n = \alpha_{n-1} + \beta_{n-1}/a_{n-1}$, $\beta_n = 2(\beta_{n-1} + \alpha_{n-1}b_{n-1})$ $\qquad (n = 1, 2, \ldots, N)$.

Dann ist $a_N \approx b_N$ und $V = \dfrac{\pi}{4}\dfrac{\alpha_N}{a_{N-1}}$.

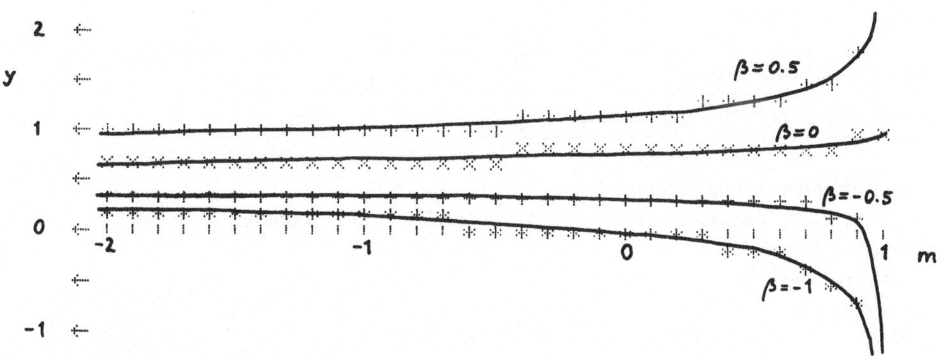

Bild 1.4-2 Generalisiertes elliptisches Integral G für positive und negative Werte des Parameters $m = k^2$, Koeffizient α konstant
$y = G(m; \alpha, \beta)$, $\alpha = 1$, $\beta = -1(.5).5$, $-2 \leqslant m \leqslant 1$

Tabelle 1.4-1 Generalisiertes elliptisches Integral G für positive Werte des Parameters $m = k^2$, Koeffizient β konstant
$G(m; \alpha, \beta)$, $\beta = 1$; $\alpha = -1$, $-\frac{1}{2}$, $\frac{1}{2}$; $m = 0(.1)1$, 9D
[$\alpha = 0$: $G(m; 0, 1) = D(m)$, s. Tab. 1.2-2]

m	$G(m; -1, 1)$	$G(m; -\frac{1}{2}, 1)$	$G(m; \frac{1}{2}, 1)$
0.0	0.000000000	0.392699082	1.178097245
0.1	0.021232888	0.419035003	1.214639233
0.2	0.046261807	0.449602255	1.256283151
0.3	0.076286444	0.485687195	1.304488697
0.4	0.113116791	0.529217436	1.361418726
0.5	0.159648508	0.583255050	1.430468135
0.6	0.220897966	0.653065412	1.517400304
0.7	0.306615629	0.748802505	1.633176259
0.8	0.439583179	0.893988716	1.802799790
0.9	0.695946510	1.166482911	2.107555713
1.0	∞	∞	∞

Sonderfall $m = 1$: vgl. Beispiel 1.4-23.

(IIa) Vollständiges elliptisches Integral erster Gattung K: $K(m) = G(m; 1, 1)$

(IIb) Vollständiges elliptisches Integral zweiter Gattung E: $E(m) = G(m; 1, 1-m)$

(III) Vollständiges elliptisches Integral zweiter Gattung B: $B(m) = G(m; 1, 0)$

(IV) Vollständiges elliptisches Integral zweiter Gattung D: $D(m) = G(m; 0, 1)$

(V)–(VI) $w(m)$, $q(m)$: wie in Programm 1.1. Für den absoluten Fehler ϵ von $q(m)$ gilt $|\epsilon(m)| < 3 \times 10^{-12}$ [vgl. Fehlerkurve $\epsilon(m)$ in Anhang β (Bild β-12)].

(b) Bedienungshinweise

Programmadreß-Tasten:

$m \to w(m)$	$m \to q(m)$	α	β	$m \to G(m; \alpha, \beta)$
$m \to K(m)$	$m \to B(m)$	$m \to E(m)$	$m \to D(m)$	

Speicherbereichsverteilung: Grundstellung
Programm laden: 1 Magnetkartenseite einlesen (Block 1) (TI-58: Programm eintasten)
Winkelmodus: beliebig
Anzeigeformat: beliebig
Argumentbereich:
(I) $G(m; \alpha, \beta)$: etwa $-10^{12} \leqslant m \leqslant 1$, $-10^{12} \leqslant \alpha, \beta \leqslant 10^{12}$;
(II) K, E, B, D(m): etwa $-10^{12} \leqslant m \leqslant 1$;
(III) $w, q(m)$: $0 \leqslant m \leqslant 1$
Genauigkeit (Richtwert): 9 D/S

Programmkenndaten

Speicherbedarf: 202 Programmschritte, 4 Datenregister ($R_{26}-R_{29}$)
Labels: A–D, A'–E', HIR; abs. Adressen: ja; T-Reg.: verwendet, Flags: keine
SBR-Ebenen / Klammer-Ebenen / unvollständige Op.-Ebenen:

G (m; α, β): 0/2/4; K (m): 0/2/4; E (m): 0/2/4; B (m): 0/2/4;
D (m): 0/2/4; w (m): 1/3/6; q (m): 2/4/6

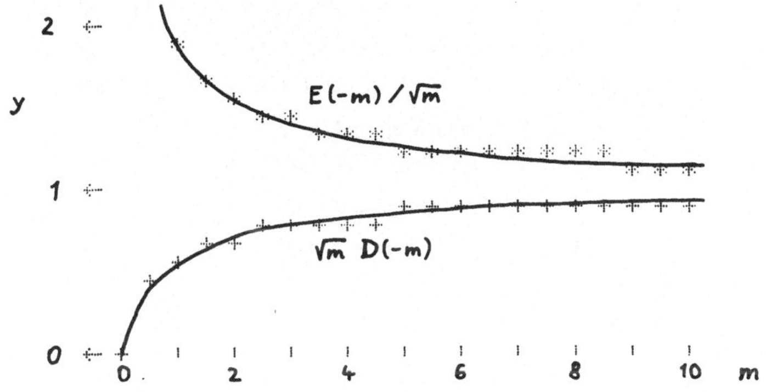

Bild 1.4-3 Elliptische Integrale E und D für negative Werte des Parameters $m = k^2$
$y = E(-m)/\sqrt{m}$, $y = \sqrt{m}\,D(-m)$, $0 \leqslant m \leqslant 10$ [$m \to \infty$: $y \to 1$]

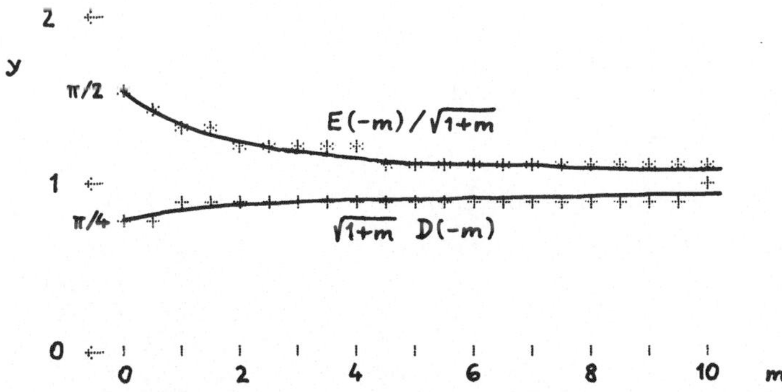

Bild 1.4-4 Elliptische Integrale E und D für negative Werte des Parameters $m = k^2$
$y = E(-m)/\sqrt{1+m}$, $y = \sqrt{1+m}\,D(-m)$, $0 \leqslant m \leqslant 10$ [$m \to \infty$: $y \to 1$]

(c) Checkwerte

(I) $G(1/\pi; \pi, \pi) = 5.41848163$	(Laufzeit 9 Sek.), Tastenfolge π C' D' 1/x E';	
$G(-\pi; \pi, \pi) = 3.35312140$	(11 Sek.), Tastenfolge π +/− E';	
$G(1/\pi; -\pi, \pi) = 0.259037161$	(9 Sek.), Tastenfolge π +/− C' π 1/x E'	
(IIa) $K(1/\pi) = 1.72475627$	(9 Sek.), Tastenfolge π 1/x A;	
$K(-\pi) = 1.06733169$	(11 Sek.); $K(-10\pi) = 0.551906752$	(11 Sek.)
(IIb) $E(1/\pi) = 1.43712981$	(9 Sek.), Tastenfolge π 1/x C;	
$E(-\pi) = 2.45358660$	(11 Sek.); $E(-10\pi) = 5.92619248$	(11 Sek.)
(III) $B(1/\pi) = 0.821151090$	(9 Sek.), Tastenfolge π 1/x B;	
$B(-\pi) = 0.626073049$	(11 Sek.); $B(-10\pi) = 0.380837924$	(11 Sek.)
(IV) $D(1/\pi) = 0.903605180$	(9 Sek.), Tastenfolge π 1/x D;	
$D(-\pi) = 0.441258642$	(11 Sek.); $D(-10\pi) = 0.171068828$	(11 Sek.)
(V) $w(1/\pi) = 1.18812429$	(21 Sek.), Tastenfolge π 1/x A'	
(VI) $q(1/\pi) = 0.023930475$	(22 Sek.), Tastenfolge π 1/x B'	

(d) Datenregister

Inhalt der 4 Datenregister $R_{26} - R_{29}$:

$R_{26}\ \alpha$, $R_{27}\ \beta$, $R_{28}\ \alpha_n$, $R_{29}\ a_n$

Tabelle 1.4-2 Generalisiertes elliptisches Integral G für negative Werte des Parameters $m = k^2$, Koeffizient β konstant
$G(m; \alpha, \beta)$, $\beta = 1$; $\alpha = -1, -\frac{1}{2}, \frac{1}{2}$; $m = -2(.2)0$, 9D
[$\alpha = 0$: $G(m; 0, 1) = D(m)$, s. Tab. 1.3-2]

m	$G(m; -1, 1)$	$G(m; -\frac{1}{2}, 1)$	$G(m; \frac{1}{2}, 1)$
-2.0	-0.158402026	0.174053502	0.838964557
-1.8	-0.151659376	0.184880016	0.857958800
-1.6	-0.143968907	0.196923309	0.878707742
-1.4	-0.135131479	0.210419554	0.901521620
-1.2	-0.124887000	0.225674230	0.926796691
-1.0	-0.112888542	0.243090787	0.955049447
-0.8	-0.098661665	0.263215379	0.986969468
-0.6	-0.081537822	0.286809597	1.023504436
-0.4	-0.060539703	0.314974817	1.066003856
-0.2	-0.034171119	0.349378384	1.116477389
0.0	0.000000000	0.392699082	1.178097245

Tabelle 1.4-3 Generalisiertes elliptisches Integral G für positive Werte des Parameters $m = k^2$, Koeffizient α konstant
$G(m;\alpha,\beta)$, $\alpha = 1$; $\beta = -1,\ -\frac{1}{2},\ \frac{1}{2}$; $m = 0(.1)1$, 9D
[$\beta = 0$: $G(m; 1, 0) = B(m)$, s. Tab. 1.2-2]

m	$G(m; 1, -1)$	$G(m; 1, -\frac{1}{2})$	$G(m; 1, \frac{1}{2})$
0.0	0.000000000	0.392699082	1.178097245
0.1	-0.021232888	0.387185671	1.204022790
0.2	-0.046261807	0.380209545	1.233152247
0.3	-0.076286444	0.371257529	1.266345475
0.4	-0.113116791	0.359542249	1.304860331
0.5	-0.159648508	0.343782289	1.350643881
0.6	-0.220897966	0.321718463	1.406951321
0.7	-0.306615629	0.288879062	1.479868444
0.8	-0.439583179	0.234613947	1.583008200
0.9	-0.695946510	0.122563146	1.759582457
1.0	$-\infty$	$-\infty$	∞

Tabelle 1.4-4 Generalisiertes elliptisches Integral G für negative Werte des Parameters $m = k^2$, Koeffizient α konstant
$G(m;\alpha,\beta)$, $\alpha = 1$; $\beta = -1,\ -\frac{1}{2},\ \frac{1}{2}$; $m = -2(.2)0$, 9D
[$\beta = 0$: $G(m; 1, 0) = B(m)$, s. Tab. 1.3-2]

m	$G(m; 1, -1)$	$G(m; 1, -\frac{1}{2})$	$G(m; 1, \frac{1}{2})$
-2.0	0.158402026	0.411656540	0.918165569
-1.8	0.151659376	0.412369080	0.933788488
-1.6	0.143968907	0.412876670	0.950692195
-1.4	0.135131479	0.413116772	0.969087359
-1.2	0.124887000	0.413004730	0.989240191
-1.0	0.112888542	0.412423601	1.011493718
-0.8	0.098661665	0.411207877	1.036300300
-0.6	0.081537822	0.409116330	1.064273347
-0.4	0.060539703	0.405784372	1.096273708
-0.2	0.034171119	0.400635062	1.133562948
0.0	0.000000000	0.392699082	1.178097245

(e) Eingabe des Programms

Speicherbereichsverteilung in Grundstellung. Programm eintasten. (Eingabe des Befehls HIR: Band 3/I, Anhang A.) Block 1 auf eine Magnetkartenseite aufzeichnen.

Programmstruktur

Schritt 050–155 $G(m;\alpha,\beta)$; 010–047 Vorbereitung K, E, B, D(m)
192–200 Sonderfall $G(1;\alpha,\beta)$, 159–175 w(m), 179–190 q(m)

Liste zu Programm 1.4

Schritt	Code	Taste
000	76	LBL
001	18	C'
002	42	STO
003	26	26
004	92	RTN
005	76	LBL
006	19	D'
007	42	STO
008	27	27
009	92	RTN
010	76	LBL
011	11	A
012	32	X:T
013	01	1
014	61	GTO
015	00	00
016	43	43
017	76	LBL
018	13	C
019	53	(
020	40	IND
021	75	-
022	32	X:T
023	01	1
024	42	STO
025	28	28
026	54	)
027	94	+/-
028	61	GTO
029	82	HIR
030	76	LBL
031	12	B
032	32	X:T
033	01	1
034	42	STO
035	28	28
036	00	0
037	61	GTO
038	82	HIR
039	76	LBL
040	14	D
041	32	X:T
042	00	0
043	42	STO
044	28	28
045	01	1
046	61	GTO
047	82	HIR
048	76	LBL
049	10	E'
050	32	X:T
051	43	RCL
052	26	26
053	42	STO
054	28	28
055	43	RCL
056	27	27
057	76	LBL
058	82	HIR
059	82	HIR
060	07	07
061	01	1
062	53	(
063	67	EQ
064	01	01
065	92	92
066	42	STO
067	29	29
068	85	+
069	01	1
070	00	0
071	94	+/-
072	22	INV
073	28	LOG
074	54	)
075	32	X:T
076	53	(
077	94	+/-
078	85	+
079	01	1
080	54	)
081	34	√X
082	53	(
083	82	HIR
084	08	08
085	65	×
086	82	HIR
087	17	17
088	48	EXC
089	28	28
090	44	SUM
091	28	28
092	85	+
093	82	HIR
094	17	17
095	85	+
096	40	IND
097	54	)
098	82	HIR
099	07	07
100	53	(
101	82	HIR
102	18	18
103	65	×
104	48	EXC
105	29	29
106	44	SUM
107	29	29
108	65	×
109	04	4
110	54	)
111	34	√X
112	53	(
113	82	HIR
114	08	08
115	65	×
116	53	(
117	82	HIR
118	17	17
119	55	÷
120	43	RCL
121	29	29
122	54	)
123	48	EXC
124	28	28
125	44	SUM
126	28	28
127	85	+
128	82	HIR
129	17	17
130	85	+
131	40	IND
132	54	)
133	82	HIR
134	07	07
135	53	(
136	43	RCL
137	29	29
138	55	÷
139	82	HIR
140	18	18
141	54	)
142	77	GE
143	01	01
144	00	00
145	53	(
146	89	π
147	55	÷
148	04	4
149	55	÷
150	43	RCL
151	29	29
152	65	×
153	43	RCL
154	28	28
155	54	)
156	92	RTN
157	76	LBL
158	16	A'
159	82	HIR
160	06	06
161	53	(
162	94	+/-
163	85	+
164	01	1
165	54	)
166	29	CP
167	67	EQ
168	17	B'
169	53	(
170	11	A
171	55	÷
172	82	HIR
173	16	16
174	11	A
175	54	)
176	92	RTN
177	76	LBL
178	17	B'
179	29	CP
180	67	EQ
181	00	00
182	04	04
183	53	(
184	16	A'
185	65	×
186	89	π
187	54	)
188	94	+/-
189	22	INV
190	23	LNX
191	92	RTN
192	82	HIR
193	17	17
194	29	CP
195	67	EQ
196	01	01
197	53	53
198	55	÷
199	00	0
200	54	)
201	92	RTN

(f) Funktions-Anwendungen

- *Beispiel 1.4-1:* Eine Form der *Legendre-Beziehung,* die weder K noch E enthält, ist

$$2\,[B(m)\,B(1-m) + m\,B(m)\,D(1-m) + (1-m)\,B(1-m)\,D(m)] = \pi \qquad (0 < m < 1)$$

oder auch

$$\frac{1}{2m(1-m)} A(m)\,A(1-m) + A(m)\,D(1-m) + A(1-m)\,D(m) = \pi \qquad (0 < m < 1)$$

Damit teste man die B- und D-Routine (Testwert m = 0.8). –
Man bekommt 3.141592654, Tastenfolge .8 B STO 00 X .2 B STO 01 + .8 X RCL 00 X .2 D + .2 X RCL 01 X .8 D = X 2 =

- *Beispiel 1.4-2:* Weitere Versionen der *Legendre-Beziehung* (mit nur zwei Summanden):

(I) $$\frac{2}{\sqrt{m}}\,[E(-m)\,K(-\tfrac{1}{m}) - K(-m)\,B(-\tfrac{1}{m})] = \pi \qquad (m > 0)$$

(II) $$\frac{2\sqrt{m}}{1+m}\,[E(-m)\,E(-\tfrac{1}{m}) - B(-m)\,B(-\tfrac{1}{m})] = \pi \qquad (m > 0)$$

Damit teste man die entsprechenden Routinen (Testwert m = 5). –

(I) $(2/\sqrt{5})\,[E(-5)\,K(-1/5) - K(-5)\,B(-1/5) = 3.141592654$, Tastenfolge 5 +/− C X .2 +/− A − 5 +/− A X .2 +/− B = X 2 ÷ 5 $\sqrt{x}$ =

(II) $(\sqrt{5}/3)\,[E(-5)\,E(-1/5) - B(-5)\,B(-1/5)] = 3.141592654$, Tastenfolge 5 +/− C X .2 +/− C − 5 +/− B X .2 +/− B = X 5 $\sqrt{x}$ ÷ 3 =

- *Beispiel 1.4-3:* Aus Beispiel 1.4-2 erhält man für m = 1 die Spezialfälle $4\,K(-1)\,D(-1) = \pi$ und $E^2(-1) - B^2(-1) = \pi$. Damit teste man die entsprechenden Routinen. –
Es ergibt sich $4\,K(-1)\,D(-1) = 3.141592653$, Tastenfolge 4 X 1 +/− A X 1 +/− D =, und $E^2(-1) - B^2(-1) = 3.141592653$, Tastenfolge 1 +/− C x^2 − 1 +/− B x^2 =

Bemerkung: Dieselben Spezialfälle folgen auch aus Beispiel 1.3-8 nach Anwendung der Reflexionsformeln aus Beispiel 1.2-4.

- *Beispiel 1.4-4:* Aus den Legendre-Beziehungen von Beispiel 1.4-2 folgt $\lim_{m\to\infty} \frac{E(-m)}{\sqrt{m}} = 1$ und $\lim_{m\to\infty} \sqrt{m}\,D(-m) = 1$. Damit teste man die E- und D-Routine. (Vgl. Bild 1.4-3 und 1.4-4.) –
Für die Testgröße $T(m) = E(-m)/\sqrt{m}$ erhält man T(10) = 1.151, T(100) = 1.021, T(1000) = 1.003, Tastenfolge im letzten Fall 1000 +/− C ÷ 1000 $\sqrt{x}$ =; für die Testgröße $U(m) = \sqrt{m}\,D(-m)$ ergibt sich U(10) = 0.901, U(100) = 0.984, U(1000) = 0.998, Tastenfolge im letzten Fall 1000 +/− D X 1000 $\sqrt{x}$ =

Bemerkung: Dieselben asymptotischen Beziehungen folgen auch aus den Reflexionsformeln von Beispiel 1.2-4:

$$m \to \infty:\; E(-m) = \sqrt{1+m}\;E\left(\frac{m}{m+1}\right) \sim \sqrt{1+m} \sim \sqrt{m}$$

$$m \to \infty:\; D(-m) = \frac{1}{\sqrt{1+m}}\,B\left(\frac{m}{m+1}\right) \sim \frac{1}{\sqrt{1+m}} \sim \frac{1}{\sqrt{m}}$$

- *Beispiel 1.4-5:* Rechenregeln für die Koeffizienten der G-Funktion [gewinnbar aus Gl. (1.59)]. ($\alpha, \beta, \gamma, \delta$ Konstanten oder Funktionen des Parameters m.)

(I) Multiplikationssatz: $\gamma\, G(m; \alpha, \beta) = G(m; \gamma\alpha, \gamma\beta)$

(II) Additionssatz: $G(m; \alpha, \beta) + G(m; \gamma, \delta) = G(m; \alpha + \gamma, \beta + \delta)$

Folgerungen:

(Ia) $G(m; -\alpha, -\beta) = -G(m; \alpha, \beta)$

(Ib) $G(m; -\alpha, \beta) = -G(m; \alpha, -\beta)$

(Ic) $G(m; 0, 0) = 0$

(Id) $G(m; \alpha, \infty) = G(m; \infty, \beta) = G(m; \infty, \infty) = \infty$

(Ie) $G(m; \infty, -\infty) = -G(m; -\infty, \infty)$ = unbestimmte Form

(IIa) $G(m; \alpha+\gamma, \beta+\delta) = G(m; \alpha, \beta) + G(m; \gamma, \delta) = G(m; \alpha, \delta) + G(m; \gamma, \beta)$ (Zerlegungsregel)

(IIb) $G(m; \alpha, \beta) + G(m; \beta, \alpha) = (\alpha + \beta)\, K(m)$ (Vertauschungsregel)

(IIc) $G(m; \alpha, \beta) - G(m; \beta, \alpha) = (\beta - \alpha)\, m\, C(m)$

(IId) $G(m; \alpha, \beta) + G(m; \alpha, -\beta) = 2\alpha B(m)$

(IIe) $G(m; \alpha, \beta) - G(m; \alpha, -\beta) = 2\beta D(m)$

Man berechne $S = G(\frac{1}{2}; -1, 2)$ auf mehrere Arten. –

(1) Mit $\alpha = -1$ und $\beta = 2$ erhält man direkt $S = G(\frac{1}{2}; -1, 2) = 1.166510100$, Tastenfolge 1 +/– C' 2 D' .5 E'

(2) Es ist $\alpha = -1 + 0 = 2 - 3 = 0 - 1$ und $\beta = 0 + 2 = 2 - 0 = 3 - 1$, somit liefert die Zerlegungsregel (IIa) die äquivalenten Formen $S = -B(\frac{1}{2}) + 2D(\frac{1}{2}) = 2K(\frac{1}{2}) - 3B(\frac{1}{2}) = 3D(\frac{1}{2}) - K(\frac{1}{2}) =$ $= 1.166510100$, Tastenfolge im letzten Fall 3 × .5 D – .5 A =

(3) Ferner ist $\alpha = 0 - 1 = 5 - 6$ und $\beta = \frac{5}{2} - (1 - \frac{1}{2}) = 5 - 6(1 - \frac{1}{2})$, daher kommt nach der Zerlegungsregel $S = \frac{5}{2} D(\frac{1}{2}) - E(\frac{1}{2}) = 5K(\frac{1}{2}) - 6E(\frac{1}{2}) = 1.166510100$, Tastenfolge im letzten Fall 5 × .5 A – 6 × .5 C =

(4) Schließlich ließe sich S auch durch C darstellen: mit der Zerlegung $\alpha = -1 + 0$, $\beta = 1 + 1$ folgt $S = \frac{1}{2} C(\frac{1}{2}) + D(\frac{1}{2})$.

Bemerkung: Die direkte Berechnungsart (1) (über die G-Funktion) ist kurz und einfach. Es ist daher zweckmäßig, die bei Anwendungen häufig auftretenden Linearkombinationen von K, E, B, D, C (bei gleichem Parameter m) nach dem Additionssatz (II) auf eine einzige Funktion G zurückzuführen.

- *Beispiel 1.4-6:* Funktionalgleichung *(Reflexionsformel)* für G:

$$G(m; \alpha, \beta) = \frac{1}{\sqrt{1-m}}\, G\left(\frac{m}{m-1}; \beta, \alpha\right) \qquad (m < 1;\ \alpha, \beta \text{ beliebig})$$

(Daraus folgen als Spezialfälle die Reflexionsformeln von Beispiel 1.2-4 und 1.3-3.) Man teste die G-Routine mit den Werten $\alpha = -1$, $\beta = 2$, $m = -3$. –

Es kommt $G(-3; -1, 2) = \frac{1}{2} G(\frac{3}{4}; 2, -1)$, links 0.2655964076, Tastenfolge 1 +/– C' 2 D' 3 +/– E', und rechts 0.2655964076, Tastenfolge 2 C' 1 +/– D' .75 E' ÷ 2 =

Zusatz: Ersetzt man m durch 1 – m, so erhält man folgende Version der Reflexionsformel:

$$G(1 - m; \alpha, \beta) = \frac{1}{\sqrt{m}}\, G(1 - \tfrac{1}{m}; \beta, \alpha) \qquad (m > 0;\ \alpha, \beta \text{ beliebig})$$

Spezialfälle:

$$K(1-m) = \frac{1}{\sqrt{m}} K(1-\tfrac{1}{m}),\quad E(1-m) = \sqrt{m}\, E(1-\tfrac{1}{m}) \qquad (m>0)$$

$$B(1-m) = \frac{1}{\sqrt{m}} D(1-\tfrac{1}{m}),\quad D(1-m) = \frac{1}{\sqrt{m}} B(1-\tfrac{1}{m}),\quad C(1-m) = \frac{1}{m^{3/2}} C(1-\tfrac{1}{m}) \qquad (m>0)$$

- *Beispiel 1.4-7:* Werte des Parameters m, die über 1 liegen, lassen sich durch eine Funktionalgleichung *(Inversionsformel)* berücksichtigen; man erhält komplexe Funktionswerte:

$$G(m;\alpha,\beta) = \frac{1}{\sqrt{m}} G(\tfrac{1}{m};\alpha,(1-\tfrac{1}{m})\,\alpha+\tfrac{1}{m}\,\beta) +$$

$$+\, i\,\frac{1}{\sqrt{m}} G(1-\tfrac{1}{m}; 2(1-\tfrac{1}{m})\,\alpha + (\tfrac{2}{m}-1)\,\beta,\ (1-\tfrac{1}{m})\,\alpha+\tfrac{1}{m}\,\beta) \qquad (i=\sqrt{-1})$$

(Daraus folgen als Spezialfälle die Inversionsformeln von Beispiel 1.2-6 und 1.3-4.) Man berechne $G(9;-1,2)$. –

Man bekommt $G(9;-1,2) = \frac{1}{3}\, G(\frac{1}{9};-1,-\frac{2}{3}) + i\,\frac{1}{3}\, G(\frac{8}{9};-\frac{30}{9},-\frac{2}{3}) = -0.4479514105 - i\,1.394699494$, Tastenfolge 1 +/– C' 2 ÷ 3 = +/– D' 9 1/x E' ÷ 3 = [für Realteil] und 30 ÷ 9 = +/– C' 8 ÷ 9 = E' ÷ 3 = [für Imaginärteil]

- *Beispiel 1.4-8:* Aus Beispiel 1.3-4 ist eine Inversionsformel für C bekannt. Sie läßt sich unter Verwendung der G-Funktion vereinfachen: aus Beispiel 1.4-7 folgt (mit $\alpha = -1/m$, $\beta = 1/m$)

$$C(m) = \frac{1}{m^{5/2}} G(\tfrac{1}{m};-m,2-m) + i\,\frac{1}{m^{5/2}} G(1-\tfrac{1}{m};4-3\,m,2-m)$$

Damit berechne man C(9). –

Man erhält $C(9) = \frac{1}{243}\, G(\frac{1}{9};-9,-7) + i\,\frac{1}{243}\, G(\frac{8}{9};-23,-7) = -0.0531493234 - i\,0.1345286728$, Tastenfolge 9 +/– C' 7 +/– D' 9 1/x E' ÷ 243 = [für Realteil] und 23 +/– C' 8 ÷ 9 = E' ÷ 243 = [für Imaginärteil] (in Übereinstimmung mit Beispiel 1.3-4).

- *Beispiel 1.4-9: Aufsteigende quadratische Transformation.* [Deutbar als Spezialfall $\varphi = \pi$ der aufsteigenden Landen-Transformation oder als Spezialfall $\varphi = \pi/2$ der aufsteigenden Gauß-Transformation (Kap. 2).] Mit den Abkürzungen $k = \sqrt{m}$ und $M = 4\,k/(1+k)^2$ gilt die Funktionalgleichung

$$G(m;\alpha,\beta) = \frac{1}{(1+k)\,k}\, G(M;(1+k)\,\alpha-\beta,\beta-(1-k)\,\alpha) \qquad (0<m<1;\ \alpha,\beta \text{ beliebig})$$

[Der Name ,aufsteigend' ist dadurch begründet, daß Parameterwerte m, die zwischen 0 und 1 liegen, durch die Transformation zu *größeren* Werten M aufsteigen (die gleichfalls zwischen 0 und 1 liegen).]

Spezialfälle:

$$K(m) = \frac{1}{1+k} K(M) \qquad \left(k=\sqrt{m},\ M=\frac{4k}{(1+k)^2};\ 0<m<1\right)$$

$$E(m) = \frac{1+k}{2} E(M) + \frac{1-k}{2} K(M)$$

$$B(m) = \frac{1}{k}\left[B(M) - \frac{1-k}{1+k} D(M)\right] \qquad D(m) = \frac{4}{(1+k)^3} C(M) = \frac{1}{(1+k)\,k}\,[D(M)-B(M)]$$

Man teste die G-Routine mit der Berechnung von $G(\frac{1}{9};-1,2)$. –

Für m = 1/9 wird k = 1/3 und M = 3/4. Es kommt G(1/9; −1, 2) = (9/4) G(3/4; −10/3, 8/3) = = (3/2) G(3/4; −5, 4), links 0.8444058025, Tastenfolge 1 +/− C' 2 D' 9 1/x E', und rechts 0.8444058025, Tastenfolge 5 +/− C' 4 D' .75 E' × 1.5 =

- *Beispiel 1.4-10:* Die aufsteigende quadratische Transformation aus Beispiel 1.4-9 ergibt für C die Beziehung

$$C(m) = \frac{1}{(1+k)\,m}\left[\frac{8}{(1+k)^2}\,C(M) - K(M)\right] \qquad \left(k = \sqrt{m},\ M = \frac{4k}{(1+k)^2};\ 0 < m < 1\right)$$

oder einfacher $C(m) = \frac{1}{(1+k)\,m}\,G(M; -1-\frac{2}{k}, -1+\frac{2}{k})$. Man berechne C(1/4). –

Für m = 1/4 wird k = 1/2 und M = 8/9. Es ergibt sich C(1/4) = (8/3) G(8/9; −5, 3) = = G(8/9; −40/3, 8) = 0.2422192359 (in Übereinstimmung mit Beispiel 1.3-2), Tastenfolge 40 ÷ 3 = +/− C' 8 D' ÷ 9 = E'

Kontrolle: auf direktem Weg erhält man C(1/4) = G(1/4; −4, 4) = 0.2422192359, Tastenfolge 4 +/− C' 4 D' 1/x E'

- *Beispiel 1.4-11:* Die aufsteigende quadratische Transformation (aus Beispiel 1.4-9 und 1.4-10) ist auch für $m > 1$ verwendbar [und wirkt dann ‚absteigend', da M immer zwischen 0 und 1 liegt], doch wird nur der *Realteil Re* G(m; α, β) geliefert. Man berechne *Re* K(9), *Re* G(9; −1, 2) und *Re* C(9) über die aufsteigende quadratische Transformation. –

  (I) Für m = 9 wird k = 3 und M = 3/4. Es kommt *Re* K(9) = (1/4) K(3/4) = 0.5391289119 (in Übereinstimmung mit Beispiel 1.2-6), Tastenfolge .75 A ÷ 4 =

  (II) Mit k und M wie oben kommt *Re* G(9; −1, 2) = (1/12) G(3/4; −6, 0) = −(1/2) G(3/4; 1, 0) = = −(1/2) B(3/4) = −0.4479514105 (in Übereinstimmung mit Beispiel 1.4-7), Tastenfolge .75 B ÷ 2 +/− =

  (III) Mit k und M wie oben kommt *Re* C(9) = (1/36) G(3/4; −5/3, −1/3) = −(1/108) G(3/4; 5, 1) = = −0.0531493234 (in Übereinstimmung mit Beispiel 1.4-8), Tastenfolge 5 C' 1 D' .75 E' ÷ 108 +/− =

- *Beispiel 1.4-12: Absteigende quadratische Transformation.* [Deutbar als Spezialfall $\varphi = \pi$ der absteigenden Landen-Transformation oder als Spezialfall $\varphi = \pi/2$ der absteigenden Gauß-Transformation (Kap. 2); Umkehrung zur aufsteigenden Transformation aus Beispiel 1.4-9.] Mit den Abkürzungen $\kappa = \sqrt{1-m}$ und $\mu = [(1-\kappa)/(1+\kappa)]^2$ gilt die Funktionalgleichung

$$G(m; \alpha, \beta) = \frac{2}{1+\kappa}\,G\left(\mu; \frac{\alpha+\beta}{2}, \frac{\beta+\alpha\kappa}{1+\kappa}\right) \qquad (m < 1;\ \alpha, \beta \text{ beliebig})$$

[Der Name ‚absteigend' ist dadurch begründet, daß Parameterwerte m, die zwischen 0 und 1 liegen, durch die Transformation zu *kleineren* Werten μ absteigen (die gleichfalls zwischen 0 und 1 liegen). Die Transformation ist auch für $m < 0$ verwendbar (und wirkt dann ‚aufsteigend', da μ immer zwischen 0 und 1 liegt).]

Spezialfälle:

$$K(m) = \frac{2}{1+\kappa} K(\mu) \qquad \left(\kappa = \sqrt{1-m},\ \mu = \left(\frac{1-\kappa}{1+\kappa}\right)^2;\quad m \leqslant 1\right)$$

$$E(m) = (1+\kappa)\,E(\mu) - \frac{2\kappa}{1+\kappa} K(\mu)$$

$$B(m) = \frac{1}{1+\kappa}\left[B(\mu) + \frac{2\kappa}{1+\kappa} D(\mu)\right]$$

$$D(m) = \frac{1}{1+\kappa}\left[B(\mu) + \frac{2}{1+\kappa} D(\mu)\right]$$

Man teste die G-Routine mit der Berechnung von $G(3/4; -1, 2)$ und $G(-3; -1, 2)$. –

(I) Für $m = 3/4$ wird $\kappa = 1/2$ und $\mu = 1/9$. Es kommt $G(3/4; -1, 2) = (4/3)\ G(1/9; 1/2, 1)$, links 1.625322832, Tastenfolge 1 +/– C' 2 D' .75 E', und rechts 1.625322832, Tastenfolge .5 C' 1 D' 9 1/x E' X 4 ÷ 3 =

(II) Für $m = -3$ wird $\kappa = 2$ und $\mu = 1/9$. Man erhält $G(-3; -1, 2) = (2/3)\ G(1/9; 1/2, 0) = (1/3)\ G(1/9; 1, 0) = (1/3)\ B(1/9)$, links 0.2655964076, Tastenfolge 1 +/– C' 2 D' 3 +/– E', und rechts 0.2655964076, Tastenfolge 9 1/x B ÷ 3 =

• *Beispiel 1.4-13:* Die absteigende quadratische Transformation aus Beispiel 1.4-12 ergibt für C die Beziehung

$$C(m) = \frac{2}{(1+\kappa)^3} D(\mu) \qquad \left(\kappa = \sqrt{1-m},\ \mu = \left(\frac{1-\kappa}{1+\kappa}\right)^2;\ m < 1\right)$$

Damit teste man die entsprechenden Routinen (Testwert $m = -3$). –

Es ist $C(m) = (1/m)\ G(m; -1, 1) = G(m; -1/m, 1/m)$, somit $C(-3) = G(-3; 1/3, -1/3) =$ $= 0.0607850009$, Tastenfolge 3 1/x C' +/– D' 3 +/– E'

Kontrolle: Für $m = -3$ wird $\kappa = 2$ und $\mu = 1/9$; man bekommt $[2/(1+\kappa)^3]\ D(\mu) = (2/27)\ D(1/9) =$ $= 0.0607850009$, Tastenfolge 9 1/x D X 2 ÷ 27 =

Bemerkung: Der Spezialfall $m = 0$ ergibt

$$C(0) = \frac{2}{(1+1)^3} D(0) = \frac{1}{4}\frac{\pi}{4} = \frac{\pi}{16}$$

(in Übereinstimmung mit Beispiel 1.3-2).

• *Beispiel 1.4-14:* Ellipsen-Umfang. Aus Beispiel 1.2-9 ist bekannt, daß der Umfang einer Ellipse (mit großer Halbachse a) gegeben ist durch $L = 4a\,E(e^2)$, wobei $e = \sqrt{a^2 - b^2}/a$ die (numerische) Exzentrizität und b die kleine Halbachse bezeichnet. Man vergleiche diese exakte Beziehung mit der in der Literatur[1] angegebenen Näherung $L \approx \pi(a+b)\,(64 - 3\lambda^4)/(64 - 16\lambda^2)$ mit dem Formparameter $\lambda = (a-b)/(a+b)$. –

Zunächst lassen sich Formparameter λ und Exzentrizität e ineinander umrechnen:

$$e = \frac{2\sqrt{\lambda}}{1+\lambda} \quad \text{mit der Umkehrung} \quad \lambda = \left(\frac{e}{1+\sqrt{1-e^2}}\right)^2.$$

(Dieser Zusammenhang ist in Bild 1.4-5 graphisch dargestellt.)

[1] Z.B. *Bronstein, I. N.* und *K. A. Semendjajew* (1979): Taschenbuch der Mathematik. (§ 2.6.6.1: Analytische Geometrie der Ebene.) Nauka, Moskau, und Teubner, Leipzig.

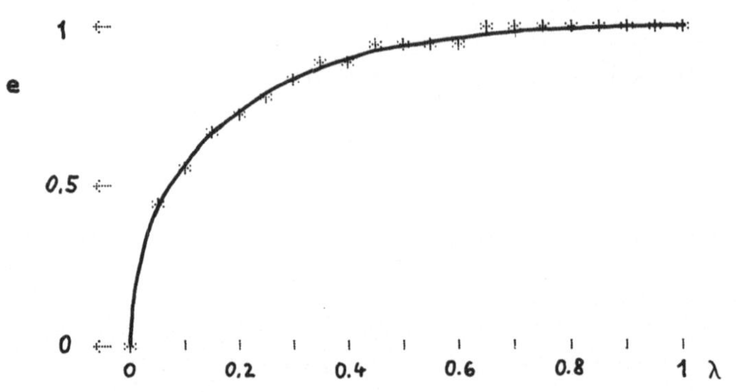

Bild 1.4-5
Zusammenhang zwischen Exzentrizität e und Formparameter λ

Es ist hier zweckmäßig, den Ellipsen-Umfang L als Bruchteil des „Mittelkreis-Umfangs" $\pi(a+b)$ auszudrücken (vgl. Bild 1.4-6); der Mittelkreis-Umfang ist das arithmetische Mittel aus Umkreis-Umfang $2\pi a$ und Inkreis-Umfang $2\pi b$. Wegen $\frac{a}{a+b} = \frac{1+\lambda}{2}$ erhält man dann exakt $\frac{L}{\pi(a+b)} =$ $= \frac{2}{\pi}(1+\lambda)\,E\left(\frac{4\lambda}{(1+\lambda)^2}\right) = h_1(\lambda)$ (Bild 1.4-7), während die Näherung $\frac{L}{\pi(a+b)} \approx \frac{64-3\lambda^4}{64-16\lambda^2} = h_2(\lambda)$ lautet. Zusatzroutinen für h_1 und h_2 sehen so aus:

$h_1(\lambda)$ (Aufruf E)

```
240  76  LBL      252  04   4
241  15   E       253  95   =
242  55   ÷       254  13   C
243  53   (       255  65   ×
244  40  IND      256  43  RCL
245  85   +       257  00   00
246  01   1       258  65   ×
247  54   )       259  02   2
248  42  STO      260  55   ÷
249  00   00      261  89   π
250  33  X²       262  95   =
251  65   ×       263  92  RTN
```

$h_2(\lambda)$ (Aufruf SBR SBR)

```
264  76  LBL      276  33  X²
265  71  SBR      277  65   ×
266  33  X²       278  03   3
267  65   ×       279  75   -
268  32  X⇄T      280  06   6
269  01   1       281  04   4
270  06   6       282  95   =
271  75   -       283  55   ÷
272  06   6       284  32  X⇄T
273  04   4       285  95   =
274  95   =       286  92  RTN
275  32  X⇄T
```

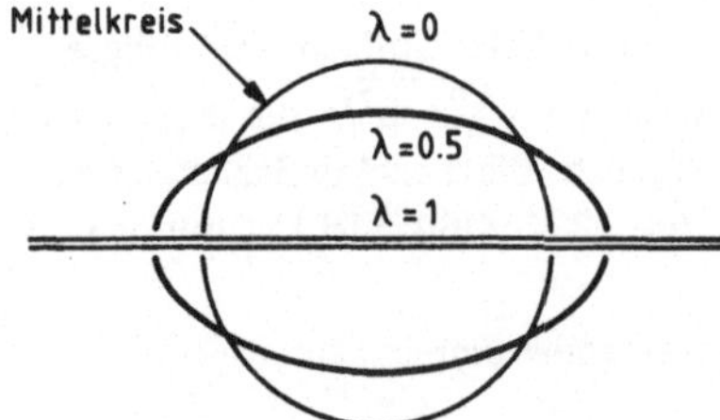

Bild 1.4-6
Ellipsen mit gleichem Mittelkreis (Mittelkreis-Radius $\frac{a+b}{2}$)
[Einteilung nach Formparameter: $\lambda = 0$ Kreis, $0 < \lambda < 1$ eigentliche Ellipse, $\lambda = 1$ Parabel]

In der folgenden Tabelle sind exakte Werte $h_1(\lambda)$ und Näherungswerte $h_2(\lambda)$ einander gegenübergestellt. Es ist $h_1(\lambda) = h_2(\lambda) + \epsilon(\lambda)$ (mit ϵ als „Fehler"). Man sieht, daß der Fehler der Näherung bis $\lambda = 0.7$ (entsprechend $e = 0.984$) unter 10^{-4} liegt; auch für $\lambda \to 1$ übersteigt der Fehler nicht 2×10^{-3}. [Die vorliegende Approximation ist somit noch günstiger als jene aus Beispiel 1.2-9.]

Exzentrizität e	Formparameter λ	exakter Wert $h_1(\lambda)$	Näherungswert $h_2(\lambda)$	Fehler $\epsilon = h_1 - h_2$
0	0	1.00000000	1.00000000	0
0.575	0.1	1.00250157	1.00250157	0
0.745	0.2	1.01002525	1.01002525	0
0.843	0.3	1.02262951	1.02262948	3×10^{-8}
0.904	0.4	1.04041709	1.04041667	4×10^{-7}
0.943	0.5	1.06354441	1.06354167	3×10^{-6}
0.968	0.6	1.09223858	1.09222527	1×10^{-5}
0.984	0.7	1.12682867	1.12677528	5×10^{-5}
0.994	0.8	1.16780951	1.16761905	2×10^{-4}
0.999	0.9	1.21600091	1.21535462	6×10^{-4}
1	1	$4/\pi$ = 1.27323954	1.27083333	2×10^{-3}

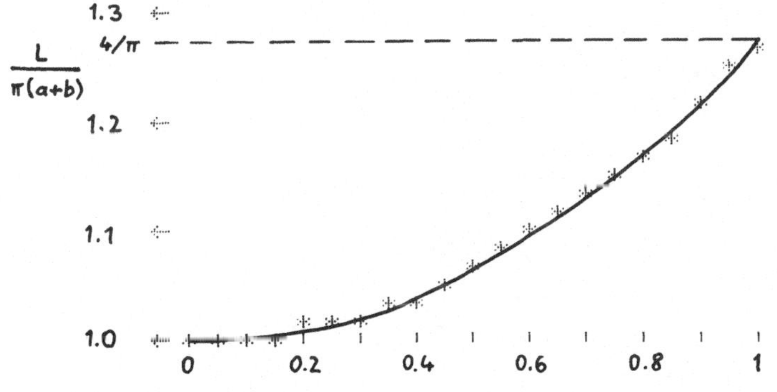

Bild 1.4-7
Umfang einer Ellipse in Abhängigkeit vom Formparameter (L Ellipsen-Umfang, a und b Halbachsen, λ Formparameter)

- *Beispiel 1.4-15:* Nach Beispiel 1.4-14 ist der Umfang L einer Ellipse durch den Formparameter λ ausdrückbar:

$$\frac{L}{\pi(a+b)} = \frac{2}{\pi}(1+\lambda)\,E\left(\frac{4\lambda}{(1+\lambda)^2}\right) = h_1(\lambda) \quad \text{mit} \quad \lambda = \frac{a-b}{a+b}$$

(a und b Halbachsen). Nach der aufsteigenden quadratischen Transformation aus Beispiel 1.4-9 gilt

$$E\left(\frac{4\lambda}{(1+\lambda)^2}\right) = \frac{2}{1+\lambda}E(\lambda^2) - (1-\lambda)\,K(\lambda^2) = \frac{1}{1+\lambda}G(\lambda^2; 1+\lambda^2, 1-\lambda^2)$$

Somit läßt sich $h_1(\lambda)$ umformen auf $h_1(\lambda) = \frac{2}{\pi}[K(\lambda^2) - \lambda^4 C(\lambda^2)]$ oder einfacher $h_1(\lambda) = \frac{2}{\pi}G(\lambda^2; 1+\lambda^2, 1-\lambda^2)$. Damit kontrolliere man einige Tabellenwerte aus Beispiel 1.4-14. – Eine zweckmäßige Zusatzroutine für $h_1(\lambda)$ für $0 \leqslant \lambda \leqslant 1$ (Aufruf E) sieht hier so aus:

```
240  76 LBL
241  15  E
242  33 X²
243  94 +/-
244  85  +
245  01  1
246  95  =
247  19 D'
248  94 +/-
249  85  +
250  02  2
251  75  -
252  18 C'
253  01  1
254  95  =
255  10 E'
256  65  ×
257  02  2
258  55  ÷
259  89  π
260  95  =
261  92 RTN
```

Man erhält z.B. $h_1(0) = 1$ und $h_1(0.5) = 1.06354441$ (in Übereinstimmung mit Beispiel 1.4-14), Tastenfolge im letzten Fall .5 E

- *Beispiel 1.4-16:* Nach Gl. (1.64) sind die vollständigen elliptischen Integrale K, E, A, B, C, D als Sonderfälle des generalisierten Integrals G darstellbar. Weitere vollständige elliptische Integrale zweiter Gattung, die durch die G-Funktion ausdrückbar sind (α, β beliebig):

$$\text{(I)} \quad \int_0^{\pi/2} \frac{\alpha \cos^2 t + \beta \sin^2 t}{(1 - m \sin^2 t)^{3/2}}\,dt = \int_0^{K(m)} \frac{\alpha\,\mathrm{cn}^2(u|m) + \beta\,\mathrm{sn}^2(u|m)}{\mathrm{dn}^2(u|m)}\,du = G\left(m; \frac{\beta}{1-m}, \alpha\right) \quad (m < 1)$$

$$\text{(II)} \quad \int_0^{\pi/2} (\alpha \cos^2 t + \beta \sin^2 t)\sqrt{1 - m \sin^2 t}\,dt = \int_0^{K(m)} [\alpha\,\mathrm{cn}^2(u|m) + \beta\,\mathrm{sn}^2(u|m)]\,\mathrm{dn}^2(u|m)\,du =$$

$$= G\left(m; \frac{2\alpha+\beta}{3}, \frac{\alpha+2\beta}{3}(1-m)\right) \quad (m \leqslant 1)$$

Spezialfälle zu (I):

$$\text{(Ia)} \quad (\alpha = \beta = 1:) \quad \int_0^{\pi/2} \frac{dt}{(1 - m \sin^2 t)^{3/2}} = \int_0^{K(m)} \frac{du}{\mathrm{dn}^2(u|m)} = \frac{1}{1-m} E(m) \quad (m < 1)$$

$$\text{(Ib)} \quad (\alpha = 1, \beta = 0:) \quad \int_0^{\pi/2} \frac{\cos^2 t}{(1 - m \sin^2 t)^{3/2}}\,dt = \int_0^{K(m)} \frac{\mathrm{cn}^2(u|m)}{\mathrm{dn}^2(u|m)}\,du = D(m) \quad (m < 1)$$

$$\text{(Ic)} \quad (\alpha = 0, \beta = 1:) \quad \int_0^{\pi/2} \frac{\sin^2 t}{(1 - m \sin^2 t)^{3/2}}\,dt = \int_0^{K(m)} \frac{\mathrm{sn}^2(u|m)}{\mathrm{dn}^2(u|m)}\,du = \frac{1}{1-m} B(m) \quad (m < 1)$$

Spezialfälle zu (II):

$$\text{(IIa)} \quad (\alpha = 1, \beta = 0:) \quad \int_0^{\pi/2} \cos^2 t \sqrt{1 - m \sin^2 t}\,dt = \int_0^{K(m)} \mathrm{cn}^2(u|m)\,\mathrm{dn}^2(u|m)\,du = \frac{1}{3}[E(m) + B(m)] =$$

$$= \frac{1}{3m}[(1+m)E(m) - (1-m)K(m)] = G\left(m; \frac{2}{3}, \frac{1-m}{3}\right) \quad (m \leqslant 1)$$

$$\text{(IIb)} \quad (\alpha = 0, \beta = 1:) \quad \int_0^{\pi/2} \sin^2 t \sqrt{1 - m \sin^2 t}\,dt = \int_0^{K(m)} \mathrm{sn}^2(u|m)\,\mathrm{dn}^2(u|m)\,du = \frac{1}{3}[2E(m) - B(m)] =$$

$$= \frac{1}{3m}[(2m-1)E(m) + (1-m)K(m)] = G\left(m; \frac{1}{3}, \frac{2(1-m)}{3}\right) \quad (m \leqslant 1)$$

Man berechne das Integral $V = \int_0^{\pi/2} \sin^2 t \sqrt{1 + 3 \sin^2 t}\,dt$. –

Nach (IIb) kommt (mit $m = -3$) $V = G(-3; 1/3, 8/3) = 1.404639232$, Tastenfolge 3 1/x C' 8 ÷ 3 = D' 3 +/− E'

• *Beispiel 1.4-17:* Weitere vollständige elliptische Integrale zweiter Gattung, die durch die G-Funktion ausdrückbar sind:

(I) $$\int_0^{\pi/2} \frac{\sin^2 t \cos^2 t}{\sqrt{1 - m \sin^2 t}} dt = \int_0^{K(m)} sn^2(u|m)\, cn^2(u|m)\, du =$$

$$= \frac{1}{3m^2}[(2-m)\,E(m) - 2(1-m)\,K(m)] = \frac{1}{3m} G(m; 1, m-1) \qquad (m \leqslant 1)$$

(II) $$\int_0^{\pi/2} \sin^2 t \cos^2 t \sqrt{1 - m \sin^2 t}\, dt = \int_0^{K(m)} sn^2(u|m)\, cn^2(u|m)\, dn^2(u|m)\, du =$$

$$= \frac{1}{15m^2}[2(1-m+m^2)\,E(m) - (1-m)(2-m)\,K(m)] =$$

$$= \frac{1}{15m} G(m; 1+m, m(3-2m)-1) \qquad (m \leqslant 1)$$

Man berechne das Integral $W = \int_0^{\pi/2} \sin^2 t \cos^2 t \sqrt{1 + 3 \sin^2 t}\, dt$. –

Nach (II) kommt (mit $m = -3$) $W = -\frac{1}{45} G(-3; -2, -28) = \frac{1}{45} G(-3; 2, 28) = 0.3067389404$,
Tastenfolge 2 C' 28 D' 3 +/− E' ÷ 45 =

• *Beispiel 1.4-18:* Magnetfeld einer ebenen Stromschleife. Wird eine kreisförmige Drahtschleife (Schleifenradius R_0, Drahtdicke vernachlässigt, Bild 1.4-8) von Gleichstrom der Stärke I durchflossen, so ist das Magnetfeld im Schleifenzentrum $H_0 = I/(2 R_0)$.

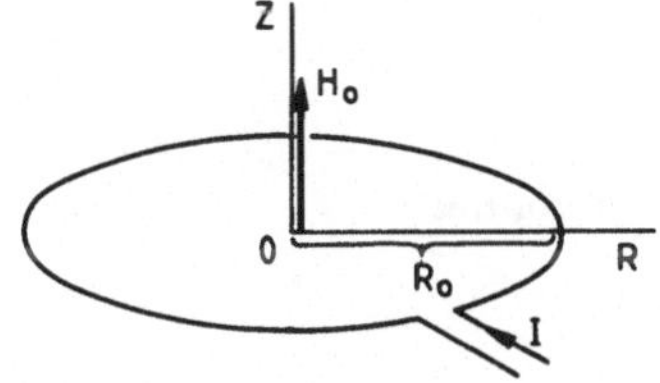

Bild 1.4-8
Ebene Stromschleife (R_0 Radius, I Strom)
R, Z Zylinderkoordinaten
H_0 Magnetfeld im Zentrum

(I) Das Magnetfeld in der Schleifenachse (Bild 1.4-9) ist gegeben durch[1] $H = \frac{I}{2} \frac{R_0^2}{(R_0^2 + Z^2)^{3/2}}$.

Mit der Abkürzung $z = Z/R_0$ (normierte Vertikalkoordinate) erhält man einfach $H/H_0 = (1 + z^2)^{-3/2} = f_1(z)$.

[1] Vgl. z.B. *Dobrinsky, P., G. Krakau* und *A. Vogel* (1974): Physik für Ingenieure. (§ 3.3.2.2: Magnetische Feldstärke.) Teubner, Stuttgart.

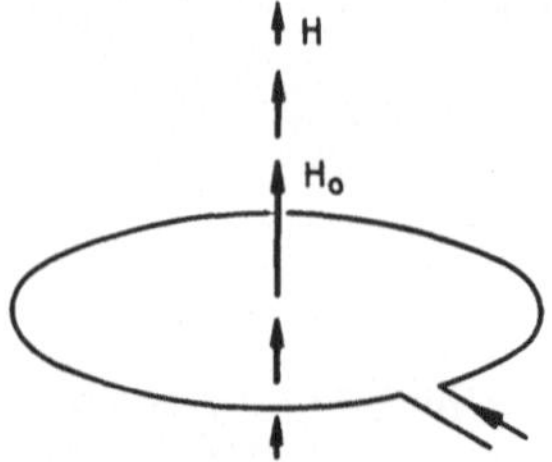

Bild 1.4-9 Magnetfeld H in der Schleifenachse

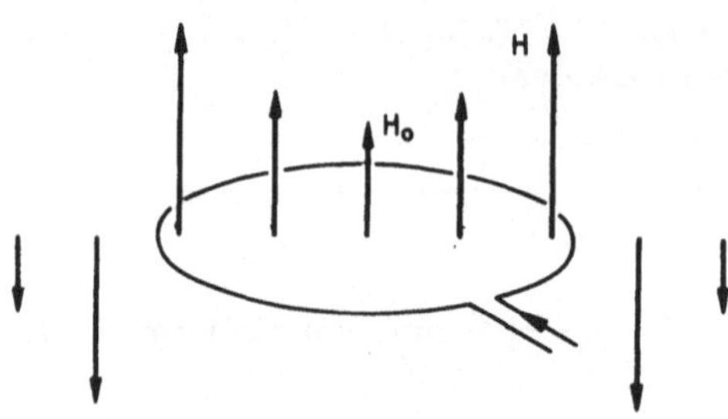

Bild 1.4-10 Magnetfeld H in der Schleifenebene

(II) Das Magnetfeld in der Schleifenebene (Bild 1.4-10) ist gegeben durch[1]
$\frac{H}{H_0} = \frac{1}{\pi}\left[\frac{1}{1+r}\,K\left(\frac{4r}{(1+r)^2}\right) + \frac{1}{1-r}\,E\left(\frac{4r}{(1+r)^2}\right)\right] = f_2(r)$ mit der Abkürzung $r = R/R_0$ (normierte Radialkoordinate). Mit dem generalisierten Integral G vereinfacht sich die Darstellung auf

$$\frac{H}{H_0} = \frac{2}{\pi}\,G\left(\frac{4r}{(1+r)^2};\ \frac{1}{1-r^2},\ \frac{1}{(1+r)^2}\right) = \frac{2}{\pi(1+r)}\,G\left(\frac{4r}{(1+r)^2};\ \frac{1}{1-r},\ \frac{1}{1+r}\right) = f_2(r)$$

was sowohl für $0 \leqslant r < 1$ als auch für $r > 1$ verwendbar ist. Für den Bereich $0 \leqslant r < 1$ erhält man nach der absteigenden quadratischen Transformation aus Beispiel 1.4-12 noch die alternative Darstellung

$$\frac{H}{H_0} = \frac{2}{\pi}\,G\left(r^2;\ \frac{1}{1-r^2},\ 1\right) = \frac{2}{\pi(1-r^2)}\,E(r^2) = f_2(r)\,.$$

Man tabelliere die axiale Abhängigkeit $H/H_0 = f_1(z)$ für $z = 0(.1)1.9$ und die radiale Abhängigkeit $H/H_0 = f_2(r)$ für $r = 0(.1)1.9$, 9D. –

(I) Axiale Abhängigkeit $\frac{H}{H_0} = f_1(z) = \frac{1}{(1+z^2)^{3/2}}$.

Mit der Druckroutine D1 (aus Band 3/I) in Block 2 und mit der Zusatzroutine

```
230  76 LBL
231  15  E
232  33 X²
233  85  +
234  01  1
235  95  =
236  35 1/X
237  65  ×
238  34 ΓX
239  95  =
```

[1] Vgl. z. B. *Weizel, W.* (1963): Lehrbuch der theoretischen Physik. (§ C III 13: Die ebene Stromschleife.) Springer, Berlin.

läßt sich nach Eingabe des Arguments z und Aufruf der Zusatzroutine (durch Taste E) folgende Tabelle erzeugen (vgl. Bild 1.4-11):

z	$f_1(z)$	z	$f_1(z)$
0.0	1.000000000	1.0	0.353553391
0.1	0.985185337	1.1	0.304376830
0.2	0.942866034	1.2	0.262370656
0.3	0.878739711	1.3	0.226658275
0.4	0.800410940	1.4	0.196364255
0.5	0.715541753	1.5	0.170676983
0.6	0.630509504	1.6	0.148876107
0.7	0.549820081	1.7	0.130339364
0.8	0.476139518	1.8	0.114538427
0.9	0.410659749	1.9	0.101029595

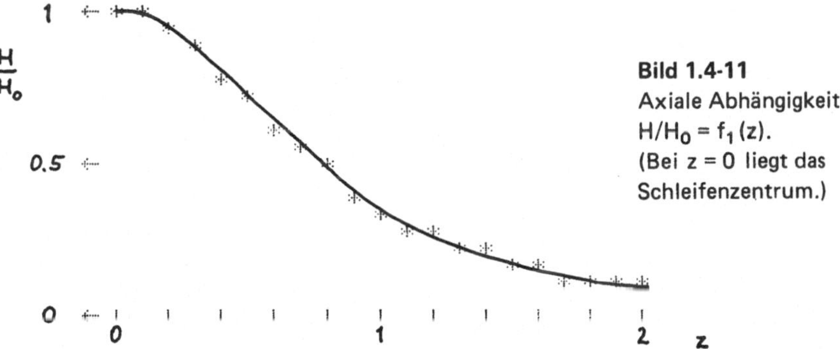

Bild 1.4-11
Axiale Abhängigkeit $H/H_0 = f_1(z)$.
(Bei z = 0 liegt das Schleifenzentrum.)

(II) Radiale Abhängigkeit $\frac{H}{H_0} = f_2(r) = \frac{2}{\pi(1+r)} G\left(\frac{4r}{(1+r)^2}; \frac{1}{1-r}, \frac{1}{1+r}\right)$.

Mit der Druckroutine D1 in Block 2 und mit der Zusatzroutine (die sowohl für $0 \leqslant r < 1$ als auch für $r > 1$ gilt)

208	76	LBL	216	35	1/X	224	00	00	232	55	÷
209	15	E	217	18	C'	225	35	1/X	233	89	π
210	42	STO	218	43	RCL	226	19	D'	234	55	÷
211	00	00	219	00	00	227	33	X²	235	43	RCL
212	94	+/-	220	65	×	228	65	×	236	00	00
213	85	+	221	69	OP	229	04	4	237	65	×
214	01	1	222	20	20	230	95	=	238	02	2
215	95	=	223	43	RCL	231	10	E'	239	95	=

läßt sich nach Eingabe des Arguments r und Aufruf der Zusatzroutine (durch Taste E) folgende Tabelle erzeugen (vgl. Bild 1.4-12):

r	$f_2(r)$	r	$f_2(r)$
0.0	1.000000000	1.0	$\pm\infty$
0.1	1.007571003	1.1	-2.525394041
0.2	1.031170544	1.2	-1.064847320
0.3	1.073742122	1.3	-0.612361294
0.4	1.141324055	1.4	-0.402080863
0.5	1.245620610	1.5	-0.284747119
0.6	1.410593637	1.6	-0.211921611
0.7	1.692236634	1.7	-0.163423250
0.8	2.257082251	1.8	-0.129456292
0.9	3.925923742	1.9	-0.104743955

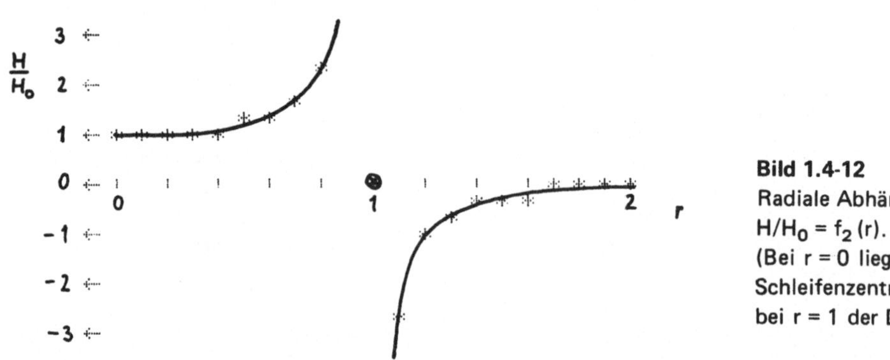

Bild 1.4-12
Radiale Abhängigkeit $H/H_0 = f_2(r)$.
(Bei r = 0 liegt das Schleifenzentrum, bei r = 1 der Draht.)

- *Beispiel 1.4-19:* Gegeninduktivität von zwei parallelen Schleifen. Zwei kreisförmige Drahtschleifen (Schleifenradius R_0, Abstand d, Drahtdicke vernachlässigt, Bild 1.4-13) haben die Gegeninduktivität[1])

$$M = \mu_0 R_0^2 \int_0^{\pi} \frac{\cos\varphi}{\sqrt{d^2 + 4 R_0^2 \sin^2(\varphi/2)}} d\varphi = \frac{2\mu_0 R_0^2}{\sqrt{d^2 + 4 R_0^2}} \int_0^{\pi/2} \frac{\sin^2 t - \cos^2 t}{\sqrt{1 - \frac{4 R_0^2}{d^2 + 4 R_0^2} \sin^2 t}} dt$$

mit $\mu_0 = 4\pi \times 10^{-7}$ H m^{-1} (magnetische Permeabilität für Vakuum, näherungsweise auch für Luft gültig).

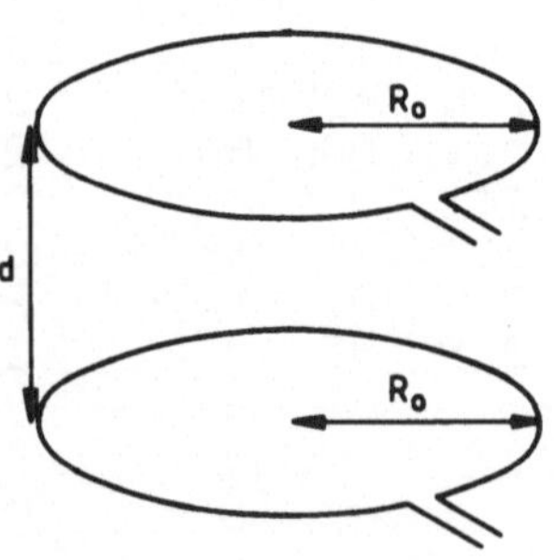

Bild 1.4-13
Zwei parallele Schleifen
(R_0 Radius, d Abstand)

1) Vgl. z.B. *Weizel, W.* (1963): Lehrbuch der theoretischen Physik. (§ C III 13: Die ebene Stromschleife.) Springer, Berlin.

Nach Gl. (1.59) erhält man $M/(\mu_0 R_0) = f(m)$ mit dem Parameter $m = 4R_0^2/(d^2 + 4R_0^2)$ und mit der Maxwell-Funktion

$$f(m) = \sqrt{m}\,G(m; -1, 1) = G(m; -\sqrt{m}, \sqrt{m}) = m^{3/2}C(m) = m^{-1/2}[(2-m)K(m) - 2E(m)]$$

Die Funktion $\log_{10} f(\sin^2\gamma)$ wurde bereits von Maxwell[1] von $\gamma = 60.0°$ bis $89.9°$ tabelliert; z.B. ist dort der erste Tabellenwert $\log_{10} f(\sin^2 60°) = \bar{1}.4994783 = 0.4994783 - 1 = -0.5005217$. Entlogarithmiert man die ersten zehn Werte aus Maxwell's Tabelle, so kommt

γ	$f(\sin^2\gamma)$	γ	$f(\sin^2\gamma)$
60.0°	0.3158481	60.5°	0.3261361
.1	0.3178814	.6	0.3282306
.2	0.3199267	.7	0.3303377
.3	0.3219842	.8	0.3324575
.4	0.3240539	.9	0.3345899

Man erstelle eine analoge Tabelle von $f(\sin^2\gamma) = \sin^3\gamma\,C(\sin^2\gamma) = \sin\gamma\,G(\sin^2\gamma; -1, 1)$ für $\gamma = 59.0°\,(.1°)\,60.9°$, 9D. –

Mit der Druckroutine D1 (aus Band 3/I) in Block 2 und mit der Zusatzroutine

```
226  76 LBL      231  32 X⇌T      236  32 X⇌T
227  15  E       232  01   1      237  33 X²
228  60 DEG      233  19 D'       238  10 E'
229  38 SIN      234  94 +/-      239  95  =
230  65  ×       235  18 C'
```

läßt sich nach Eingabe des Arguments γ (in Grad) und Aufruf der Zusatzroutine (durch Taste F) folgende Tabelle erzeugen (vgl. Bild 1.4-14):

γ	$f(\sin^2\gamma)$	γ	$f(\sin^2\gamma)$
59.0°	0.296163793	60.0°	0.315848130
.1	0.298080395	.1	0.317881352
.2	0.300008310	.2	0.319926676
.3	0.301947614	.3	0.321984184
.4	0.303898384	.4	0.324053962
.5	0.305860695	.5	0.326136092
.6	0.307834626	.6	0.328230662
.7	0.309820256	.7	0.330337757
.8	0.311817663	.8	0.332457464
.9	0.313826927	.9	0.334589871

---

1) *Maxwell, J. C.* (1892): A Treatise on Electricity and Magnetism, Vol. II. (Ch. XIV: Circular Currents, Appendix I.) Clarendon Press, Oxford.

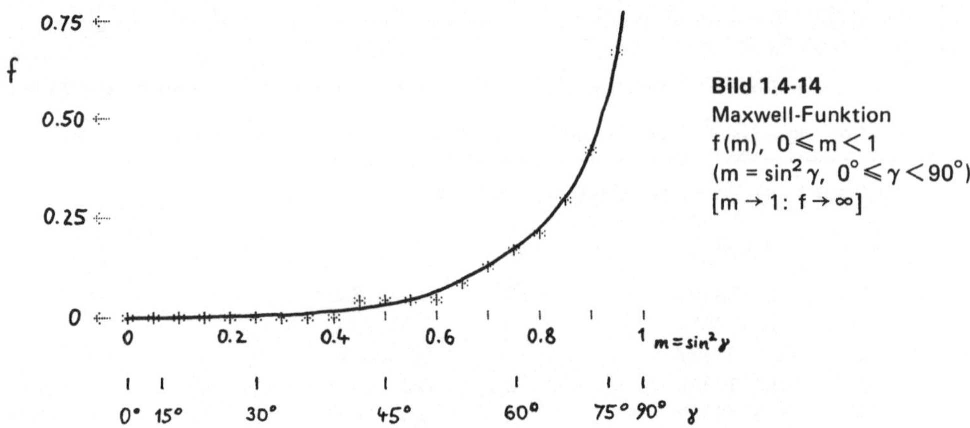

Bild 1.4-14
Maxwell-Funktion
$f(m), \; 0 \leqslant m < 1$
$(m = \sin^2\gamma, \; 0^\circ \leqslant \gamma < 90^\circ)$
$[m \to 1: \; f \to \infty]$

- *Beispiel 1.4-20:* Bei der Berechnung von Induktivitäten tritt folgende Kombination von elliptischen Integralen auf[1]:

$$R(m) = \pi\sqrt{m}\left[\frac{2-m}{1-m}\,E(m) - 2\,K(m)\right]$$

In [1] (Table 49) wurden Funktionswerte aus japanischer Quelle (*H. Nagaoka* und *S. Sakurai*, Tokyo 1927) mitgeteilt:

m	R(m)	m	R(m)
0.0	0	0.5	0.7637
0.1	0.00667	0.6	1.5705
0.2	0.04367	0.7	3.233
0.3	0.1418	0.8	7.184
0.4	0.3510	0.9	20.85

Nach Vereinfachung der Darstellung von R(m) durch Verwendung des generalisierten Integrals G erstelle man eine analoge Tabelle für m = 0(.1).9, 9D. –

Mit Gl. (1.64) kommt zunächst $R(m) = \pi\sqrt{m}\,[\frac{2-m}{1-m}\,G(m;1,1-m) - 2\,G(m;1,1)]$. Der Multiplikationssatz aus Beispiel 1.4-5 ergibt dann $R(m) = \pi\sqrt{m}\,[G(m;\frac{2-m}{1-m},2-m) - G(m;2,2)]$. Mit dem Additionssatz aus Beispiel 1.4-5 folgt $R(m) = \pi\sqrt{m}\,G(m;\frac{m}{1-m},-m)$ und mit dem Multiplikationssatz erhält man schließlich die einfache Darstellung

$$R(m) = \pi\,\frac{m^{3/2}}{1-m}\,G(m;1,m-1)$$

[1] *Grover, F. W.* (1947): Inductance Calculations. (Ch. 23: Formulas for the calculation of the magnetic force between coils.) Van Nostrand, New York.

Mit der Druckroutine D1 (aus Band 3/I) in Block 2 und mit der Zusatzroutine

```
214  76 LBL     221  95  =      228  43 RCL     235  00  00
215  15  E      222  19 D'      229  00  00     236  94 +/-
216  42 STO     223  43 RCL     230  34 ΓX      237  65  ×
217  00  00     224  00  00     231  55  ÷      238  89  π
218  75  -      225  65  ×      232  69 OP      239  95  =
219  01  1      226  10 E'      233  30  30
220  18 C'      227  65  ×      234  43 RCL
```

läßt sich nach Eingabe des Parameters m und Aufruf der Zusatzroutine (durch Taste E) folgende Tabelle erzeugen (vgl. Bild 1.4-15):

m	R(m)	m	R(m)
0.0	0.000000000	0.5	0.763692232
0.1	0.006672823	0.6	1.570468779
0.2	0.043668614	0.7	3.232583061
0.3	0.141767714	0.8	7.183656729
0.4	0.351035949	0.9	20.851720722

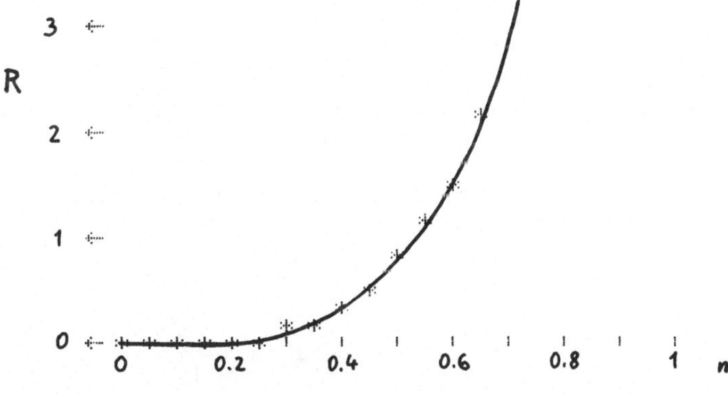

Bild 1.4-15
Induktivitäts-Funktion
R(m), $0 \leqslant m < 1$
$[m \to 1:\ R \to \infty]$

- *Beispiel 1.4-21:* Bei der Berechnung von Induktivitäten ergibt sich folgende Kombination von elliptischen Integralen[1]:

$$Q(\tan\gamma) = \frac{4}{3\pi}\left\{\frac{1}{\sin\gamma}\,[K(\sin^2\gamma) + (\tan^2\gamma - 1)\,E(\sin^2\gamma)] - \tan^2\gamma\right\}\cot\gamma$$

Mit dem Parameter $m = \sin^2\gamma = \tan^2\gamma/(1+\tan^2\gamma)$ kommt

$$Q(\tan\gamma) = R(\sin^2\gamma) = R(m) = \frac{4}{3\pi}\left\{\frac{1}{\sqrt{m}}\left[K(m) + \left(\frac{m}{1-m} - 1\right)E(m)\right] - \frac{m}{1-m}\right\}\sqrt{\frac{1-m}{m}}$$

was sich durch das generalisierte Integral G vereinfachen läßt auf

$$R(m) = \frac{4}{3\pi}\left[\sqrt{1-m}\,G\left(m;\frac{1}{1-m},2\right) - \sqrt{\frac{m}{1-m}}\right]$$

[1] *Grover, F. W.* (1947): Inductance Calculations. (Ch. 16: Single-Layer coils on cylindrical winding forms.) Van Nostrand, New York.

Mit der Abkürzung $v = \tan\gamma$ wird

$$Q(v) = R\left(\frac{v^2}{1+v^2}\right) = \frac{4}{3\pi}\left[\frac{1}{\sqrt{1+v^2}}\,G\left(\frac{v^2}{1+v^2};\,1+v^2,\,2\right)-v\right]$$

In [1] (Table 37, 36) wurden Funktionswerte aus japanischer Quelle (*H. Nagaoka,* Tokyo 1909) mitgeteilt:

v	Q(v)	v	Q(v)
0.0	1.000000	1	0.688423
0.2	0.920093	5	0.319825
0.4	0.849853	10	0.203324
0.6	0.788525	50	0.061098
0.8	0.735079	100	0.034960

Man erstelle eine analoge Tabelle [v = 0(.2)1, 5, 10, 50, 100; 9D]. –
Mit der Druckroutine D1 (aus Band 3/I) in Block 2 und mit der Zusatzroutine

```
208  76 LBL     216  42 STO     224  54  )      232  95  =
209  15  E      217  00  00     225  10 E'      233  65  ×
210  94 +/-     218  85  +      226  55  ÷      234  04  4
211  85  +      219  02  2      227  69 OP      235  55  ÷
212  53  (      220  19 D'      228  20  20     236  03  3
213  33 X²      221  01  1      229  43 RCL     237  55  ÷
214  55  ÷      222  54  )      230  00  00     238  89  π
215  53  (      223  18 C'      231  34 √X      239  95  =
```

läßt sich nach Eingabe des Arguments v und Aufruf der Zusatzroutine (durch Taste E) folgende Tabelle erzeugen (vgl. Bild 1.4-16):

v	Q(v)	v	Q(v)
0.0	1.000000000	1.	0.688422607
0.2	0.920092671	5.	0.319825468
0.4	0.849853435	10.	0.203323518
0.6	0.788524632	50.	0.061097606
0.8	0.735079063	100.	0.034960245

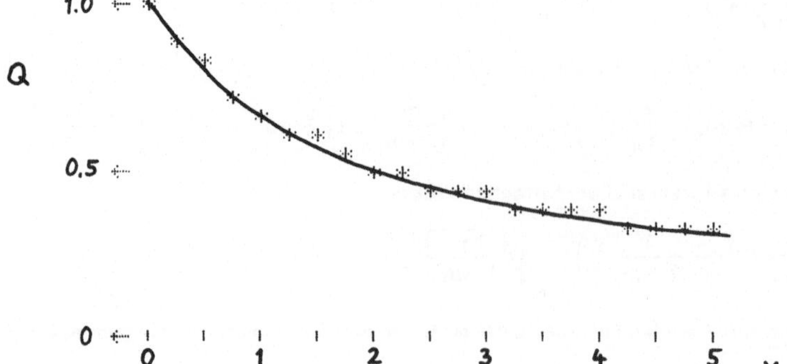

Bild 1.4-16
Induktivitäts-Funktion
Q(v), $v \geqslant 0$
[$v \to \infty$: $Q \to 0$]

• *Beispiel 1.4-22:* Kreisförmiges Überfallwehr. Für die Wassermenge, die bei einem kreisförmigen Überfallwehr abfließt (Bild 1.4-17), gilt[1)]

$$Q = \frac{4}{15}\,\mu\,\sqrt{2\,g}\;d^{5/2}\,\omega(m) \quad \text{mit} \quad m = h/d \quad \text{und}$$

$$\omega(m) = 2\,(1 - m + m^2)\;E(m) - (2 - 3\,m + m^2)\;K(m)$$

Bedeutung der Symbole: Q abfließende Wassermenge [$m^3\,s^{-1}$], μ Abflußziffer (empirische Korrektur zur theoretisch maximal möglichen Wassermenge; meist $\mu \approx 0.60$), g Fallbeschleunigung [$9.8\;m\,s^{-2}$], d Durchmesser der kreisförmigen Öffnung [m], h Füllhöhe [m], $\omega(m)$ Abfluß-Funktion („Faktor") mit Parameter („Füllungsgrad") $m = h/d$ $(0 \leqslant m \leqslant 1)$.

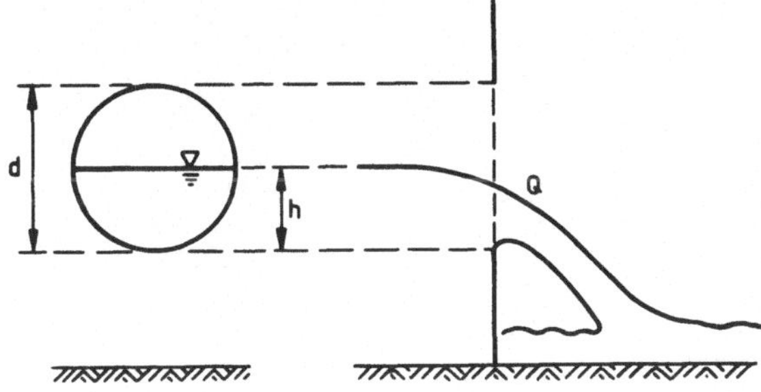

Bild 1.4-17
Kreisförmiges Überfallwehr

In [1)] (Tab. 3–8) sind Werte der Abflußfunktion $\omega(m)$ angegeben:

m	ω	m	ω
0.00	0.0000	0.50	0.6354
0.10	0.0287	0.60	0.8818
0.20	0.1117	0.70	1.1524
0.30	0.2441	0.80	1.4381
0.40	0.4207	0.90	1.7271
0.50	0.6354	1.00	2.0000

Nach Vereinfachung der Darstellung von $\omega(m)$ durch Verwendung des generalisierten Integrals G erstelle man eine analoge Tabelle für $m = 0\,(.05)\,1$, 9D. –

Mit Gl. (1.64) sowie Multiplikations- und Additionssatz aus Beispiel 1.4-5 kommt die Umformung $\omega(m) = (2 - 2\,m + 2\,m^2)\;G(m;\,1,\,1-m) - (2 - 3\,m + m^2)\;G(m;\,1,\,1) = G(m;\,m + m^2,$ $-m + 3\,m^2 - 2\,m^3)$. Somit erhält man die einfache Darstellung

$$\omega(m) = m\;G(m;\,1 + m,\,m\,(3 - 2\,m) - 1)$$

1) *Franke, P.-G.* (1974): Hydraulik für Bauingenieure. (§ 3.4.6.5: Abfluß bei Überfallwehren mit Kreisquerschnitt.) De Gruyter, Berlin.

Mit der Druckroutine D1 (aus Band 3/I) in Block 2 und mit der Zusatzroutine

```
213  76 LBL
214  15  E
215  42 STO
216  00  00
217  85  +
218  01  1
219  95  =
220  18 C'
221  43 RCL
222  00  00
223  65  ×
224  53  (
225  94 +/-
226  65  ×
227  02  2
228  85  +
229  03  3
230  54  )
231  75  -
232  01  1
233  95  =
234  19 D'
235  43 RCL
236  00  00
237  65  ×
238  10 E'
239  95  =
```

läßt sich nach Eingabe des Parameters m und Aufruf der Zusatzroutine (durch Taste E) folgende Tabelle erzeugen (vgl. Bild 1.4-18):

m	ω	m	ω
0.00	0.000000000	0.50	0.635409814
0.05	0.007270337	0.55	0.755113365
0.10	0.028704193	0.60	0.881852673
0.15	0.063721386	0.65	1.014652813
0.20	0.111720916	0.70	1.152447875
0.25	0.172078749	0.75	1.294054905
0.30	0.244145198	0.80	1.438133794
0.35	0.327241786	0.85	1.583120313
0.40	0.420657454	0.90	1.727099881
0.45	0.523643912	0.95	1.867514746
0.50	0.635409814	1.00	2.000000000

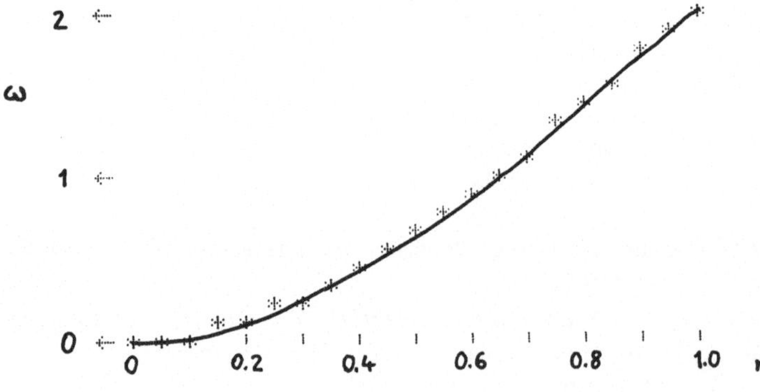

Bild 1.4-18
Abfluß-Funktion $\omega(m)$, $0 \leqslant m \leqslant 1$, für kreisförmiges Überfallwehr

Zusatz: In [1] ist eine grobe Näherung $\tilde{\omega}$ zur Funktion ω zitiert. Mit den Fixpunkten $\tilde{\omega}(0) = \omega(0) = 0$ und $\tilde{\omega}(1) = \omega(1) = 2$ lautet die Näherungsfunktion

$$\tilde{\omega}(m) = 2.713\, m^{1.975} - 0.713\, m^{3.78}$$

[1] *Kozeny, J.* (1953): Hydraulik. (§ N 2f: Der kreisrunde Überfall in lotrechter dünner Wand.) Springer, Wien.

Mit der Routine

```
240  76  LBL
241  71  SBR
242  53  (
243  40  IND
244  45  YX
245  32  X:T
246  01  1
247  93  .
248  09  9
249  07  7
250  05  5
251  65  ×
252  02  2
253  93  .
254  07  7
255  01  1
256  03  3
257  75  -
258  32  X:T
259  45  YX
260  03  3
261  93  .
262  07  7
263  08  8
264  65  ×
265  93  .
266  07  7
267  01  1
268  03  3
269  54  )
270  92  RTN
```

(Aufruf SBR SBR) erhält man folgende Werte der Näherungsfunktion:

m	$\tilde{\omega}$	m	$\tilde{\omega}$
0.00	0.0000	0.50	0.6382
0.10	0.0286	0.60	0.8858
0.20	0.1113	0.70	1.1561
0.30	0.2441	0.80	1.4393
0.40	0.4218	0.90	1.7246
0.50	0.6382	1.00	2.0000

Man erkennt, daß die Genauigkeit dieser Näherung auf etwa zwei Dezimalstellen beschränkt ist.

- *Beispiel 1.4-23: Sonderfälle* von $G(m;\alpha,\beta)$ sind

(I) $m = 0$: $G(0;\alpha,\beta) = (\alpha+\beta)\,\pi/4$

(II) $m = 1$: $G(1;\alpha,\beta) = \begin{cases} \infty & \text{wenn } \beta > 0 \\ \alpha & \text{wenn } \beta = 0 \\ -\infty & \text{wenn } \beta < 0 \end{cases}$

[Diese Sonderfälle werden in Programm 1.4 automatisch berücksichtigt, ausgenommen der im folgenden angegebene spezielle Wert $C(0) = \lim\limits_{m\to 0} G(m;-1/m, 1/m) = \lim\limits_{m\to 0} G(m;-1,1)/m = \pi/16$ (vgl. Beispiel 1.4-13).]

Spezialfälle: $K(0) = \pi/2$, $K(1) = \infty$
$E(0) = \pi/2$, $E(1) = 1$
$B(0) = \pi/4$, $B(1) = 1$
$D(0) = \pi/4$, $D(1) = \infty$
$C(0) = \pi/16$, $C(1) = \infty$
$A(0) = 0$, $A(1) = 2$

Mit den Beziehungen $G(0;5,-1) = \pi$ und $G(1;\pi,0) = \pi$ teste man die G-Routine. – Man erhält $G(0;5,-1) = 3.141592654$, Tastenfolge 5 C' 1 +/– D' 0 E', und $G(1;\pi,0) = 3.141592654$, Tastenfolge π C' 0 D' 1 E'

2 Unvollständige elliptische Integrale

(I) Programme in Kapitel 2 (Übersicht)

Programm	Funktion	Argument	Genauigkeit	Datenregister
2.1*)	$F(\varphi\|m)$	$-\frac{\pi}{2}\leqslant\varphi\leqslant\frac{\pi}{2},\ -\infty<m\leqslant 1$	hoch	$R_{27}-R_{29}$
2.2	$F(\varphi\|m)$, $E(\varphi\|m)$, $B(\varphi\|m)$, $D(\varphi\|m)$ $G(\varphi\|m;\ \alpha,\beta)$	$-\frac{\pi}{2}\leqslant\varphi\leqslant\frac{\pi}{2},\ -\infty<m\leqslant 1$ $-\frac{\pi}{2}\leqslant\varphi\leqslant\frac{\pi}{2},\ -\infty<m\leqslant 1$; α,β beliebig	hoch	effektiv $R_{14}-R_{52}$

*) auch für TI-58 geeignet

(II) Funktionen in Kapitel 2 (Übersicht)

Nomenklatur:

Ähnlich wie in Kapitel 1, doch erscheint zusätzlich die Amplitude φ (ein Winkel):

$$f\langle\varphi,\gamma\rangle,\quad f\lceil\varphi,k\rfloor,\quad f(\varphi|m),\quad f[\varphi,w],\quad f\{\varphi,q\}$$

(f irgendein unvollständiges elliptisches Integral erster oder zweiter Gattung). Die eindeutige Bezeichnungsweise durch Klammern ist analog zu Kapitel 1:

$$f\langle\varphi,\gamma\rangle = f\lceil\varphi,\sin\gamma\rfloor = f(\varphi|\sin^2\gamma) = f[\varphi,w\langle\gamma\rangle] = f\{\varphi,q\langle\gamma\rangle\},$$

beispielsweise

$$f\left\langle\varphi,\frac{\pi}{4}\right\rangle = f\left\lceil\varphi,\frac{1}{\sqrt{2}}\right\rfloor = f(\varphi|\tfrac{1}{2}) = f[\varphi,1] = f\{\varphi,e^{-\pi}\}.$$

Die Schreibweise $f(\varphi|m)$ geht auf *Milne* zurück; sie dient zur Unterscheidung von den (früher üblichen) Bezeichnungen $f(\varphi,k)$ oder $f(k,\varphi)$, die in diesem Buch durch $f\lceil\varphi,k\rfloor$ ersetzt sind. Wie in Kapitel 1 sind die folgenden Ausdrücke gleichwertig:

$$f\langle\varphi,\tfrac{\pi}{4}\rangle = f\langle\varphi,45^\circ\rangle = f\langle\varphi,50^g\rangle.$$

Unvollständiges elliptisches Integral erster Gattung $F(\varphi|m)$

(Unvollständiges 1. Normalintegral von Legendre)

Integraldarstellung: $(m < 1)$

$$F(\varphi|m) = \int_0^{\varphi} \frac{dt}{\sqrt{1-m\sin^2 t}} = \int_{\pi/2-\varphi}^{\pi/2} \frac{dt}{\sqrt{1-m\cos^2 t}} = \int_0^{\sin\varphi} \frac{dt}{\sqrt{(1-mt^2)(1-t^2)}} =$$
$$= \int_{\cos\varphi}^{1} \frac{dt}{\sqrt{(1-m+mt^2)(1-t^2)}} = \int_0^{\tan\varphi} \frac{dt}{\sqrt{[1+(1-m)t^2](1+t^2)}} = \int_{\cot\varphi}^{\infty} \frac{dt}{\sqrt{(1-m+t^2)(1+t^2)}} \quad (2.1)$$

Ableitung:

(1) $$\frac{\partial F}{\partial \varphi} = \frac{1}{\sqrt{1-m\sin^2\varphi}} \quad (2.2)$$

(2) $$\frac{\partial F}{\partial m} = \frac{1}{2(1-m)} B(\varphi|m) - \frac{1}{2(1-m)} \frac{\sin\varphi\cos\varphi}{\sqrt{1-m\sin^2\varphi}} \quad (2.3)$$

Sonderfall: $F(\frac{\pi}{2}|m) = K(m)$ (2.4)

Unvollständiges elliptisches Integral zweiter Gattung $E(\varphi|m)$

(Unvollständiges 2. Normalintegral von Legendre)

Darstellung durch F:

$$E(\varphi|m) = (1-m)\,[F(\varphi|m) + 2m\,\partial F/\partial m] + m\sin\varphi\cos\varphi/\sqrt{1-m\sin^2\varphi} \quad (2.5)$$

Integraldarstellung: $(m \leqslant 1)$

(1) $$E(\varphi|m) = \int_0^{\varphi} \sqrt{1-m\sin^2 t}\,dt = \int_{\pi/2-\varphi}^{\pi/2} \sqrt{1-m\cos^2 t}\,dt = \int_0^{\sin\varphi} \sqrt{\frac{1-mt^2}{1-t^2}}\,dt =$$
$$= \int_{\cos\varphi}^{1} \sqrt{\frac{1-m+mt^2}{1-t^2}}\,dt = \int_0^{\tan\varphi} \sqrt{1+(1-m)t^2}\,\frac{dt}{(1+t^2)^{3/2}} = \int_{\cot\varphi}^{\infty} \sqrt{1-m+t^2}\,\frac{dt}{(1+t^2)^{3/2}} \quad (2.6)$$

(2) $$E(\varphi|m) = \int_0^{F(\varphi|m)} dn^2(u|m)\,du$$ (mit dn aus Band 17)[1] (2.7)

Ableitung:

(1) $$\frac{\partial E}{\partial \varphi} = \sqrt{1-m\sin^2\varphi} \quad (2.8)$$

---

[1] Die analoge Darstellung für F ist trivial: $F(\varphi|m) = \int_0^{F(\varphi|m)} du$

(2) $\dfrac{\partial E}{\partial m} = -\dfrac{1}{2} D(\varphi|m)$ (2.9)

Sonderfall: $E(\frac{\pi}{2}|m) = E(m)$ (2.10)

Unvollständiges elliptisches Integral zweiter Gattung $B(\varphi|m)$

Darstellung durch F und E:

(1) $B(\varphi|m) = m^{-1}[E(\varphi|m) - (1-m)F(\varphi|m)]$ (2.11)

(2) $B(\varphi|m) = 2(1-m)\,\partial F/\partial m + \sin\varphi\cos\varphi/\sqrt{1-m\sin^2\varphi}$ (2.12)

Integraldarstellung: $(m \leqslant 1)$

$$(1)\quad B(\varphi|m) = \int_0^{\varphi} \frac{\cos^2 t\,dt}{\sqrt{1-m\sin^2 t}} = \int_{\pi/2-\varphi}^{\pi/2} \frac{\sin^2 t\,dt}{\sqrt{1-m\cos^2 t}} = \int_0^{\sin\varphi} \sqrt{\frac{1-t^2}{1-mt^2}}\,dt =$$

$$= \int_{\cos\varphi}^{1} \frac{t^2\,dt}{\sqrt{(1-m+mt^2)(1-t^2)}} = \int_0^{\tan\varphi} \frac{1}{\sqrt{1+(1-m)t^2}} \frac{dt}{(1+t^2)^{3/2}} = \qquad (2.13)$$

$$= \int_{\cot\varphi}^{\infty} \frac{t^2}{\sqrt{1-m+t^2}} \frac{dt}{(1+t^2)^{3/2}}$$

(2) $B(\varphi|m) = \displaystyle\int_0^{F(\varphi|m)} \operatorname{cn}^2(u|m)\,du$ (mit cn aus Band 17) (2.14)

Ableitung:

(1) $\dfrac{\partial B}{\partial\varphi} = \dfrac{\cos^2\varphi}{\sqrt{1-m\sin^2\varphi}}$ (2.15)

(2) $\dfrac{\partial B}{\partial m} = \dfrac{1}{2} C(\varphi|m) + \dfrac{1}{2m} \dfrac{\sin\varphi\cos\varphi}{\sqrt{1-m\sin^2\varphi}}$ (2.16)

Sonderfall: $B(\frac{\pi}{2}|m) = B(m)$ (2.17)

Unvollständiges elliptisches Integral zweiter Gattung $A(\varphi|m)$

Darstellung durch F und E:

(1) $A(\varphi|m) = 2[E(\varphi|m) - (1-m)F(\varphi|m)]$ (2.18)

(2) $A(\varphi|m) = 4m(1-m)\,\partial F/\partial m + 2m\sin\varphi\cos\varphi/\sqrt{1-m\sin^2\varphi}$ (2.19)

Darstellung durch B: $A(\varphi|m) = 2m\,B(\varphi|m)$ (2.20)

Integraldarstellung: $B(\varphi|m)$ mit Faktor $2m$

Ableitung:

(1) $$\frac{\partial A}{\partial \varphi} = 2m \frac{\cos^2 \varphi}{\sqrt{1 - m \sin^2 \varphi}} \tag{2.21}$$

(2) $$\frac{\partial A}{\partial m} = F(\varphi|m) + \frac{\sin \varphi \cos \varphi}{\sqrt{1 - m \sin^2 \varphi}} \tag{2.22}$$

Sonderfall: $A(\frac{\pi}{2}|m) = A(m)$ (2.23)

Unvollständiges elliptisches Integral zweiter Gattung $D(\varphi|m)$

Darstellung durch F und E:

(1) $D(\varphi|m) = m^{-1} [F(\varphi|m) - E(\varphi|m)]$ (2.24)

(2) $D(\varphi|m) = -2\,\partial E/\partial m$ (2.25)

(3) $D(\varphi|m) = F(\varphi|m) - 2(1-m)\,\partial F/\partial m - \sin \varphi \cos \varphi / \sqrt{1 - m \sin^2 \varphi}$ (2.26)

Darstellung durch B:

(1) $D(\varphi|m) = F(\varphi|m) - B(\varphi|m)$ (2.27)

(2) $D(\varphi|m) = B(\varphi|m) + 2m\,\partial B/\partial m - \sin \varphi \cos \varphi / \sqrt{1 - m \sin^2 \varphi}$ (2.28)

Integraldarstellung: $(m < 1)$

(1) $$D(\varphi|m) = \int_0^{\varphi} \frac{\sin^2 t\, dt}{\sqrt{1 - m \sin^2 t}} = \int_{\pi/2-\varphi}^{\pi/2} \frac{\cos^2 t\, dt}{\sqrt{1 - m \cos^2 t}} = \int_0^{\sin \varphi} \frac{t^2\, dt}{\sqrt{(1 - m t^2)(1 - t^2)}} =$$

$$= \int_{\cos \varphi}^{1} \sqrt{\frac{1 - t^2}{1 - m + m t^2}}\, dt = \int_0^{\tan \varphi} \frac{t^2}{\sqrt{1 + (1-m) t^2}} \frac{dt}{(1 + t^2)^{3/2}} = \int_{\cot \varphi}^{\infty} \frac{1}{\sqrt{1 - m + t^2}} \frac{dt}{(1 + t^2)^{3/2}} \tag{2.29}$$

(2) $$D(\varphi|m) = \int_0^{F(\varphi|m)} \mathrm{sn}^2(u|m)\, du \quad \text{(mit sn aus Band 17)} \tag{2.30}$$

Ableitung:

(1) $$\frac{\partial D}{\partial \varphi} = \frac{\sin^2 \varphi}{\sqrt{1 - m \sin^2 \varphi}} \tag{2.31}$$

(2) $$\frac{\partial D}{\partial m} = \frac{1}{2m} \left[\frac{1}{1-m} B(\varphi|m) - D(\varphi|m)\right] - \frac{1}{2m(1-m)} \frac{\sin \varphi \cos \varphi}{\sqrt{1 - m \sin^2 \varphi}} \tag{2.32}$$

Sonderfall: $D(\frac{\pi}{2}|m) = D(m)$ (2.33)

Unvollständiges elliptisches Integral zweiter Gattung $C(\varphi|m)$

Darstellung durch F und E:

(1) $C(\varphi|m) = m^{-2}[(2-m)F(\varphi|m) - 2E(\varphi|m)]$ (2.34)

(2) $C(\varphi|m) = m^{-1}[F(\varphi|m) - 4(1-m)\,\partial F/\partial m] - 2m^{-1}\sin\varphi\cos\varphi/\sqrt{1-m\sin^2\varphi}$ (2.35)

Darstellung durch B und D:

(1) $C(\varphi|m) = m^{-1}[D(\varphi|m) - B(\varphi|m)]$ (2.36)

(2) $C(\varphi|m) = 2\,\partial B/\partial m - m^{-1}\sin\varphi\cos\varphi/\sqrt{1-m\sin^2\varphi}$ (2.37)

Integraldarstellung: $(m<1)$

(1) $$C(\varphi|m) = \frac{1}{m}\int_0^{\varphi}\frac{\sin^2 t-\cos^2 t}{\sqrt{1-m\sin^2 t}}\,dt = \frac{1}{m}\int_{\pi/2-\varphi}^{\pi/2}\frac{\cos^2 t-\sin^2 t}{\sqrt{1-m\cos^2 t}}\,dt =$$

$$= \frac{1}{m}\int_0^{\sin\varphi}\frac{2t^2-1}{\sqrt{(1-mt^2)(1-t^2)}}\,dt = \frac{1}{m}\int_{\cos\varphi}^{1}\frac{1-2t^2}{\sqrt{(1-m+mt^2)(1-t^2)}}\,dt =$$

$$= \frac{1}{m}\int_0^{\tan\varphi}\frac{t^2-1}{\sqrt{1+(1-m)t^2}}\,\frac{dt}{(1+t^2)^{3/2}} = \frac{1}{m}\int_{\cot\varphi}^{\infty}\frac{1-t^2}{\sqrt{1-m+t^2}}\,\frac{dt}{(1+t^2)^{3/2}} \qquad (2.38)$$

(2) $$C(\varphi|m) = \int_0^{\varphi}\frac{\sin^2 t\cos^2 t}{(1-m\sin^2 t)^{3/2}}\,dt - \frac{h}{m} = \int_{\pi/2-\varphi}^{\pi/2}\frac{\sin^2 t\cos^2 t}{(1-m\cos^2 t)^{3/2}}\,dt - \frac{h}{m} =$$

$$= \int_0^{\sin\varphi}\frac{t^2\sqrt{1-t^2}}{(1-mt^2)^{3/2}}\,dt - \frac{h}{m} = \int_{\cos\varphi}^{1}\frac{t^2\sqrt{1-t^2}}{(1-m+mt^2)^{3/2}}\,dt - \frac{h}{m} =$$

$$= \int_0^{\tan\varphi}\frac{t^2}{[1+(1-m)t^2]^{3/2}}\,\frac{dt}{(1+t^2)^{3/2}} - \frac{h}{m} = \int_{\cot\varphi}^{\infty}\frac{t^2}{(1-m+t^2)^{3/2}}\,\frac{dt}{(1+t^2)^{3/2}} - \frac{h}{m}$$

mit $h = \sin\varphi\cos\varphi/\sqrt{1-m\sin^2\varphi}$ (2.39)

(3) $$C(\varphi|m) = \frac{1}{m}\int_0^{F(\varphi|m)}[\mathrm{sn}^2(u|m) - \mathrm{cn}^2(u|m)]\,du$$ (mit sn, cn aus Band 17) (2.40)

(4) $$C(\varphi|m) = \int_0^{F(\varphi|m)}\frac{\mathrm{sn}^2(u|m)\,\mathrm{cn}^2(u|m)}{\mathrm{dn}^2(u|m)}\,du - \frac{1}{m}\,\frac{\sin\varphi\cos\varphi}{\sqrt{1-m\sin^2\varphi}} \qquad (2.41)$$

Ableitung:

(1) $$\frac{\partial C}{\partial\varphi} = \frac{1}{m}\,\frac{\sin^2\varphi-\cos^2\varphi}{\sqrt{1-m\sin^2\varphi}} \qquad (2.42)$$

(2) $$\frac{\partial C}{\partial m} = \frac{1}{2m}\left[\frac{B(\varphi|m)}{1-m} - 4\,C(\varphi|m)\right] - \frac{4-3m}{2m^2(1-m)}\,\frac{\sin\varphi\cos\varphi}{\sqrt{1-m\sin^2\varphi}} \tag{2.43}$$

Sonderfall: $C(\frac{\pi}{2}|m) = C(m)$ (2.44)

Generalisiertes unvollständiges elliptisches Integral zweiter Gattung $G(\varphi|m;\alpha,\beta)$
[φ Amplitude, m Parameter; α, β Koeffizienten (Konstanten oder Funktionen von m)]

Darstellung durch F und E:

(1) $G(\varphi|m;\alpha,\beta) = m^{-1}[\beta-(1-m)\alpha]\,F(\varphi|m) + m^{-1}(\alpha-\beta)\,E(\varphi|m)$ (2.45)

(2) $G(\varphi|m;\alpha,\beta) = \beta\,F(\varphi|m) + 2(\alpha-\beta)(1-m)\,\partial F/\partial m$ (2.46)

(3) $G(\varphi|m;\alpha,\beta) = 2\alpha(1-m)\,\partial F/\partial m - 2\beta\,\partial E/\partial m$ (2.47)

Darstellung durch B und D:

(1) $G(\varphi|m;\alpha,\beta) = \alpha\,B(\varphi|m) + \beta\,D(\varphi|m)$ (2.48)

(2) $G(\varphi|m;\alpha,\beta) = (\alpha+\beta)\,B(\varphi|m) + 2\beta m\,\partial B/\partial m$ (2.49)

Integraldarstellung: $(m < 1)$

(1) $$G(\varphi|m;\alpha,\beta) = \int_0^{\varphi} \frac{\alpha\cos^2 t + \beta\sin^2 t}{\sqrt{1-m\sin^2 t}}\,dt = \int_{\pi/2-\varphi}^{\pi/2} \frac{\alpha\sin^2 t + \beta\cos^2 t}{\sqrt{1-m\cos^2 t}}\,dt =$$
$$= \int_0^{\sin\varphi} \frac{\alpha(1-t^2)+\beta t^2}{\sqrt{(1-mt^2)(1-t^2)}}\,dt = \int_{\cos\varphi}^{1} \frac{\alpha t^2 + \beta(1-t^2)}{\sqrt{(1-m+mt^2)(1-t^2)}}\,dt =$$
$$= \int_0^{\tan\varphi} \frac{\alpha+\beta t^2}{\sqrt{1+(1-m)t^2}}\,\frac{dt}{(1+t^2)^{3/2}} = \int_{\cot\varphi}^{\infty} \frac{\alpha t^2+\beta}{\sqrt{1-m+t^2}}\,\frac{dt}{(1+t^2)^{3/2}} \tag{2.50}$$

(2) $$G(\varphi|m;\alpha,\beta) = \int_0^{F(\varphi|m)} [\alpha\,\mathrm{cn}^2(u|m) + \beta\,\mathrm{sn}^2(u|m)]\,du \quad \text{(mit cn, sn aus Band 17)} \tag{2.51}$$

Ableitung:

(1) $$\frac{\partial G}{\partial\varphi} = \frac{\alpha\cos^2\varphi + \beta\sin^2\varphi}{\sqrt{1-m\sin^2\varphi}} \tag{2.52}$$

(2) $$\frac{\partial G}{\partial m} = G\left(\varphi|m;\frac{\beta-(1-m)\alpha}{2m(1-m)} + \frac{d\alpha}{dm}, \frac{\alpha-\beta}{2m} + \frac{d\beta}{dm}\right) - \frac{\beta-(1-m)\alpha}{2m(1-m)}\,\frac{\sin\varphi\cos\varphi}{\sqrt{1-m\sin^2\varphi}} \tag{2.53}$$

Spezialfälle: $G(\frac{\pi}{2}|m;\alpha,\beta) = G(m;\alpha,\beta)$ (2.54)

$G(\varphi|m;2m,0) = A(\varphi|m)$, $G(\varphi|m;1,0) = B(\varphi|m)$,
$G(\varphi|m;-\frac{1}{m},\frac{1}{m}) = C(\varphi|m)$, $G(\varphi|m;0,1) = D(\varphi|m)$,
$G(\varphi|m;1,1-m) = E(\varphi|m)$, $G(\varphi|m;1,1) = F(\varphi|m)$ (2.55)

(III) Literatur zu Kapitel 2 (Auswahl)

Abramowitz, M., and *I. A. Stegun* (1968): Handbook of Mathematical Functions. (Ch. 17: Elliptic Integrals.) NBS, U.S.Govt.Printing Office, Washington, D.C.

Bowman, F. (1961): Introduction to elliptic functions with applications. (Ch. II: Elliptic integrals.) Dover, New York.

Bulirsch, R. (1965): Numerical calculation of elliptic integrals and elliptic functions. Numerische Mathematik **7**, 78–90.

Byrd, P. F., and *M. D. Friedman* (1971): Handbook of Elliptic Integrals for Engineers and Scientists. (§ 110: Elliptic Integrals.) Springer, Berlin.

Davis, H. T. (1962): Introduction to Nonlinear Differential and Integral Equations. (Ch. 6: Elliptic Integrals, Elliptic Functions, and Theta Functions.) Dover, New York.

Erdélyi, A., W. Magnus, F. Oberhettinger, and *F. G. Tricomi* (1953): Higher Transcendental Functions, Vol. 2. (Ch. 13, part 1: Elliptic integrals.) McGraw-Hill, New York.

Greenhill, A. G. (1959): The Applications of Elliptic Functions. (Ch. II: The Elliptic Integrals [of the First Kind]. Ch. VI: The Elliptic Integrals of the Second and Third Kind.) Dover, New York.

Gröbner, W., und *N. Hofreiter* (1965): Integraltafel, Teil I. (§ 241: Elliptische Integrale in der Legendreschen kanonischen Form.) Springer, Wien.

Jahnke, E., F. Emde und *F. Lösch* (1960): Tafeln höherer Funktionen. (Kap. V, B: Unvollständige Normalintegrale.) Teubner, Stuttgart.

Magnus, W., F. Oberhettinger, and *R. P. Soni* (1966): Formulas and Theorems for the Special Functions of Mathematical Physics. (§ 10.1: Elliptic integrals.) Springer, Berlin.

Oberhettinger, F., und *W. Magnus* (1949): Anwendungen der elliptischen Funktionen in Physik und Technik. (§ 12: Elliptische Integrale.) Springer, Berlin.

Ryshik, I. M., und *I. S. Gradstein* (1963): Summen-, Produkt- und Integral-Tafeln. (§ 6.11: Elliptische Integrale.) Deutscher Verlag der Wissenschaften, Berlin. (Übersetzung aus dem Russischen.)

Tölke, F. (1967): Praktische Funktionenlehre, Band III. (Kap. 6: Umkehrfunktionen der Jacobischen elliptischen Funktionen und elliptische Normalintegrale.) Springer, Berlin.

Tricomi, F. (1951): Funzioni ellittiche. (Cap. II: Integrali ellittici.) Zanichelli, Bologna. – Deutsche Übersetzung: Elliptische Funktionen. Akademische Verlagsgesellschaft, Leipzig 1948.

Whittaker, E. T., and *G. N. Watson* (1952): A Course of Modern Analysis. (§ 22.7: Elliptic Integrals.) University Press, Cambridge.

Programm 2.1: Unvollständiges elliptisches Integral erster Gattung [nach Landen-Transformation]

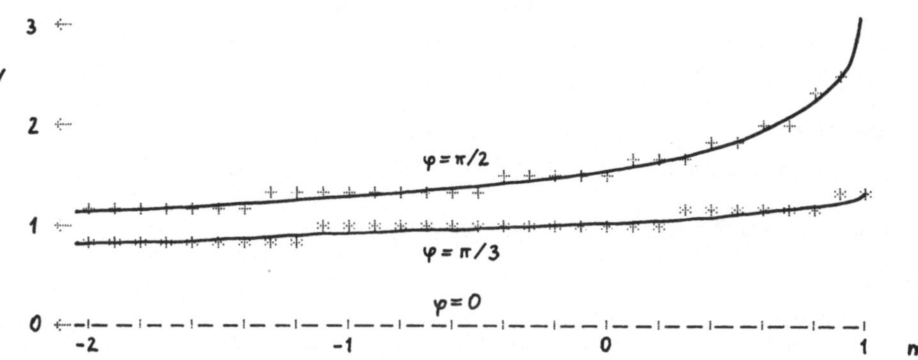

Bild 2.1-1 Unvollständiges elliptisches Integral F
$y = F(\varphi|m)$, $\varphi = 0, \frac{\pi}{3}, \frac{\pi}{2}$; $-2 \leqslant m \leqslant 1$ $[F(0|m) = 0,\ F(\frac{\pi}{2}|m) = K(m)]$

(a) Algorithmus

Als Grundlage dient die absteigende Landen-Transformation für F [vgl. Beispiel 2.2-16]: $(m < 1)$

$$F(\varphi|m) = \frac{1}{1+\kappa_0} F(\psi_1|\mu_1) \text{ mit } \kappa_0 = \sqrt{1-m},\ \mu_1 = \left(\frac{1-\kappa_0}{1+\kappa_0}\right)^2,\ \psi_1 = \varphi + \arctan(\kappa_0 \tan\varphi)$$

Iteration (nochmalige Anwendung der Transformation) ergibt

$$F(\varphi|m) = \frac{1}{1+\kappa_0}\,\frac{1}{1+\kappa_1} F(\psi_2|\mu_2) \text{ mit } \kappa_1 = \sqrt{1-\mu_1} = \frac{2}{1+\kappa_0}\sqrt{\kappa_0},\ \mu_2 = \left(\frac{1-\kappa_1}{1+\kappa_1}\right)^2,$$

$$\psi_2 = \psi_1 + \arctan(\kappa_1 \tan\psi_1)$$

Nach mehrmaliger Iteration erhält man allgemein

$$F(\varphi|m) = F(\psi_n|\mu_n) \prod_{r=0}^{n-1} \frac{1}{1+\kappa_r} \qquad (n = 1, 2, \ldots;\ \mu_0 = m,\ \psi_0 = \varphi)$$

mit $\kappa_n = \sqrt{1-\mu_n} = \frac{2}{1+\kappa_{n-1}}\sqrt{\kappa_{n-1}},\ \mu_n = \left(\frac{1-\kappa_{n-1}}{1+\kappa_{n-1}}\right)^2, \qquad \psi_n = \psi_{n-1} + \arctan(\kappa_{n-1} \tan\psi_{n-1})$

Bei der absteigenden Landen-Transformation gilt

$n \to \infty$: $\mu_n \to 0,\ \psi_n \to \overline{\psi}$, daher $F(\psi_n|\mu_n) \to F(\overline{\psi}|0) = \overline{\psi}$, somit $F(\varphi|m) = \overline{\psi} \prod_{r=0}^{\infty} \frac{1}{1+\kappa_r}$

Das Verfahren wird nach dem N-ten Schritt abgebrochen:

$$F(\varphi|m) = [1 + \delta\ (\varphi|m)]\, P(\varphi|m) \text{ mit } P = \psi_N \prod_{r=0}^{N} \frac{1}{1+\kappa_r} \text{ und}$$

$$1 + \delta = \frac{\overline{\psi}}{\psi_N} \prod_{r=N+1}^{\infty} \frac{1}{1+\kappa_r} = \frac{1}{\psi_N} F(\psi_{N+1}|\mu_{N+1}),$$

wobei $N = N(\varphi|m)$ vom Programm so bestimmt wird, daß $|\delta(\varphi|m)| \lesssim 1 \times 10^{-10}$ [vgl. Fehlerkurven $\delta_1(m) = \delta(\frac{\pi}{2}|m)$ und $\delta_2\langle\gamma\rangle = \delta(\frac{\pi}{4}|\sin^2\gamma)$ in Anhang β (Bild β-13 und β-14)].

Die Realisierung des Iterationsverfahrens (zur Berechnung der Näherung P) erfolgt zweckmäßig durch das modifizierte AGM-Schema von Bulirsch (algorithm 1, procedure el 1):

Startwerte: $a_0 = 1,\ b_0 = \sqrt{1-m},\ c_0 = |\cot\varphi|$

Iterationsverfahren: $a_n = a_{n-1} + b_{n-1},\ b_n = 2\sqrt{a_{n-1}b_{n-1}},$

$$c_n = c_{n-1} - a_{n-1}b_{n-1}/c_{n-1} \qquad (n = 1, 2, \ldots, N).$$

Dann ist $a_N \approx b_N$ und $P = \psi_N \frac{1}{a_N}$, wobei $\psi_N = \arctan \frac{a_N}{c_N}$.

Sonderfälle:

(1) $\varphi = 0$: $F(0|m) = 0$ (m beliebig)

(2) $m = 1$: $F(\varphi|1) = \text{arg gd}\,\varphi = (\text{sgn}\,\varphi)\,\text{arg gd}\,|\varphi| = (\text{sgn}\,\varphi)\ln(\tan|\varphi| + 1/\cos\varphi)$

(b) Bedienungshinweise

Programmadreß-Tasten:

φ				
$m \to F(\varphi\|m)$				

Tabelle 2.1-1 Unvollständiges elliptisches Integral F

$F(\varphi|m)$, $\varphi = \frac{\pi}{3}$, m = 0(.1)1 und −2(.2)0, 9D

m	$F(\frac{\pi}{3}\|m)$	m	$F(\frac{\pi}{3}\|m)$
0.0	1.047197551	-2.0	0.859663746
0.1	1.063139018	-1.8	0.872178593
0.2	1.080377806	-1.6	0.885563664
0.3	1.099135223	-1.4	0.899939474
0.4	1.119694918	-1.2	0.915453050
0.5	1.142429058	-1.0	0.932286311
0.6	1.167840058	-0.8	0.950668046
0.7	1.196630652	-0.6	0.970891541
0.8	1.229829442	-0.4	0.993341379
0.9	1.269035914	-0.2	1.018535866
1.0	1.316957897	0.0	1.047197551

Speicherbereichsverteilung: Grundstellung

Programm laden: 1 Magnetkartenseite einlesen (Block 1) (TI-58: Programm eintasten)

Winkelmodus: beliebig (zurück bleibt Rad)

Anzeigeformat: beliebig

Argumentbereich: $-\pi/2 \leqslant \varphi \leqslant \pi/2$ (φ im Bogenmaß), etwa $-10^{12} \leqslant m \leqslant 1$

Genauigkeit (Richtwert): 9 D/S

Programmkenndaten

Speicherbedarf: 187 Programmschritte, 3 Datenregister ($R_{27}-R_{29}$)
Labels: A, A'; abs. Adressen: ja; T-Reg.: verwendet; Flags: keine
SBR-Ebenen / Klammer-Ebenen / unvollständige Op.-Ebenen: 0/2/6

(c) Checkwerte

$F(1/\pi\,|\,1/\pi) = 0.320010656$ (Laufzeit 13 Sek.), Tastenfolge π 1/x A' A;
$F(\pi/2\,|\,1/\pi) = K(1/\pi) = 1.72475627$ (15 Sek.), Tastenfolge $\pi \div 2 =$ A' π 1/x A;
$F(1/\pi\,|\,-\pi) = 0.303715847$ (16 Sek.); $F(-1/\pi\,|\,-10\pi) = -0.240202908$ (16 Sek.);
$F(\arctan 9\,|\,1/\pi) = 1.59085821$ (13 Sek.), Tastenfolge 9 Rad INV tan A' π 1/x A,
oder hier auch direkte Abspeicherung von $\tan\varphi = 9$ in R_{27}: 9 STO 27 π 1/x A

(d) Datenregister

Inhalt der 3 Datenregister $R_{27}-R_{29}$:

R_{27} $\tan\varphi$, R_{28} c_n, R_{29} a_n

(e) Eingabe des Programms

Speicherbereichsverteilung in Grundstellung. Programm eintasten. (Eingabe des Befehls HIR: Band 3/I, Anhang A.) Block 1 auf eine Magnetkartenseite aufzeichnen.

Programmstruktur

Schritt 033–059 $\tan\varphi$ (mit Grenzfällen $\varphi = \pm\,\pi/2$)
002–030, 061–168 $F(\varphi|m)$; 170–186 Sonderfall $F(\varphi|1)$

Liste zu Programm 2.1

```
000  76 LBL
001  11  A
002  53  (
003  94 +/-
004  85  +
005  01  1
006  42 STO
007  29  29
008  54  )
009  29 CP
010  67  EQ
011  01  01
012  70  70
013  34 √X
014  82 HIR
015  08  08
016  43 RCL
017  27  27
018  67  EQ
019  00  00
020  51  51
021  50 I×I
022  35 1/X
023  42 STO
024  28  28
025  00  0
026  82 HIR
027  07  07
028  61 GTO
029  00  00
030  78  78
031  76 LBL
032  16 A'
033  70 RAD
034  42 STO
035  27  27
036  50 I×I
037  32 X↕T
038  53  (
039  89  π
040  55  ÷
041  02  2
042  54  )
043  67  EQ
044  00  00
045  52  52
046  43 RCL
047  27  27
048  30 TAN
049  48 EXC
050  27  27
051  92 RTN
052  04  4
053  00  0
054  22 INV
055  28 LOG
056  48 EXC
057  27  27
058  49 PRD
059  27  27
060  92 RTN
061  82 HIR
062  15  15
063  82 HIR
064  08  08
065  02  2
066  82 HIR
067  48  48
068  82 HIR
069  47  47
070  43 RCL
071  28  28
072  77  GE
073  00  00
074  78  78
075  89  π
076  82 HIR
077  37  37
078  53  (
079  43 RCL
080  29  29
081  82 HIR
082  06  06
083  65  ×
084  82 HIR
085  18  18
086  44 SUM
087  29  29
088  55  ÷
089  34 √X
090  82 HIR
091  05  05
092  43 RCL
093  28  28
094  54  )
095  22 INV
096  44 SUM
097  28  28
098  43 RCL
099  28  28
100  22 INV
101  67  EQ
102  01  01
103  15  15
104  53  (
105  82 HIR
106  15  15
107  55  ÷
108  01  1
109  02  2
110  22 INV
111  28 LOG
112  54  )
113  42 STO
114  28  28
115  53  (
116  82 HIR
117  16  16
118  75  -
119  82 HIR
120  18  18
121  54  )
122  53  (
123  50 I×I
124  75  -
125  82 HIR
126  16  16
127  55  ÷
128  01  1
129  00  0
130  22 INV
131  28 LOG
132  54  )
133  77  GE
134  00  00
135  61  61
136  43 RCL
137  28  28
138  77  GE
139  01  01
140  44  44
141  89  π
142  82 HIR
143  37  37
144  53  (
145  43 RCL
146  29  29
147  55  ÷
148  43 RCL
149  28  28
150  54  )
151  53  (
152  53  (
153  70 RAD
154  22 INV
155  30 TAN
156  85  +
157  82 HIR
158  17  17
159  54  )
160  55  ÷
161  43 RCL
162  29  29
163  65  ×
164  43 RCL
165  27  27
166  69 OP
167  10  10
168  54  )
169  92 RTN
170  53  (
171  43 RCL
172  27  27
173  50 I×I
174  85  +
175  53  (
176  33 X²
177  85  +
178  01  1
179  54  )
180  34 √X
181  54  )
182  53  (
183  23 LNX
184  61 GTO
185  01  01
186  63  63
```

(f) Funktions-Anwendungen

- *Beispiel 2.1-1:* In Integraltafeln[1] sind elliptische Integrale erster Gattung in folgender Art verzeichnet:

$$\text{(I)}\quad \int_0^x \frac{dt}{\sqrt{(a^2-t^2)(b^2-t^2)}} = \frac{1}{a} F\left(\arcsin \frac{x}{b} \,\middle|\, \frac{b^2}{a^2}\right) \qquad (0<x<b<a)$$

$$\text{(II)}\quad \int_x^\infty \frac{dt}{\sqrt{(t^2-a^2)(t^2-b^2)}} = \frac{1}{a} F\left(\arcsin \frac{a}{x} \,\middle|\, \frac{b^2}{a^2}\right) \qquad (0<b<a<x)$$

$$\text{(III)}\quad \int_b^x \frac{dt}{\sqrt{(t^2+a^2)(t^2-b^2)}} = \frac{1}{\sqrt{a^2+b^2}} F\left(\arccos \frac{b}{x} \,\middle|\, \frac{a^2}{a^2+b^2}\right) \qquad (0<b<x)$$

$$\text{(IV)}\quad \int_x^b \frac{dt}{\sqrt{(a^2+t^2)(b^2-t^2)}} = \frac{1}{\sqrt{a^2+b^2}} F\left(\arccos \frac{x}{b} \,\middle|\, \frac{b^2}{a^2+b^2}\right) \qquad (0<x<b)$$

$$\text{(V)}\quad \int_0^x \frac{dt}{\sqrt{(t^2+a^2)(t^2+b^2)}} = \frac{1}{a} F\left(\arctan \frac{x}{b} \,\middle|\, \frac{a^2-b^2}{a^2}\right) \qquad (0<b<a;\ x>0)$$

$$\text{(VI)}\quad \int_x^\infty \frac{dt}{\sqrt{(t^2+a^2)(t^2+b^2)}} = \frac{1}{a} F\left(\arctan \frac{a}{x} \,\middle|\, \frac{a^2-b^2}{a^2}\right) \qquad (0<b<a;\ x>0)$$

[Die Formeln sind aus Gl. (2.1) herleitbar.] Man berechne die Integrale

$$U = \int_1^2 \frac{dt}{\sqrt{(9-t^2)(5-t^2)}} \quad \text{und} \quad V = \int_1^\infty \frac{dt}{\sqrt{(t^2+4)(t^2+3)}}. -$$

(1) Für U ist nach Gl. (I) $a^2 = 9$, $b^2 = 5$, $\int_1^2 = \int_0^2 - \int_0^1$. Somit kommt

$U = \frac{1}{3}\left[F\left(\arcsin \frac{2}{\sqrt{5}} \middle| \frac{5}{9}\right) - F\left(\arcsin \frac{1}{\sqrt{5}} \middle| \frac{5}{9}\right)\right] = 0.2542245814$, Tastenfolge 2 ÷ 5 $\sqrt{x}$ = Rad INV sin A' 5 ÷ 9 = STO 00 A − 5 $\sqrt{x}$ 1/x INV sin A' RCL 00 A = ÷ 3 =

(2) Für V ist nach Gl. (VI) $a^2 = 4$, $b^2 = 3$, $x = 1$. Man erhält $V = \frac{1}{2} F\left(\arctan 2 \middle| \frac{1}{4}\right) =$ $= 0.5781608639$, Tastenfolge 2 Rad INV tan A' 4 1/x A ÷ 2 = oder hier auch [vgl. Abschnitt (c)] 2 STO 27 4 1/x A ÷ 2 =

[1] z.B. *Byrd-Friedman, Gröbner-Hofreiter, Jahnke-Emde-Lösch, Ryshik-Gradstein*

- *Beispiel 2.1-2:* Für $\varphi = \arcsin[(1-\sqrt{3})/2 + (3/4)^{1/4}]$ und $m = 1/2$ gilt nach[1] (§ 24) $F(\varphi|m) = \frac{1}{3}K(m)$. Damit teste man die F-Routine. –

  Man bekommt links $\varphi = 0.5999236475$ (im Bogenmaß) und $F(\varphi|1/2) = 0.6180248924$, Tastenfolge 1 − 3 √x = ÷ 2 + .75 √x √x = Rad INV sin A' [für φ] und .5 A [für F]; rechts kommt $\frac{1}{3}K(\frac{1}{2}) = \frac{1}{3}F(\frac{\pi}{2}|\frac{1}{2}) = 0.6180248924$, Tastenfolge π ÷ 2 = A' .5 A ÷ 3 =

- *Beispiel 2.1-3:* Für $\varphi = \arcsin \dfrac{77 - 5\sqrt{145}}{48}$ und $m = \dfrac{767 - 25\sqrt{145}}{767 + 25\sqrt{145}}$ gilt nach[1] (§ 25) $F(\varphi|m) = \frac{1}{5}K(m)$. Damit teste man die F-Routine. –

  Man erhält links $\varphi = 0.3573937922$ (im Bogenmaß), $m = 0.4362759772$ und $F(\varphi|m) = 0.3607102725$, Tastenfolge 77 − 5 X 145 √x = ÷ 48 = Rad INV sin A' [für φ] und 767 − 25 X 145 √x = ÷ (767 + 25 X 145 √x = STO 00 A [für m und F]; rechts kommt $\frac{1}{5}K(m) = \frac{1}{5}F(\frac{\pi}{2}|m) = 0.3607102725$, Tastenfolge π ÷ 2 = A' RCL 00 A ÷ 5 =

- *Beispiel 2.1-4:* Zur Berücksichtigung von Amplitudenwerten φ, die nicht zwischen $-\pi/2$ und $\pi/2$ liegen, kann folgende *Reduktionsformel I* dienen:

  $$(\varphi = \delta + n\pi:)\quad F(\delta + n\pi|m) = F(\delta|m) + 2nK(m) \qquad (-\pi/2 \leqslant \delta \leqslant \pi/2;\ n = 0, \pm 1, \pm 2, \ldots;\ m < 1)$$

  Man berechne $F(\varphi|1/2)$ für $\varphi = \pi$, 2 und -4. –

  (1) Für $\varphi = \pi$ ist $\delta = 0$, $n = 1$; nach der Reduktionsformel kommt $F(\pi|1/2) = 0 + 2K(1/2) = 2F(\pi/2|1/2) = 3.708149355$, Tastenfolge π ÷ 2 = A' .5 A X 2 = STO 00

  (2) Für $\varphi = 2 = (2-\pi) + \pi$ ist $\delta = 2 - \pi$ (<0), $n = 1$; nach der Reduktionsformel kommt $F(2|1/2) = F(2-\pi|1/2) + 2K(1/2) = 2.444382636$, Tastenfolge 2 − π = A' .5 A + RCL 00 =

  (3) Für $\varphi = -4 = (\pi - 4) - \pi$ ist $\delta = \pi - 4$ (<0), $n = -1$; nach der Reduktionsformel erhält man $F(-4|1/2) = F(\pi-4|1/2) - 2K(1/2) = -4.619520616$, Tastenfolge π − 4 = A' .5 A − RCL 00 =

- *Beispiel 2.1-5:* Aus der Reduktionsformel von Beispiel 2.1-4 folgt für $\delta = \pi/2$ die Beziehung

  $$F(n\pi/2|m) = nK(m) \qquad (n = 0, \pm 1, \pm 2, \ldots;\ m < 1)$$

  Man berechne $F(3\pi/2|1/2)$ und $F(-5\pi/2|1/2)$. –

  Von Beispiel 2.1-4 her ist noch $2K(1/2)$ in R_{00} gespeichert; mit der Tastenfolge 2 INV Prd 00 hat man $K(1/2)$ in R_{00}. Nach obiger Beziehung ist $F(3\pi/2|1/2) = 3K(1/2) = 5.562224032$, Tastenfolge RCL 00 X 3 =, und $F(-5\pi/2|1/2) = -5K(1/2) = -9.270373387$, Tastenfolge RCL 00 X 5 +/− =

- *Beispiel 2.1-6:* Die Berücksichtigung von Amplitudenwerten φ, die nicht zwischen $-\pi/2$ und $\pi/2$ liegen, kann auch durch folgende *Reduktionsformel II* geschehen:

  $$(\varphi = \delta + (2n+1)\tfrac{\pi}{2}:)\quad F(\delta + (2n+1)\tfrac{\pi}{2}|m) = F(\psi|m) + (2n+1)K(m)$$
  $$(-\pi/2 \leqslant \delta \leqslant \pi/2;\ n = 0, \pm 1, \pm 2, \ldots;\ m < 1)$$

  mit $\psi = \arctan\left(\dfrac{1}{\sqrt{1-m}}\tan\delta\right)$ $(-\pi/2 \leqslant \psi \leqslant \pi/2)$. Man berechne $F(\varphi|1/2)$ für $\varphi = \pi$, 2

[1] *Legendre, A. M.* (1825): Traité des Fonctions Elliptiques, Tome I. Huzard-Courcier, Paris.

und -4. –

(1) Für $\varphi = \pi = \pi/2 + \pi/2$ ist $\delta = \pi/2$, $2n+1 = 1$, $\psi = \arctan\infty = \pi/2$; nach der Reduktionsformel kommt $F(\pi|1/2) = F(\pi/2|1/2) + K(1/2) = 2K(1/2) = 2F(\pi/2|1/2) =$ $= 3.708149355$, Tastenfolge $\pi \div 2 =$ A' .5 A STO 00 $\times$ 2 =

(2) Für $\varphi = 2 = (2-\pi/2) + \pi/2$ ist $\delta = 2 - \pi/2$ (>0), $2n+1 = 1$, $\psi = \arctan[\sqrt{2}\tan(2-\pi/2)] =$ $= 0.5744223221$ (im Bogenmaß), Tastenfolge $2 - \pi \div 2 =$ Rad tan $\times$ 2 $\sqrt{x}$ = und dann INV tan A' oder hier auch [vgl. Abschnitt (c)] STO 27. Nach der Reduktionsformel kommt $F(2|1/2) = F(\psi|1/2) + K(1/2) = 2.444382636$ (in Übereinstimmung mit Beispiel 2.1-4), Tastenfolge (Fortsetzung) .5 A + RCL 00 =

(3) Für $\varphi = -4 = (3\pi/2 - 4) - 3\pi/2$ ist $\delta = 3\pi/2 - 4$ (>0), $2n+1 = -3$, $\psi = \arctan[\sqrt{2}\tan(3\pi/2 - 4)] = 0.8847545348$ (im Bogenmaß), Tastenfolge 1.5 $\times$ $\pi - 4$ = Rad tan $\times$ 2 $\sqrt{x}$ = und dann INV tan A' oder hier auch [vgl. Abschnitt (c)] STO 27. Nach der Reduktionsformel erhält man $F(-4|1/2) = F(\psi|1/2) - 3K(1/2) =$ $= -4.619520616$ (in Übereinstimmung mit Beispiel 2.1-4), Tastenfolge (Fortsetzung) .5 A $-$ 3 $\times$ RCL 00 =

Bemerkung: Für $\delta = \pi/2$ liefert Reduktionsformel II die Beziehung $F(n\pi|m) = 2nK(m)$, was als Spezialfall der Beziehung aus Beispiel 2.1-5 deutbar ist.

- *Beispiel 2.1-7: Sonderfälle* von $F(\varphi|m)$ sind (für $-\pi/2 < \varphi < \pi/2$)

(I) $m = 0$: $F(\varphi|0) = \varphi$

(II) $m = 1$: $F(\varphi|1) = \operatorname{arggd}(\varphi)$

mit der inversen Gudermann-Funktion $\operatorname{arggd}(\varphi) = \ln\tan(\varphi/2 + \pi/4)$ [vgl. z.B. Band 3/II]. Damit teste man die F-Routine (Testwerte $\varphi = \pi/4$ und $\varphi = 1$ [im Bogenmaß]). –

(1) Für $\varphi = \pi/4$ erhält man $4F(\pi/4|0) = \pi = 3.141592654$, Tastenfolge $\pi \div 4 =$ A' 0 A $\times$ 4 =; ferner $F(\pi/4|1) = \operatorname{arggd}(\pi/4) = \ln\tan(3\pi/8) = 0.8813735870$, Tastenfolge 1 A

(2) Für $\varphi = 1$ kommt $F(1|0) = 1$, Tastenfolge 1 A' 0 A; ferner $F(1|1) = \operatorname{arggd} 1 =$ $= \ln\tan(1/2 + \pi/4) = 1.226191171$, Tastenfolge 1 A

- *Beispiel 2.1-8:* Funktionalgleichung *(Reflexionsformel)* für F:

$$F(\varphi|m) = \frac{1}{\sqrt{1-m}}\, F\left(\psi \,\middle|\, \frac{m}{m-1}\right) \qquad (-\pi/2 \leqslant \varphi \leqslant \pi/2,\ m < 1)$$

mit $\psi = \arctan(\sqrt{1-m}\tan\varphi)$ $(-\pi/2 \leqslant \psi \leqslant \pi/2)$. Man teste die F-Routine mit der Berechnung von $F(1|-3)$. –

Für die Reflexion wird $\psi = \arctan(2\tan 1) = 1.260144552$ (im Bogenmaß), Tastenfolge 1 Rad tan $\times$ 2 = und dann INV tan A' oder hier auch [vgl. Abschnitt (c)] STO 27. Es kommt $F(1|-3) = \frac{1}{2}F(\psi|\frac{3}{4}) = 0.7807065662$, Tastenfolge (Fortsetzung) .75 A $\div$ 2 =

Kontrolle: auf direktem Weg erhält man $F(1|-3) = 0.7807065662$, Tastenfolge 1 A' 3 +/− A

- *Beispiel 2.1-9:* Man erstelle ein Programm zur Auswertung der Funktion

$$p(\vartheta) = \int_0^{\vartheta} \frac{dt}{\sqrt{\sin t}} = \int_{\pi/2-\vartheta}^{\pi/2} \frac{dt}{\sqrt{\cos t}} = \int_0^{\sin\vartheta} \frac{dt}{\sqrt{t(1-t^2)}} = 2\int_0^{\sqrt{\sin\vartheta}} \frac{dt}{\sqrt{1-t^4}} \qquad (0 \leqslant \vartheta \leqslant \pi). -$$

Mit der Umformung aus Beispiel 1.3-9 (I) erhält man zunächst $p(\vartheta) = 2 \int\limits_{\pi/4-\vartheta/2}^{\pi/4} \frac{dt}{\sqrt{1-2\sin^2 t}}$;

nach Ersatz von t durch $\arcsin\left(\frac{1}{\sqrt{2}}\sin t\right)$ erhält man die Standardform $p(\vartheta) = \sqrt{2} \int\limits_{\varphi}^{\pi/2} \frac{dt}{\sqrt{1-\frac{1}{2}\sin^2 t}} =$

$= \sqrt{2}\,[K(\frac{1}{2}) - F(\varphi|\frac{1}{2})]$ mit $\varphi = \arcsin[\sqrt{2}\sin(\frac{\pi}{4}-\frac{\vartheta}{2})]$. [Nach Reflexionsformel III (aus Beispiel 2.2-11) ließe sich die Darstellung noch vereinfachen auf $p(\vartheta) = 2\,F(\psi|-1)$ mit $\psi = \pi/2 - \varphi$, doch würde das keinen Vorteil bringen: für $\vartheta > \pi/2$ wird $\varphi < 0$, daher $\psi > \pi/2$, was erst durch eine der Reduktionsformeln aus Beispiel 2.1-4 oder 2.1-6 berücksichtigt werden müßte. Aus ähnlichen Gründen sind auch die zunächst naheliegenden Umformungen $\varphi = \arcsin\sqrt{1-\sin\vartheta}$ oder $\varphi = \arccos\sqrt{\sin\vartheta}$ nicht vorteilhaft.] Die Berechnung der Amplitude $\varphi = \arcsin[\sqrt{2}\sin(\pi/4-\vartheta/2)]$ wird in der Nähe der Ränder $\vartheta = 0$ und $\vartheta = \pi$ ungenau; daher wird dort auch $p(\vartheta)$ ungenau. Immerhin erreicht man aber im gesamten Bereich $0 \leqslant \vartheta \leqslant \pi$ eine Genauigkeit von fünf Dezimalstellen.

Somit ist eine zweckmäßige Darstellung $p(\vartheta) = c - \sqrt{2}\,F(\varphi|\frac{1}{2}) = c + \sqrt{2}\,F(-\varphi|\frac{1}{2})$ mit der Lemniskaten-Konstante $c = p(\pi/2) = \sqrt{2}\,K(1/2) = 2.622057554$ (aus Beispiel 1.3-9). Zusatzroutine für $p(\vartheta)$ mit abschließender Rundung auf 5D [Eingabe ϑ im Bogenmaß $(0 \leqslant \vartheta \leqslant \pi)$, Aufruf E]:

240	76	LBL	252	38	SIN	264	65	×	276	05	5
241	15	E	253	65	×	265	02	2	277	05	5
242	53	(	254	02	2	266	34	√X	278	04	4
243	70	RAD	255	34	√X	267	85	+	279	54	)
244	55	÷	256	54	)	268	02	2	280	58	FIX
245	02	2	257	22	INV	269	93	.	281	05	05
246	75	-	258	38	SIN	270	06	6	282	52	EE
247	89	π	259	16	A'	271	02	2	283	22	INV
248	55	÷	260	93	.	272	02	2	284	52	EE
249	04	4	261	05	5	273	00	0	285	22	INV
250	54	)	262	53	(	274	05	5	286	58	FIX
251	53	(	263	11	A	275	07	7	287	92	RTN

Testwerte: $p(\pi/4) = 1.79116$, Tastenfolge $\pi \div 4 =$ E; $p(1/\pi) = 1.13029$

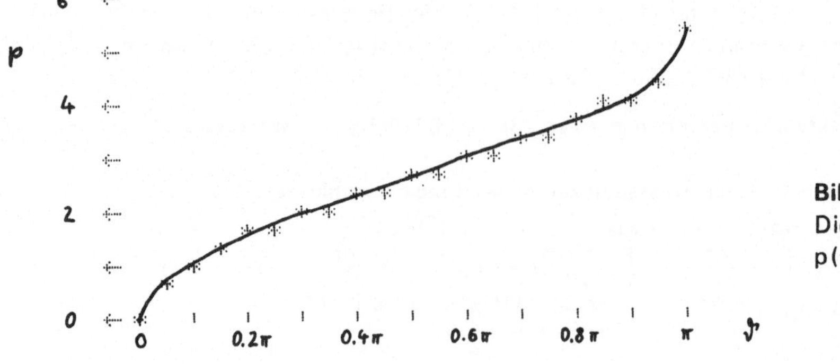

Bild 2.1-2
Die Funktion $p(\vartheta)$, $0 \leqslant \vartheta \leqslant \pi$

Eigenschaften der Funktion $p(\vartheta)$ (vgl. Bild 2.1-2):

(1) Spezielle Werte: $p(0) = 0$, $p(\pi/2) = c = 2.62206$, $p(\pi) = 2c = 5.24411$

(2) Reflexionsformel: $p(\vartheta) = 2c - p(\pi - \vartheta)$

(3) Ableitung: $dp/d\vartheta = 1/\sqrt{\sin\vartheta}$

- *Beispiel 2.1-10:* In der klassischen Elektrostatik wäre das elektrische Feld eines Elektrons (idealisiert als Punktladung q) nach dem Coulombschen Gesetz zu beschreiben durch $E_1(r) = \frac{q}{4\pi\epsilon_0}\frac{1}{r^2}$ (E_1 elektrische Feldstärke, ϵ_0 Dielektrizitätskonstante für Vakuum, r Abstand von der Punktladung). Das zugehörige elektrostatische Potential wäre

$$\Phi_1 = \int_r^\infty E_1(r')\,dr' = \frac{q}{4\pi\epsilon_0}\frac{1}{r} = \frac{q}{4\pi\epsilon_0 r_0} f\left(\frac{r}{r_0}\right)$$ mit der klassischen Abstands-Funktion $f(x) = 1/x$

(wobei $x = r/r_0$, r_0 beliebiger Referenzabstand). Zur Berücksichtigung der räumlichen Ausdehnung des Elektrons macht Born[1),2)] den Ansatz $E_2(r) = \frac{q}{4\pi\epsilon_0}\frac{1}{\sqrt{r_0^4 + r^4}}$ (r_0 Elektronenradius, q Elektronenladung). Das zugehörige elektrostatische Potential wird $\Phi_2 = \int_r^\infty E_2(r')\,dr' =$

$$= \frac{q}{4\pi\epsilon_0 r_0} b\left(\frac{r}{r_0}\right)$$ mit der neuen Abstands-Funktion (Born-Funktion) $b(x) = \int_x^\infty \frac{dt}{\sqrt{1+t^4}}$, wobei

$b(x)$ für $x \to 0$ endlich bleibt [im Gegensatz zu $f(x) = 1/x$]; für $x \gg 1$ gilt $b(x) \approx f(x) = 1/x$ (Bild 2.1-3). In [1)] sind Werte der Funktion b angegeben:

x	b(x)	x	b(x)
0.0	1.854	1.0	0.927
0.2	1.654	2.0	0.497
0.4	1.455	5.0	0.200
0.6	1.262	10.0	0.100
0.8	1.082	∞	0

Man erstelle eine analoge Tabelle mit einer Genauigkeit von 8D. –

Für die Funktion $b(x) = \int_x^\infty \frac{dt}{\sqrt{1+t^4}}$ findet man zunächst in einer Integraltabelle (z.B. Abramowitz-Stegun Nr. 17.4.53) den Hinweis $\int_x^\infty \frac{dt}{\sqrt{1+t^4}} = \frac{1}{2} F\left(\arccos\frac{x^2-1}{x^2+1} \,\middle|\, \frac{1}{2}\right)$, was äquivalent ist zu

---

1) *Born, M.* (1934): On the Quantum Theory of the Electromagnetic Field. Proc. Roy. Soc. London, Ser. A, **143**, 410–437.

2) *Born, M.,* and *L. Infeld* (1934): Foundations of the New Field Theory. Proc. Roy. Soc. London, Ser. A, **144**, 425–451. – Vgl. auch *Sommerfeld, A.* (1967): Elektrodynamik. (§ 37: Ansätze zur Verallgemeinerung der Maxwellschen Gleichungen und zur Theorie der Elementarteilchen.) AVG, Leipzig.

$\frac{1}{2}$ F(2 arc cot x | $\frac{1}{2}$) = $\frac{1}{2}$ F(2 arc tan $\frac{1}{x}$ | $\frac{1}{2}$). Da aber für die F-Routine die Amplitude zwischen $-\pi/2$ und $\pi/2$ vorausgesetzt wird, ist folgende Fallunterscheidung zweckmäßig:

$$b(x) = \begin{cases} b(0) - \frac{1}{2} F(2 \operatorname{arc} \tan x \mid \frac{1}{2}) & \text{für } -1 \leqslant x \leqslant 1 \\ \frac{1}{2} F(2 \operatorname{arc} \tan \frac{1}{x} \mid \frac{1}{2}) & \text{für } x \geqslant 1 \\ 2\, b(0) + \frac{1}{2} F(2 \operatorname{arc} \tan \frac{1}{x} \mid \frac{1}{2}) & \text{für } x \leqslant -1 \end{cases}$$

wobei $b(0) = K(\frac{1}{2}) = F(\frac{\pi}{2} \mid \frac{1}{2}) = 1.854074677$, Tastenfolge $\pi \div 2 =$ A' .5 A

Mit der Zusatzroutine

187	76	LBL	200	04	4	213	01	1	226	65	×
188	15	E	201	00	0	214	75	-	227	11	A
189	32	X⇌T	202	07	7	215	32	X⇌T	228	54	)
190	01	1	203	04	4	216	70	RAD	229	92	RTN
191	53	(	204	06	6	217	53	(	230	02	2
192	22	INV	205	07	7	218	22	INV	231	85	+
193	77	GE	206	07	7	219	30	TAN	232	32	X⇌T
194	02	02	207	65	×	220	65	×	233	35	1/X
195	32	32	208	01	1	221	02	2	234	61	GTO
196	01	1	209	94	+/-	222	54	)	235	02	02
197	93	.	210	77	GE	223	16	A'	236	16	16
198	08	8	211	02	02	224	93	.			
199	05	5	212	30	30	225	05	5			

läßt sich nach Eingabe des Arguments x und Aufruf der Zusatzroutine (durch Taste E) folgende Tabelle erzeugen (Format Fix 8; zum Vergleich ist auch 1/x angegeben):

x	b(x)	1/x	b(− x)
0.0	1.85407468	∞	1.85407468
0.2	1.65410666	5.00000000	2.05404270
0.4	1.45508791	2.50000000	2.25306144
0.6	1.26145968	1.66666667	2.44668967
0.8	1.08229197	1.25000000	2.62585738
1.0	0.92703734	1.00000000	2.78111202
2.0	0.49695356	0.50000000	3.21119579
5.0	0.19996802	0.20000000	3.50818133
10.0	0.09999900	0.10000000	3.60815035
∞	0.00000000	0.00000000	3.70814935

Die letzte Spalte zeigt die Verarbeitung von negativen Argumentwerten (für das Born-Problem nicht gebraucht).

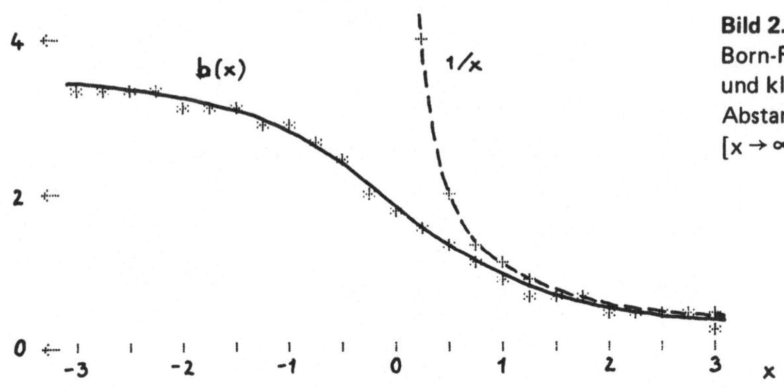

Bild 2.1-3
Born-Funktion b(x) und klassische Abstands-Funktion 1/x
[$x \to \infty$: $b(x) \sim 1/x$]

Eigenschaften der Born-Funktion b(x) (vgl. Bild 2.1-3):

(1) Spezielle Werte: $b(0) = \int\limits_0^\infty \frac{dt}{\sqrt{1+t^4}} = K(\tfrac{1}{2}) = \frac{c}{\sqrt{2}} = 1.854074677$

(mit der Lemniskaten-Konstante c aus Beispiel 1.3-9),

$b(1) = \frac{1}{2}\, b(0) = 0.9270373383, \qquad b(\infty) = 0,$

$b(-1) = \frac{3}{2}\, b(0) = 2.781112015, \qquad b(-\infty) = 2\, b(0) = 3.708149354$

(2) Reflexionsformel: $b(x) = 2\, b(0) - b(-x)$

(3) Inversionsformel: $b(x) = b(0) - b(1/x)$ für $x > 0$; $b(x) = 3\, b(0) - b(1/x)$ für $x < 0$

(4) Ableitung: $db/dx = -1/\sqrt{1+x^4}$

(Verwandte Funktion:) *Komplementäre Born-Funktion* a(x) (Bild 2.1-4):

$$a(x) = \int\limits_0^x \frac{dt}{\sqrt{1+t^4}} = \frac{1}{2}\, F\left(\arccos \frac{1-x^2}{1+x^2} \,\middle|\, \frac{1}{2}\right) = \frac{1}{2}\, F(2 \arctan x \,|\, \tfrac{1}{2})$$

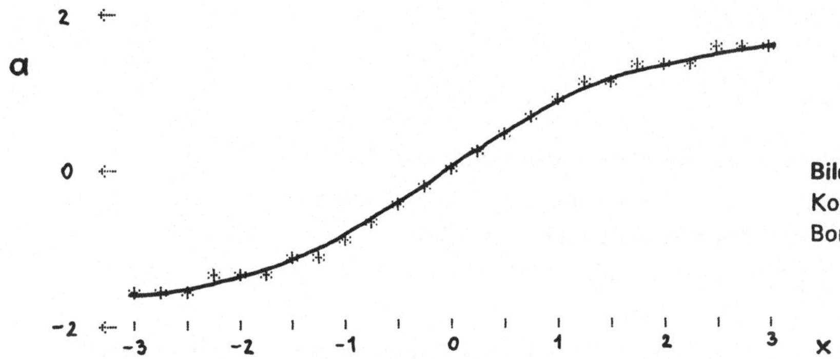

Bild 2.1-4
Komplementäre Born-Funktion a(x)

Darstellung durch Born-Funktion b(x):

(1) $a(x) = b(0) - b(x)$ (x beliebig)

(2) $a(x) = b(1/x)$ für $x \geqslant 0$; $a(x) = b(1/x) - 2\,b(0)$ für $x < 0$

Zweckmäßige Fallunterscheidung bei Verwendung der F-Routine (Amplitude zwischen $-\pi/2$ und $\pi/2$):

$$a(x) = \begin{cases} \frac{1}{2}\,F(2\arctan x \mid \frac{1}{2}) & \text{für } -1 \leqslant x \leqslant 1 \\ a(\infty) - \frac{1}{2}\,F(2\arctan \frac{1}{x} \mid \frac{1}{2}) & \text{für } x \geqslant 1 \\ -a(\infty) - \frac{1}{2}\,F(2\arctan \frac{1}{x} \mid \frac{1}{2}) & \text{für } x \leqslant -1 \end{cases}$$

wobei $a(\infty) = b(0) = K(\frac{1}{2}) = 1.854074677$. Zusatzroutine für a(x):

```
187  76 LBL
188  15  E
189  32 X:T
190  01  1
191  53  (
192  22 INV
193  77  GE
194  02  02
195  05  05
196  94 +/-
197  77  GE
198  02  02
199  04  04
200  32 X:T
201  61 GTO
202  02  02
203  19  19
204  65  x
205  01  1
206  93  .
207  08  8
208  05  5
209  04  4
210  00  0
211  07  7
212  04  4
213  06  6
214  07  7
215  07  7
216  75  -
217  32 X:T
218  35 1/X
219  70 RAD
220  53  (
221  22 INV
222  30 TAN
223  65  x
224  02  2
225  54  )
226  16 A'
227  93  .
228  05  5
229  65  x
230  11  A
231  54  )
232  92 RTN
```

Nach Eingabe des Arguments x und Aufruf der Zusatzroutine (durch Taste E) läßt sich folgende Tabelle erzeugen (Format Fix 8):

x	a(x)	a(−x)
0.0	0.00000000	0.00000000
0.2	0.19996802	-0.19996802
0.4	0.39898676	-0.39898676
0.6	0.59261500	-0.59261500
0.8	0.77178270	-0.77178270
1.0	0.92703734	-0.92703734
2.0	1.35712111	-1.35712111
5.0	1.65410666	-1.65410666
10.0	1.75407568	-1.75407568
∞	1.85407468	-1.85407468

Eigenschaften der komplementären Born-Funktion a(x) (vgl. Bild 2.1-4):

(1) Spezielle Werte: $a(\infty) = b(0) = K(1/2) = c/\sqrt{2} = 1.854074677$
(mit der Lemniskaten-Konstante c aus Beispiel 1.3-9),
$a(1) = b(1) = \frac{1}{2}\,b(0) = \frac{1}{2}\,a(\infty)$, $a(0) = 0$, $a(-1) = -a(1)$, $a(-\infty) = -a(\infty)$

(2) $a(x) = -a(-x)$

(3) Inversionsformel: $a(x) = a(\infty) - a(1/x)$ für $x \geqslant 0$; $a(x) = -a(\infty) - a(1/x)$ für $x < 0$

(4) Ableitung: $da/dx = 1/\sqrt{1 + x^4}$

Programm 2.2: Unvollständige elliptische Integrale [nach Landen-Transformation]

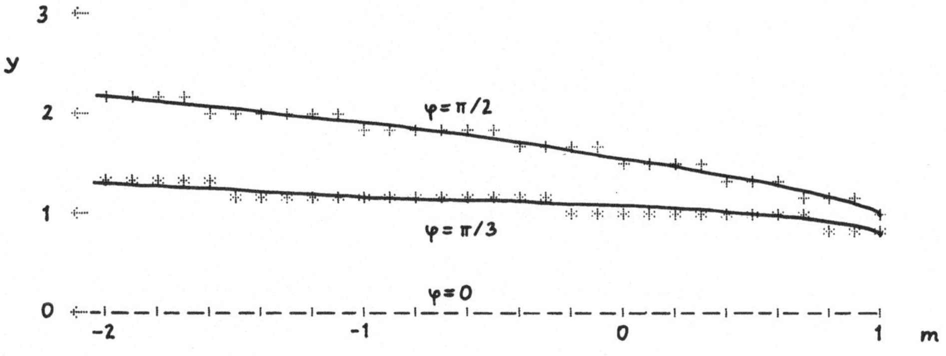

Bild 2.2-1 Unvollständiges elliptisches Integral E
$y = E(\varphi|m)$, $\varphi = 0, \frac{\pi}{3}, \frac{\pi}{2}$; $-2 \leqslant m \leqslant 1$ $[E(0|m) = 0,\ E(\frac{\pi}{2}|m) = E(m)]$

(a) Algorithmus

(I) Generalisiertes unvollständiges elliptisches Integral zweiter Gattung $G(\varphi|m;\alpha,\beta)$:

Grundlage ist die absteigende Landen-Transformation für G [vgl. Beispiel 2.2-16]:

$$G(\varphi|m;\alpha,\beta) = \frac{\alpha-\beta}{2} h_0 + \frac{1}{1+\kappa_0} G(\psi_1|\mu_1;\alpha_1,\beta_1) \qquad (m<1)$$

mit $\kappa_0 = \sqrt{1-m}$, $\mu_1 = \left(\frac{1-\kappa_0}{1+\kappa_0}\right)^2$, $\alpha_1 = \frac{\alpha+\beta}{2}$, $\beta_1 = \frac{\beta+\alpha\kappa_0}{1+\kappa_0}$, $\psi_1 = \varphi + \arctan(\kappa_0 \tan\varphi)$,

$$h_0 = \frac{\sin\varphi\cos\varphi}{\sqrt{1-m\sin^2\varphi}} = \frac{\sin\psi_1}{1+\kappa_0}$$

Iteration (nochmalige Anwendung der Transformation) ergibt

$$G(\varphi|m;\alpha,\beta) = \frac{\alpha-\beta}{2}\left(h_0 + \frac{1}{1+\kappa_0}h_1\right) + \frac{1}{1+\kappa_0}\,\frac{1}{1+\kappa_1}\,G(\psi_2|\mu_2;\alpha_2',\beta_2)$$

mit $\kappa_1 = \sqrt{1-\mu_1} = \frac{2}{1+\kappa_0}\sqrt{\kappa_0}$, $\mu_2 = \left(\frac{1-\kappa_1}{1+\kappa_1}\right)^2$, $\alpha_2 = \frac{\alpha_1+\beta_1}{2}$, $\beta_2 = \frac{\beta_1+\alpha_1\kappa_1}{1+\kappa_1}$,

$$\psi_2 = \psi_1 + \arctan(\kappa_1 \tan\psi_1), \quad h_1 = \frac{\sin\psi_2}{1+\kappa_1}$$

Nach mehrmaliger Iteration erhält man allgemein

$$G(\varphi|m;\alpha,\beta) = \frac{\alpha-\beta}{2}\sum_{s=0}^{n-1} h_s \prod_{r=0}^{s-1}\frac{1}{1+\kappa_r} + G(\psi_n|\mu_n;\alpha_n,\beta_n)\prod_{r=0}^{n-1}\frac{1}{1+\kappa_r}$$

$(n = 1, 2, \ldots;\ \mu_0 = m,\ \alpha_0 = \alpha,\ \beta_0 = \beta,\ \psi_0 = \varphi)$ mit $\kappa_n = \sqrt{1-\mu_n} = \frac{2}{1+\kappa_{n-1}}\sqrt{\kappa_{n-1}}$,

$$\mu_n = \left(\frac{1-\kappa_{n-1}}{1+\kappa_{n-1}}\right)^2, \quad \alpha_n = \frac{\alpha_{n-1}+\beta_{n-1}}{2}, \quad \beta_n = \frac{\beta_{n-1}+\alpha_{n-1}\kappa_{n-1}}{1+\kappa_{n-1}},$$

$$\psi_n = \psi_{n-1} + \arctan(\kappa_{n-1}\tan\psi_{n-1}), \qquad h_{n-1} = \frac{\sin\psi_n}{1+\kappa_{n-1}}$$

Bei der absteigenden Landen-Transformation gilt

$$n\to\infty:\ \mu_n\to 0,\ \psi_n\to\bar\psi,\ \alpha_n\to\bar\alpha,\ \beta_n\to\bar\beta=\bar\alpha, \quad \text{daher}$$
$$G(\psi_n|\mu_n;\alpha_n,\beta_n)\to G(\bar\psi|0;\bar\alpha,\bar\alpha)=\bar\alpha\,\bar\psi.$$

Für die (unten folgende) Fehlerabschätzung ist es vorteilhaft, $\bar\beta$ noch teilweise beizubehalten:

$$n\to\infty:\ G(\psi_n|\mu_n,\alpha_n,\beta_n)\to G(\bar\psi|0;\bar\alpha,\bar\beta)=\frac{\bar\alpha+\bar\beta}{2}\,\bar\psi+\frac{\bar\alpha-\bar\beta}{2}\sin\bar\psi\cos\bar\psi=$$
$$=\bar\alpha\,\bar\psi+\frac{\bar\alpha-\bar\beta}{2}\sin\bar\psi\cos\bar\psi.$$

Somit kommt $G(\varphi|m;\alpha,\beta)=\dfrac{\alpha-\beta}{2}\displaystyle\sum_{s=0}^{\infty}h_s\prod_{r=0}^{s-1}\frac{1}{1+\kappa_r}+\left(\bar\alpha\,\bar\psi+\frac{\bar\alpha-\bar\beta}{2}\sin\bar\psi\cos\bar\psi\right)\prod_{r=0}^{\infty}\frac{1}{1+\kappa_r}.$

Das Verfahren wird nach dem N-ten Schritt abgebrochen:

$$G(\varphi|m;\alpha,\beta)=\frac{\alpha-\beta}{2}\,[S(\varphi|m)+\epsilon_0(\varphi|m)]+[1+\delta_0(\varphi|m;\alpha,\beta)]\,V(\varphi|m;\alpha,\beta)$$

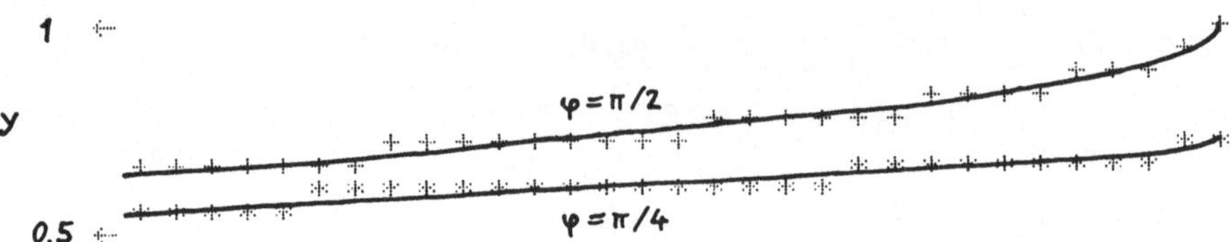

Bild 2.2-2 Unvollständiges elliptisches Integral B
$y=B(\varphi|m),\ \ \varphi=0,\ \frac{\pi}{4},\ \frac{\pi}{2};\ \ -2\leqslant m\leqslant 1$
$[B(0|m)=0,\ \ B(\frac{\pi}{2}|m)=B(m)]$

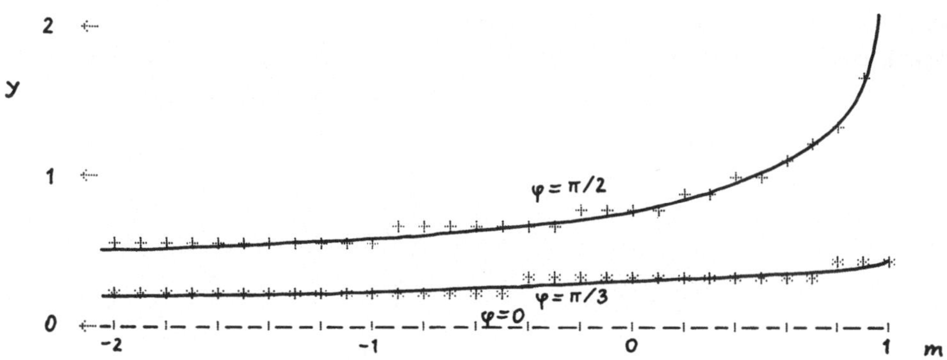

Bild 2.2-3 Unvollständiges elliptisches Integral D
$y = D(\varphi|m)$, $\varphi = 0, \frac{\pi}{3}, \frac{\pi}{2}$; $-2 \leqslant m \leqslant 1$
$[D(0|m) = 0, \quad D(\frac{\pi}{2}|m) = D(m)]$

mit $S = \sum_{s=0}^{N} h_s \prod_{r=0}^{s-1} \frac{1}{1+\kappa_r}$, $\qquad \epsilon_0 = \sum_{s=N+1}^{\infty} h_s \prod_{r=0}^{s-1} \frac{1}{1+\kappa_r}$,

$$V = \left(\alpha_N \psi_N + \frac{\alpha_N - \beta_N}{2} \sin\psi_N \cos\psi_N\right) \prod_{r=0}^{N} \frac{1}{1+\kappa_r},$$

$$1 + \delta_0 - \frac{\bar{\alpha}\,\psi}{\alpha_N \psi_N + \frac{\alpha_N - \beta_N}{2} \sin\psi_N \cos\psi_N} \prod_{r=N+1}^{\infty} \frac{1}{1+\kappa_r}$$

Es kommt $G(\varphi|m;\alpha,\beta) = [1+\delta(\varphi|m;\alpha,\beta)]\,[\frac{\alpha-\beta}{2} S(\varphi|m) + V(\varphi|m;\alpha,\beta)]$ mit $\delta = (\frac{\alpha-\beta}{2}\epsilon_0 + V\delta_0)/(\frac{\alpha-\beta}{2} S + V)$. Dabei wird $N = N(\varphi|m;\alpha,\beta)$ vom Programm so bestimmt, daß $|\delta(\varphi|m;\alpha,\beta)| \lesssim 1 \times 10^{-10}$ [vgl. Fehlerkurven $\delta_1(m) = \delta(\frac{\pi}{2}|m;1,1)$, $\delta_2\langle\gamma\rangle = \delta(\frac{\pi}{4}|\sin^2\gamma;1,1)$, $\delta_3\langle\gamma\rangle = \delta(\frac{\pi}{2}|\sin^2\gamma;1,\cos^2\gamma)$ und $\delta_4\langle\gamma\rangle = \delta(\frac{\pi}{4}|\sin^2\gamma;1,\cos^2\gamma)$ in Anhang β (Bild β-13 bis β-16)].

Die Realisierung des Iterationsverfahrens (zur Berechnung der Näherungen S und V) erfolgt zweckmäßig durch das modifizierte AGM-Schema von Bulirsch (algorithm 1, procedure el 2):

Startwerte: $a_0 = 1$, $b_0 = \sqrt{1-m}$, $c_0 = |\cot\varphi|$, $d_0 = 1$, $\alpha_0 = \alpha$, $\beta_0 = \beta$

Iterationsverfahren: $a_n = a_{n-1} + b_{n-1}$, $b_n = 2\sqrt{a_{n-1} b_{n-1}}$, $c_n = c_{n-1} - a_{n-1} b_{n-1}/c_{n-1}$, $d_n = (a_{n-1} - b_{n-1})/(2a_n)$, $\alpha_n = \frac{1}{2}(\alpha_{n-1} + \beta_{n-1}/a_{n-1})$, $\beta_n = \beta_{n-1} + \alpha_{n-1} b_{n-1}$ $(n = 1, 2, \ldots, N)$.

Dann ist $a_N \approx b_N$ und $S = \sum_{s=1}^{N} \frac{1}{\sqrt{a_s^2 + c_s^2}} \prod_{r=0}^{s-1} d_r$, $V = \left(\alpha_N \psi_N + \frac{\alpha_N - \beta_N}{2} \sin\psi_N \cos\psi_N\right) \frac{1}{a_N}$,

wobei $\psi_N = \arctan \frac{a_N}{c_N}$, $\sin\psi_N \cos\psi_N = \frac{a_N c_N}{a_N^2 + c_N^2}$

Tabelle 2.2-1 Unvollständiges elliptisches Integral E

$E(\varphi|m)$, $\varphi = \frac{\pi}{3}$, m = 0(.1)1 und −2(.2)0, 9D

m	$E(\frac{\pi}{3}\|m)$	m	$E(\frac{\pi}{3}\|m)$
0.0	1.047197551	-2.0	1.304396517
0.1	1.031651082	-1.8	1.281900372
0.2	1.015697366	-1.6	1.258857598
0.3	0.999296365	-1.4	1.235222199
0.4	0.982400340	-1.2	1.210940977
0.5	0.964951458	-1.0	1.185951798
0.6	0.946878297	-0.8	1.160181239
0.7	0.928090534	-0.6	1.133541374
0.8	0.908470444	-0.4	1.105925217
0.9	0.887858350	-0.2	1.077200090
1.0	0.866025404	0.0	1.047197551

Tabelle 2.2-2 Unvollständiges elliptisches Integral B

$B(\varphi|m)$, $\varphi = \frac{\pi}{3}$, m = 0(.1)1 und −2(.2)0, 9D

m	$B(\frac{\pi}{3}\|m)$	m	$B(\frac{\pi}{3}\|m)$
0.0	0.740105127	-2.0	0.637297361
0.1	0.748259659	-1.8	0.644555382
0.2	0.756975604	-1.6	0.652254955
0.3	0.766339028	-1.4	0.660451814
0.4	0.776458472	-1.2	0.669213111
0.5	0.787473857	-1.0	0.678620823
0.6	0.799570455	-0.8	0.688776554
0.7	0.813001912	-0.6	0.699808488
0.8	0.828130694	-0.4	0.711881785
0.9	0.845505288	-0.2	0.725214745
1.0	0.866025404	0.0	0.740105127

Sonderfälle:

(1) $\varphi = 0$: $G(0|m;\alpha,\beta) = 0$ (m, α, β beliebig)

(2) $m = 1$: $G(\varphi|1;\alpha,\beta) = \beta \operatorname{arggd}\varphi + (\alpha-\beta)\sin\varphi =$
$= (\operatorname{sgn}\varphi)\,[\beta \ln(\tan|\varphi| + 1/\cos\varphi) + (\alpha-\beta)\sin|\varphi|]$

(II) Unvollständiges elliptisches Integral erster Gattung F: $F(\varphi|m) = G(\varphi|m;1,1)$

(III) Unvollständiges elliptisches Integral zweiter Gattung E: $E(\varphi|m) = G(\varphi|m;1,1-m)$

(IV) Unvollständiges elliptisches Integral zweiter Gattung B: $B(\varphi|m) = G(\varphi|m;1,0)$

(V) Unvollständiges elliptisches Integral zweiter Gattung D: $D(\varphi|m) = G(\varphi|m;0,1)$

(b) Bedienungshinweise

Programmadreß-Tasten:

φ		α	β	$m \to G(\varphi\|m;\alpha,\beta)$
$m \to F(\varphi\|m)$	$m \to B(\varphi\|m)$	$m \to E(\varphi\|m)$	$m \to D(\varphi\|m)$	

Speicherbereichsverteilung: Grundstellung
Programm laden: 2 Magnetkartenseiten einlesen (Block 1 und 3)
Winkelmodus: beliebig (zurück bleibt Rad)
Anzeigeformat: beliebig (zurück bleibt INV Fix)
Argumentbereich:
(I) $G(\varphi|m;\alpha,\beta)$: $-\pi/2 \leqslant \varphi \leqslant \pi/2$ (φ im Bogenmaß), etwa $-10^{12} \leqslant m \leqslant 1$, $-10^{12} \leqslant \alpha, \beta \leqslant 10^{12}$;
(II) F, E, B, $D(\varphi|m)$: $-\pi/2 \leqslant \varphi \leqslant \pi/2$, etwa $-10^{12} \leqslant m \leqslant 1$
Genauigkeit (Richtwert): 9 D/S

Tabelle 2.2-3 Unvollständiges elliptisches Integral D
$D(\varphi|m)$, $\varphi = \frac{\pi}{3}$, m = 0(.1)1 und −2(.2)0, 9D

m	$D(\frac{\pi}{3}\|m)$	m	$D(\frac{\pi}{3}\|m)$
0.0	0.307092425	-2.0	0.222366385
0.1	0.314879359	-1.8	0.227623211
0.2	0.323402202	-1.6	0.233308709
0.3	0.332796195	-1.4	0.239487660
0.4	0.343236446	-1.2	0.246239939
0.5	0.354955201	-1.0	0.253665488
0.6	0.368269603	-0.8	0.261891492
0.7	0.383628739	-0.6	0.271083054
0.8	0.401698748	-0.4	0.281459594
0.9	0.423530626	-0.2	0.293321120
1.0	0.450932493	0.0	0.307092425

Tabelle 2.2-4 Unvollständiges elliptisches Integral A
$A(\varphi|m)$, $\varphi = \frac{\pi}{3}$, m = 0(.1)1 und −2(.2)0, 9D

m	$A(\frac{\pi}{3}\|m)$	m	$A(\frac{\pi}{3}\|m)$
0.0	0.000000000	-2.0	-2.549189444
0.1	0.149651932	-1.8	-2.320399374
0.2	0.302790242	-1.6	-2.087215856
0.3	0.459803417	-1.4	-1.849265080
0.4	0.621166778	-1.2	-1.606111466
0.5	0.787473857	-1.0	-1.357241646
0.6	0.959484547	-0.8	-1.102042487
0.7	1.138202677	-0.6	-0.839770185
0.8	1.325009111	-0.4	-0.569505428
0.9	1.521909518	-0.2	-0.290085898
1.0	1.732050808	0.0	0.000000000

Programmkenndaten

Speicherbedarf: effektiv 226 Programmschritte, 39 Datenregister ($R_{14}-R_{52}$)
Labels: A–D, A'–E', HIR; abs. Adressen: ja; T-Reg.: verwendet; Flags: keine
SBR-Ebenen / Klammer-Ebenen / unvollständige Op.-Ebenen:

$G(\varphi|m;\alpha,\beta)$: 1/3/7; $F(\varphi|m)$: 1/3/7; $E(\varphi|m)$: 1/3/7; $B(\varphi|m)$: 1/3/7; $D(\varphi|m)$: 1/3/7

(c) Checkwerte

(I) $G(1/\pi\,|\,1/\pi;\,\pi,\pi) = 1.00534313$ (Laufzeit 32 Sek.), Tastenfolge π 1/x A' π C' D' 1/x E';
$G(1/\pi\,|-\pi;\,\pi,\pi) = 0.954151472$ (39 Sek.), Tastenfolge π +/− E';
$G(\pi/2\,|-\pi;\,\pi,\pi) = G(-\pi;\,\pi,\pi) = 3.35312140$ (46 Sek.), Tastenfolge $\pi \div 2$ = A' π +/− E';
$G(\arctan 9\,|-\pi;\,\pi,\pi) = 3.18203365$ (41 Sek.), Tastenfolge 9 Rad INV tan A' π +/− E',
oder hier auch direkte Abspeicherung von $\tan\varphi = 9$ in R_{27}: 9 STO 27 π +/− E'

(II) $F(1/\pi\,|\,1/\pi) = 0.320010656$ (32 Sek.), Tastenfolge π 1/x A' A;
$F(\pi/2\,|\,1/\pi) = K(1/\pi) = 1.72475627$ (38 Sek.), Tastenfolge $\pi \div 2$ = A' π 1/x A;
$F(1/\pi\,|-\pi) = 0.303715847$ (39 Sek.); $F(-1/\pi\,|-10\pi) = -0.240202908$ (39 Sek.)

(III) $E(1/\pi\,|\,1/\pi) = 0.316625252$ (32 Sek.), Tastenfolge π 1/x A' C;
$E(\pi/2\,|\,1/\pi) = E(1/\pi) = 1.43712981$ (38 Sek.), Tastenfolge $\pi \div 2$ = A' π 1/x C;
$E(1/\pi\,|-\pi) = 0.334163432$ (39 Sek.); $E(-1/\pi\,|-10\pi) = -0.443371496$ (39 Sek.)

(IV) $B(1/\pi\,|\,1/\pi) = 0.309375095$ (32 Sek.), Tastenfolge π 1/x A' B;
$B(\pi/2\,|\,1/\pi) = B(1/\pi) = 0.821151090$ (38 Sek.), Tastenfolge $\pi \div 2$ = A' π 1/x B;
$B(1/\pi\,|-\pi) = 0.294024080$ (39 Sek.); $B(-1/\pi\,|-10\pi) = -0.233735851$ (39 Sek.)

(V) $D(1/\pi\,|\,1/\pi) = 0.010635561$ (32 Sek.), Tastenfolge π 1/x A' D;
$D(\pi/2\,|\,1/\pi) = D(1/\pi) = 0.903605180$ (38 Sek.), Tastenfolge $\pi \div 2$ = A' π 1/x D;
$D(1/\pi\,|-\pi) = 0.009691768$ (39 Sek.); $D(-1/\pi\,|-10\pi) = -0.006467057$ (39 Sek.)

Tabelle 2.2-5 Generalisiertes unvollständiges elliptisches Integral G
$G(\varphi\,|\,m;\alpha,\beta)$, $\alpha = 1$, $\beta = \frac{1}{2}$, $\varphi = \frac{\pi}{3}$, m = 0(.1)1 und −2(.2)0, 9D

m	$G(\frac{\pi}{3}\,|\,m;1,\frac{1}{2})$	m	$G(\frac{\pi}{3}\,|\,m;1,\frac{1}{2})$
0.0	0.893651339	-2.0	0.748480554
0.1	0.905699339	-1.8	0.758366987
0.2	0.918676705	-1.6	0.768909310
0.3	0.932737126	-1.4	0.780195644
0.4	0.948076695	-1.2	0.792333081
0.5	0.964951458	-1.0	0.805453567
0.6	0.983705257	-0.8	0.819722300
0.7	1.004816282	-0.6	0.835350015
0.8	1.028980068	-0.4	0.852611582
0.9	1.057270601	-0.2	0.871875306
1.0	1.091491650	0.0	0.893651339

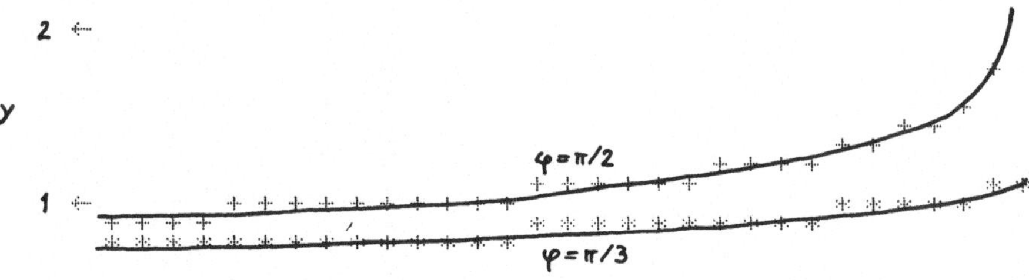

Bild 2.2-4 Generalisiertes unvollständiges elliptisches Integral G
$y = G(\varphi|m;\alpha,\beta)$, $\alpha = 1$, $\beta = \frac{1}{2}$, $\varphi = 0, \frac{\pi}{3}, \frac{\pi}{2}$; $-2 \leqslant m \leqslant 1$
$[G(0|m;\alpha,\beta) = 0,\ G(\frac{\pi}{2}|m;\alpha,\beta) = G(m;\alpha,\beta)]$

(d) Datenregister

Das Programm wird in Grundstellung der Speicherbereichsverteilung eingelesen und benutzt effektiv 39 Datenregister ($R_{14}-R_{52}$).

Andere Zählung: das eigentliche Programm benötigt 410 Schritte und nur 16 Datenregister (R_{14} R_{29}). Während der Ausführung schaltet das Programm vorübergehend auf die Verteilung 719.29 und benutzt Block 3 als Programmteil.

(e) Eingabe des Programms

Speicherbereichsverteilung durch 2 Op 17 einstellen auf 799.19. Programm eintasten. (Eingabe des Befehls HIR: Band 3/I, Anhang A.) Speicherbereichsverteilung durch 6 Op 17 auf Grundstellung setzen. Block 1 und 3 auf je eine Magnetkartenseite aufzeichnen.

Programmstruktur

Schritt 050–076 $\tan\varphi$ (mit Grenzfällen $\varphi = \pm\,\pi/2$)
080–195, 536–719 $G(\varphi|m;\alpha,\beta)$; 010–047 Vorbereitung F, E, B, D $(\varphi|m)$
197–225 Sonderfall $G(\varphi|1;\alpha,\beta)$

1. Liste zu Programm 2.2

```
000  76  LBL
001  18  C'
002  42  STO
003  26   26
004  92  RTN
005  76  LBL
006  19  D'
007  42  STO
008  25   25
009  92  RTN
010  76  LBL
011  11   A
012  32  X:T
013  01   1
014  61  GTO
015  00   00
016  43   43
017  76  LBL
018  13   C
019  53   (
020  40  IND
021  75   -
022  32  X:T
023  01   1
024  42  STO
025  21   21
026  54   )
027  94  +/-
028  61  GTO
029  82  HIR
030  76  LBL
031  12   B
032  32  X:T
033  01   1
034  42  STO
035  21   21
036  00   0
037  61  GTO
038  82  HIR
039  76  LBL
040  14   D
041  32  X:T
042  00   0
043  42  STO
044  21   21
045  01   1
046  61  GTO
047  82  HIR
048  76  LBL
049  16  A'
050  70  RAD
051  42  STO
052  27   27
053  50  IXI
054  32  X:T
055  53   (
056  89   π
057  55   ÷
058  02   2
059  54   )
060  67   EQ
061  00   00
062  69   69
063  43  RCL
064  27   27
065  30  TAN
066  48  EXC
067  27   27
068  92  RTN
069  04   4
070  00   0
071  22  INV
072  28  LOG
073  48  EXC
074  27   27
075  49  PRD
076  27   27
077  92  RTN
078  76  LBL
079  10  E'
080  32  X:T
081  43  RCL
082  26   26
083  42  STO
084  21   21
085  43  RCL
086  25   25
087  76  LBL
088  82  HIR
089  42  STO
090  22   22
091  22  INV
092  58  FIX
093  70  RAD
094  32  X:T
095  53   (
096  94  +/-
097  85   +
098  01   1
099  42  STO
100  29   29
101  54   )
102  29  CP
103  67   EQ
104  01   01
105  97   97
106  34  ΓX
107  42  STO
108  16   16
109  43  RCL
110  27   27
111  67   EQ
112  00   00
113  04   04
114  50  IXI
115  35  1/X
116  42  STO
117  28   28
118  00   0
119  42  STO
120  17   17
121  82  HIR
122  08   08
123  42  STO
124  18   18
125  43  RCL
126  21   21
127  42  STO
128  23   23
129  42  STO
130  24   24
131  43  RCL
132  22   22
133  42  STO
134  20   20
135  44  SUM
136  24   24
137  93   .
138  05   5
139  42  STO
140  19   19
141  49  PRD
142  24   24
143  03   3
144  69  OP
145  17   17
146  71  SBR
147  05   05
148  49   49
149  69  OP
150  17   17
151  43  RCL
152  19   19
153  54   )
154  44  SUM
155  18   18
156  53   (
157  43  RCL
158  29   29
159  55   ÷
160  43  RCL
161  28   28
162  54   )
163  53   (
164  53   (
165  53   (
166  22  INV
167  30  TAN
168  85   +
169  43  RCL
170  17   17
171  54   )
172  65   ×
173  43  RCL
174  24   24
175  55   ÷
176  43  RCL
177  29   29
178  85   +
179  43  RCL
180  18   18
181  65   ×
182  53   (
183  43  RCL
184  21   21
185  75   -
186  43  RCL
187  22   22
188  54   )
189  54   )
190  65   ×
191  43  RCL
192  27   27
193  69  OP
194  10   10
195  54   )
196  92  RTN
197  53   (
198  43  RCL
199  27   27
200  33  X²
201  85   +
202  01   1
203  54   )
204  53   (
205  34  ΓX
206  85   +
207  32  X:T
208  43  RCL
209  27   27
210  50  IXI
211  54   )
212  53   (
213  23  LNX
214  65   ×
215  43  RCL
216  22   22
217  85   +
218  43  RCL
219  27   27
220  50  IXI
221  55   ÷
222  32  X:T
223  61  GTO
224  01   01
225  81   81
```

2. Liste zu Programm 2.2

```
536  82 HIR
537  15  15
538  42 STO
539  16  16
540  02  2
541  82 HIR
542  48  48
543  49 PRD
544  16  16
545  43 RCL
546  14  14
547  44 SUM
548  17  17
549  53  (
550  43 RCL
551  24  24
552  48 EXC
553  23  23
554  65  ×
555  43 RCL
556  16  16
557  54  )
558  44 SUM
559  20  20
560  53  (
561  43 RCL
562  29  29
563  82 HIR
564  06  06
565  65  ×
566  43 RCL
567  28  28
568  50 I×I
569  42 STO
570  15  15
571  43 RCL
572  16  16
573  44 SUM
574  29  29
575  55  ÷
576  34 ΓX
577  82 HIR
578  05  05
579  43 RCL
580  28  28
581  54  )
582  22 INV
583  44 SUM
584  28  28
585  53  (
586  43 RCL
587  20  20
588  55  ÷
589  43 RCL
590  29  29
591  85  +
592  43 RCL
593  23  23
594  54  )
595  42 STO
596  24  24
597  02  2
598  22 INV
599  49 PRD
600  24  24
601  43 RCL
602  17  17
603  42 STO
604  14  14
605  43 RCL
606  28  28
607  29 CP
608  22 INV
609  67  EQ
610  06  06
611  24  24
612  53  (
613  43 RCL
614  15  15
615  55  ÷
616  01  1
617  02  2
618  22 INV
619  28 LOG
620  54  )
621  94 +/-
622  42 STO
623  28  28
624  77  GE
625  06  06
626  33  33
627  89  π
628  44 SUM
629  17  17
630  01  1
631  82 HIR
632  38  38
633  43 RCL
634  29  29
635  33 X²
636  42 STO
637  15  15
638  43 RCL
639  28  28
640  33 X²
641  44 SUM
642  15  15
643  53  (
644  43 RCL
645  19  19
646  55  ÷
647  43 RCL
648  15  15
649  34 ΓX
650  54  )
651  82 HIR
652  07  07
653  04  4
654  32 X:T
655  82 HIR
656  18  18
657  22 INV
658  77  GE
659  06  06
660  64  64
661  04  4
662  82 HIR
663  58  58
664  02  2
665  32 X:T
666  82 HIR
667  18  18
668  22 INV
669  77  GE
670  06  06
671  76  76
672  01  1
673  94 +/-
674  82 HIR
675  47  47
676  82 HIR
677  17  17
678  44 SUM
679  18  18
680  53  (
681  53  (
682  82 HIR
683  16  16
684  75  -
685  43 RCL
686  16  16
687  54  )
688  55  ÷
689  50 I×I
690  32 X:T
691  43 RCL
692  29  29
693  55  ÷
694  02  2
695  54  )
696  49 PRD
697  19  19
698  53  (
699  82 HIR
700  16  16
701  55  ÷
702  01  1
703  00  0
704  22 INV
705  28 LOG
706  54  )
707  22 INV
708  77  GE
709  05  05
710  36  36
711  53  (
712  43 RCL
713  28  28
714  55  ÷
715  43 RCL
716  15  15
717  65  ×
718  06  6
719  92 RTN
```

(f) Funktions-Anwendungen

- *Beispiel 2.2-1:* In Integraltafeln[1] sind elliptische Integrale zweiter Gattung in folgender Art verzeichnet:

(I) $\int_0^x \sqrt{\frac{a^2-t^2}{b^2-t^2}}\,dt = a\,E\left(\arcsin\frac{x}{b}\,\middle|\,\frac{b^2}{a^2}\right) \qquad (0<x<b<a)$

(II) $\int_0^x \sqrt{\frac{b^2-t^2}{a^2-t^2}}\,dt = \frac{b^2}{a}\,B\left(\arcsin\frac{x}{b}\,\middle|\,\frac{b^2}{a^2}\right) \qquad (0<x<b<a)$

(III) $\int_x^b \sqrt{\frac{a^2+t^2}{b^2-t^2}}\,dt = \sqrt{a^2+b^2}\,E\left(\arccos\frac{x}{b}\,\middle|\,\frac{b^2}{a^2+b^2}\right) \qquad (0<x<b)$

(IV) $\int_b^x \sqrt{\frac{a^2+t^2}{t^2-b^2}}\,dt = \frac{1}{x}\sqrt{(a^2+x^2)(x^2-b^2)} + \frac{a^2}{\sqrt{a^2+b^2}}\,D\left(\arccos\frac{b}{x}\,\middle|\,\frac{a^2}{a^2+b^2}\right) \qquad (0<b<x)$

(V) $\int_0^x \sqrt{\frac{a^2+t^2}{b^2+t^2}}\,dt = x\sqrt{\frac{a^2+x^2}{b^2+x^2}} + \frac{a^2-b^2}{a}\,D\left(\arctan\frac{x}{b}\,\middle|\,\frac{a^2-b^2}{a^2}\right) \qquad (0<b<a;\ x>0)$

[Die Formeln sind aus Gl. (2.6), (2.13), (2.29) herleitbar.] Man berechne die Integrale

$P = \int_1^2 \sqrt{\frac{4+t^2}{9-t^2}}\,dt,\quad Q = \int_0^1 \sqrt{\frac{4-t^2}{9-t^2}}\,dt$ und $R = \int_0^1 \sqrt{\frac{9-t^2}{4-t^2}}\,dt.$ –

(1) Für P ist nach Gl. (III) $a^2 = 4$, $b^2 = 9$, $\int_1^2 = \int_1^3 - \int_2^3$. Somit kommt $P = \sqrt{13}\,[E(\arccos\frac{1}{3}\,|\,\frac{9}{13}) - E(\arccos\frac{2}{3}\,|\,\frac{9}{13})] = 0.9834278949$, Tastenfolge 3 1/x Rad INV cos A' 9 ÷ 13 = STO 00 C − (2 ÷ 3) INV cos A' RCL 00 C = × 13 $\sqrt{x}$ =

(2) Für Q ist nach Gl. (II) $a^2 = 9$, $b^2 = 4$, $x = 1$. Man erhält $Q = \frac{4}{3}\,B(\arcsin\frac{1}{2}\,|\,\frac{4}{9}) = 0.6497135784$, Tastenfolge .5 Rad INV sin A' 4 ÷ 9 = B × 4 ÷ 3 =

(3) Für R ist nach Gl. (I) $a^2 = 9$, $b^2 = 4$, $x = 1$. Es ergibt sich $R = 3\,E(\arcsin\frac{1}{2}\,|\,\frac{4}{9}) = 1.540067696$, Tastenfolge .5 Rad INV sin A' 4 ÷ 9 = C × 3 =

- *Beispiel 2.2-2:* Für $\varphi = \arcsin(\sqrt{3}-1) = \arctan\sqrt{2/\sqrt{3}}$ und $m = \cos^2(\pi/12) = (2+\sqrt{3})/4$ gilt nach[2]

(I) $F(\varphi\,|\,m) = \frac{1}{3}\,K(m)$, (II) $E(\varphi\,|\,m) = \frac{1}{3}\,E(m) + 1/(2\sqrt[4]{3})$.

[1] z. B. *Byrd-Friedman, Gröbner-Hofreiter, Jahnke-Emde-Lösch, Ryshik-Gradstein*

[2] *Legendre, A. M.* (1825): Traité des Fonctions Elliptiques, Tome I. (§ 24, § 42.) Huzard-Courcier, Paris.

Damit teste man die F- und E-Routine. –

(I) Man erhält links $\varphi = 0.8213274614$ (im Bogenmaß), $m = 0.9330127019$ und $F(\varphi | m) = 0.9226877151$, Tastenfolge $\sqrt{3} - 1$ = Rad INV sin A' STO 01 [für φ] und $2 + 3 \sqrt{x} = \div 4 =$ STO 00 A [für m und F]; rechts kommt $\frac{1}{3} K(m) = \frac{1}{3} F(\frac{\pi}{2} | m) = 0.9226877151$, Tastenfolge $\pi \div 2$ = A' RCL 00 A $\div$ 3 =

(II) Es ergibt sich links $E(\varphi | m) = 0.7387195472$, Tastenfolge RCL 01 A' [für φ] und RCL 00 C [für m und E]; rechts kommt $\frac{1}{3} E(m) + 1/(2 \sqrt[4]{3}) = \frac{1}{3} E(\frac{\pi}{2} | m) + 1/(2 \sqrt[4]{3}) = 0.7387195472$, Tastenfolge $\pi \div 2$ = A' RCL 00 C $\div$ 3 + (2 $\times$ 3 $\sqrt{x}$ $\sqrt{x}$) 1/x =

- *Beispiel 2.2-3:* Das unvollständige elliptische Integral $A(\varphi | m)$ braucht wegen des einfachen Zusammenhangs $A(\varphi | m) = 2m\, B(\varphi | m)$ [Gl. (2.20)] keine separate Routine. Man berechne $A(\pi/3 | 1/4)$. –

Es kommt $A(\frac{\pi}{3} | \frac{1}{4}) = \frac{1}{2} B(\frac{\pi}{3} | \frac{1}{4}) = 0.3807851052$, Tastenfolge $\pi \div 3$ = A' 4 1/x B $\div$ 2 =

- *Beispiel 2.2-4:* Rechenregeln für die Koeffizienten der G-Funktion [gewinnbar aus Gl. (2.50)]. ($\alpha, \beta, \gamma, \delta$ Konstanten oder Funktionen des Parameters m.)

(I) Multiplikationssatz: $\gamma G(\varphi | m; \alpha, \beta) = G(\varphi | m; \gamma\alpha, \gamma\beta)$

(II) Additionssatz: $G(\varphi | m; \alpha, \beta) + G(\varphi | m; \gamma, \delta) = G(\varphi | m; \alpha + \gamma, \beta + \delta)$

Folgerungen:

(Ia) $G(\varphi | m; -\alpha, -\beta) = -G(\varphi | m; \alpha, \beta)$

(Ib) $G(\varphi | m; -\alpha, \beta) = -G(\varphi | m; \alpha, -\beta)$

(Ic) $G(\varphi | m; 0, 0) = 0$

(Id) $(\varphi \neq 0:)$ $G(\varphi | m; \alpha, \infty) = G(\varphi | m; \infty, \beta) = G(\varphi | m; \infty, \infty) = \infty$

(Ie) $(\varphi \neq 0:)$ $G(\varphi | m; \infty, -\infty) = -G(\varphi | m; -\infty, \infty)$ = unbestimmte Form

(IIa) $G(\varphi | m; \alpha + \gamma, \beta + \delta) = G(\varphi | m; \alpha, \beta) + G(\varphi | m; \gamma, \delta) = G(\varphi | m; \alpha, \delta) + G(\varphi | m; \gamma, \beta)$ (Zerlegungsregel)

(IIb) $G(\varphi | m; \alpha, \beta) + G(\varphi | m; \beta, \alpha) = (\alpha + \beta) F(\varphi | m)$ (Vertauschungsregel)

(IIc) $G(\varphi | m; \alpha, \beta) - G(\varphi | m; \beta, \alpha) = (\beta - \alpha)\, m\, C(\varphi | m)$

(IId) $G(\varphi | m; \alpha, \beta) + G(\varphi | m; \alpha, -\beta) = 2\alpha B(\varphi | m)$

(IIe) $G(\varphi | m; \alpha, \beta) - G(\varphi | m; \alpha, -\beta) = 2\beta D(\varphi | m)$

Man berechne $R = G(\varphi | m; 1 - m, 1)$ für $\varphi = \pi/4$, $m = -3$ auf mehrere Arten. –

(1) Mit $\alpha = 4$ und $\beta = 1$ erhält man direkt $R = G(\pi/4 | -3; 4, 1) = 2.297566002$, Tastenfolge $\pi \div 4$ = A' 4 C' 1 D' 3 +/– E'

(2) Es ist $\alpha = (2 - m) - 1$ und $\beta = (2 - m) - (1 - m)$, somit liefert die Zerlegungsregel (IIa) die äquivalente Form $R = (2 - m) F(\varphi | m) - E(\varphi | m)$, das ist hier $R = 5 F(\pi/4 | -3) - E(\pi/4 | -3) = 2.297566002$, Tastenfolge $\pi \div 4$ = A' 5 $\times$ 3 +/– A – 3 +/– C =

(3) Ferner ist $\alpha = 1 - m$, $\beta = 1 - 0$, daher kommt nach der Zerlegungsregel $R = F(\varphi | m) - m B(\varphi | m)$, das ist hier $R = F(\pi/4 | -3) + 3 B(\pi/4 | -3) = 2.297566002$, Tastenfolge $\pi \div 4$ = A' 3 +/– A + 3 $\times$ +/– B =

(4) Schließlich ist $\alpha = (1 - m) + 0$, $\beta = 0 + 1$, somit folgt $R = (1 - m) B(\varphi | m) + D(\varphi | m)$, das ist hier $R = 4 B(\pi/4 | -3) + D(\pi/4 | -3) = 2.297566002$, Tastenfolge $\pi \div 4$ = A' 4 $\times$ 3 +/– B + 3 +/– D =

Bemerkung: Die direkte Berechnungsart (1) (über die G-Funktion) ist kurz und einfach. Es ist daher zweckmäßig, die bei Anwendungen häufig auftretenden Linearkombinationen von F, E, B, D, C (bei gleicher Amplitude φ und gleichem Parameter m) nach dem Additionssatz (II) auf eine einzige Funktion G zurückzuführen.

• *Beispiel 2.2-5:* Zur Berücksichtigung von Amplitudenwerten φ, die nicht zwischen $-\pi/2$ und $\pi/2$ liegen, kann folgende *Reduktionsformel I* dienen:

$$(\varphi = \delta + n\pi:) \quad G(\delta + n\pi \,|\, m; \alpha, \beta) = G(\delta \,|\, m; \alpha, \beta) + 2n\, G(m; \alpha, \beta)$$
$$(-\pi/2 \leqslant \delta \leqslant \pi/2;\ n = 0, \pm 1, \pm 2, \ldots;\ m < 1;\ \alpha, \beta \text{ beliebig})$$

Spezialfälle:
$$F(\delta + n\pi \,|\, m) = F(\delta \,|\, m) + 2n\, K(m) \quad \text{(Beispiel 2.1-4)},$$
$$E(\delta + n\pi \,|\, m) = E(\delta \,|\, m) + 2n\, E(m),$$
$$B(\delta + n\pi \,|\, m) = B(\delta \,|\, m) + 2n\, B(m),$$
$$D(\delta + n\pi \,|\, m) = D(\delta \,|\, m) + 2n\, D(m),$$
$$C(\delta + n\pi \,|\, m) = C(\delta \,|\, m) + 2n\, C(m).$$

Man berechne $C(\varphi \,|\, 1/2)$ für $\varphi = \pi$, 2 und -4. –

(1) Für $\varphi = \pi$ ist $\delta = 0$, $n = 1$; nach der Reduktionsformel kommt $C(\pi \,|\, 1/2) = 0 + 2\,C(1/2) = 2\,C(\pi/2 \,|\, 1/2) = 2\,G(\pi/2 \,|\, 1/2; -2, 2) = 0.6385940309$, Tastenfolge $\pi \div 2$ = A' 2 D' +/− C' .5 E' × 2 = STO 00

(2) Für $\varphi = 2 = (2 - \pi) + \pi$ ist $\delta = 2 - \pi$ (< 0), $n = 1$; nach der Reduktionsformel kommt $C(2 \,|\, 1/2) = C(2 - \pi \,|\, 1/2) + 2\,C(1/2) = 1.363134993$, Tastenfolge $2 - \pi$ = A' .5 E' + RCL 00 =

(3) Für $\varphi = -4 = (\pi - 4) - \pi$ ist $\delta = \pi - 4$ (< 0), $n = -1$; nach der Reduktionsformel erhält man $C(-4 \,|\, 1/2) = C(\pi - 4 \,|\, 1/2) - 2\,C(1/2) = 0.3782982263$, Tastenfolge $\pi - 4$ = A' .5 E' − RCL 00 =

• *Beispiel 2.2-6:* Aus der Reduktionsformel von Beispiel 2.2-5 folgt für $\delta = \pi/2$ die Beziehung

$$G(n\pi/2 \,|\, m; \alpha, \beta) = n\, G(m; \alpha, \beta) \qquad (n = 0, \pm 1, \pm 2, \ldots;\ m < 1;\ \alpha, \beta \text{ beliebig})$$

Man berechne $C(3\pi/2 \,|\, 1/2)$ und $C(-5\pi/2 \,|\, 1/2)$. –

Von Beispiel 2.2-5 her ist noch $2\,C(1/2)$ in R_{00} gespeichert; mit der Tastenfolge 2 INV Prd 00 hat man $C(1/2)$ in R_{00}. Nach obiger Beziehung ist $C(3\pi/2 \,|\, 1/2) = 3\,C(1/2) = 0.9578910463$, Tastenfolge RCL 00 × 3 =, und $C(-5\pi/2 \,|\, 1/2) = -5\,K(1/2) = -1.596485077$, Tastenfolge RCL 00 × 5 +/− =

• *Beispiel 2.2-7:* Die Berücksichtigung von Amplitudenwerten φ, die nicht zwischen $-\pi/2$ und $\pi/2$ liegen, kann auch durch folgende *Reduktionsformel II* geschehen:

$$(\varphi = \delta + (2n+1)\tfrac{\pi}{2}:) \quad G(\delta + (2n+1)\tfrac{\pi}{2} \,|\, m; \alpha, \beta) = G(\psi \,|\, m; \alpha, \beta) + (2n+1)\, G(m; \alpha, \beta) - (\alpha - \beta)\, h$$
$$(-\pi/2 \leqslant \delta \leqslant \pi/2;\ n = 0, \pm 1, \pm 2, \ldots;\ m < 1;\ \alpha, \beta \text{ beliebig})$$

$$\text{mit} \quad \psi = \arctan\left(\frac{1}{\sqrt{1-m}} \tan\delta\right) \quad (-\pi/2 \leqslant \psi \leqslant \pi/2) \quad \text{und} \quad h = \frac{\sin\delta \cos\delta}{\sqrt{1 - m\cos^2\delta}} = \frac{\sin\psi \cos\psi}{\sqrt{1 - m\sin^2\psi}}.$$

Spezialfälle: $F(\delta + (2n+1)\frac{\pi}{2}|m) = F(\psi|m) + (2n+1)K(m)$ (Beispiel 2.1-6),

$E(\delta + (2n+1)\frac{\pi}{2}|m) = E(\psi|m) + (2n+1)E(m) - mh,$

$B(\delta + (2n+1)\frac{\pi}{2}|m) = B(\psi|m) + (2n+1)B(m) - h,$

$D(\delta + (2n+1)\frac{\pi}{2}|m) = D(\psi|m) + (2n+1)D(m) + h,$

$C(\delta + (2n+1)\frac{\pi}{2}|m) = C(\psi|m) + (2n+1)C(m) + \frac{2}{m}h.$

Man berechne $C(\varphi|1/2)$ für $\varphi = \pi$, 2 und -4. –

(1) Für $\varphi = \pi = \pi/2 + \pi/2$ ist $\delta = \pi/2$, $2n+1 = 1$, $\psi = \arctan\infty = \pi/2$, $h = 0$; nach der Reduktionsformel kommt $C(\pi|1/2) = C(\pi/2|1/2) + C(1/2) = 2\,C(1/2) = 2\,C(\pi/2|1/2) =$ $= 2\,G(\pi/2|1/2; -2, 2) = 0.6385940309$, Tastenfolge π ÷ 2 = A' 2 D' +/− C' .5 E' STO 00 X 2 =

(2) Für $\varphi = 2 = (2 - \pi/2) + \pi/2$ ist $\delta = 2 - \pi/2$ (>0), $2n+1 = 1$, $\psi =$ $= \arctan[\sqrt{2}\tan(2 - \pi/2)] = 0.5744223221$, Tastenfolge 2 − π ÷ 2 = STO 01 Rad tan X 2 √x = und dann INV tan A' oder hier auch [vgl. Abschnitt (c)] STO 27. Ferner ist $h = \sin\delta\cos\delta/\sqrt{1 - \frac{1}{2}\cos^2\delta} = 0.4940666815$, Tastenfolge RCL 01 sin X RCL 01 cos ÷ (1 − RCL 01 cos x² ÷ 2) √x = STO 02. Nach der Reduktionsformel kommt $C(2|1/2) =$ $= C(\psi|1/2) + C(1/2) + 4h = 1.363134993$ (in Übereinstimmung mit Beispiel 2.2-5), Tastenfolge (Fortsetzung) .5 E' + RCL 00 + 4 X RCL 02 =

(3) Für $\varphi = -4 = (3\pi/2 - 4) - 3\pi/2$ ist $\delta = 3\pi/2 - 4$ (>0), $2n+1 = -3$, $\psi = \arctan[\sqrt{2}\tan(3\pi/2 - 4)] = 0.8847545348$, Tastenfolge 1.5 X π − 4 = STO 01 Rad tan X 2 √x = und dann INV tan A' oder hier auch [vgl. Abschnitt (c)] STO 27. Ferner ist $h = \sin\delta\cos\delta/\sqrt{1 - \frac{1}{2}\cos^2\delta} = 0.5855831304$, Tastenfolge RCL 01 sin X RCL 01 cos ÷ (1 − RCL 01 cos x² ÷ 2) √x = STO 02. Nach der Reduktionsformel erhält man $C(-4|1/2) = C(\psi|1/2) - 3\,C(1/2) + 4h = 0.3782982263$ (in Übereinstimmung mit Beispiel 2.2-5), Tastenfolge (Fortsetzung) .5 E' − 3 X RCL 00 + 4 X RCL 02 =

Bemerkung: Für $\delta = \pi/2$ liefert Reduktionsformel II die Beziehung $G(n\pi|m; \alpha, \beta) = 2n\,G(m; \alpha, \beta)$, was als Spezialfall der Beziehung aus Beispiel 2.2-6 deutbar ist.

• *Beispiel 2.2-8: Sonderfälle* von $G(\varphi|m; \alpha, \beta)$ sind (für $-\pi/2 \leqslant \varphi \leqslant \pi/2$)

(I) $m = 0$: $G(\varphi|0; \alpha, \beta) = \dfrac{\alpha+\beta}{2}\varphi + \dfrac{\alpha-\beta}{2}\sin\varphi\cos\varphi$

(II) $m = 1$: $G(\varphi|1; \alpha, \beta) = (\alpha - \beta)\sin\varphi + \beta\,\mathrm{arggd}(\varphi)$

mit der inversen Gudermann-Funktion $\mathrm{arggd}(\varphi) = \ln\tan(\varphi/2 + \pi/4)$ [vgl. z.B. Band 3/II]. (Diese Sonderfälle werden in Programm 2.2 automatisch berücksichtigt.)

Spezialfälle:

$F(\varphi|0) = \varphi,$ $\quad F(\varphi|1) = \mathrm{arggd}(\varphi)$ (Beispiel 2.1-7)

$E(\varphi|0) = \varphi,$ $\quad E(\varphi|1) = \sin\varphi$

$B(\varphi|0) = \frac{1}{2}(\varphi + \sin\varphi\cos\varphi),$ $\quad B(\varphi|1) = \sin\varphi$

$D(\varphi|0) = \frac{1}{2}(\varphi - \sin\varphi\cos\varphi),$ $\quad D(\varphi|1) = \mathrm{arggd}(\varphi) - \sin\varphi$

$\lim_{m\to 0} m\,C(\varphi|m) = -\sin\varphi\cos\varphi$ $\quad C(\varphi|1) = \mathrm{arggd}(\varphi) - 2\sin\varphi$

Mit den Beziehungen $E(1|0) = 1$, $E(\pi/6|1) = 1/2$ und $B(\pi/6|1) = 1/2$ teste man die entsprechenden Routinen. –

Man erhält $E(1|0) = 1$, Tastenfolge 1 A' 0 C; ferner $E(\pi/6|1) = 0.5$, Tastenfolge $\pi \div 6 =$ A' 1 C; schließlich $B(\pi/6|1) = 0.5$, Tastenfolge $\pi \div 6 =$ A' 1 B

- *Beispiel 2.2-9:* Funktionalgleichung *(Reflexionsformel I):*

$$G(\varphi|m;\alpha,\beta) = \frac{1}{\sqrt{1-m}}\, G\left(\psi \,\middle|\, \frac{m}{m-1};\beta,\alpha\right) + (\alpha-\beta)\,h$$

$$(-\pi/2 \leqslant \varphi \leqslant \pi/2,\ m < 1;\ \alpha, \beta \text{ beliebig})$$

mit $\psi = \arctan(\sqrt{1-m}\tan\varphi)$ $(-\pi/2 \leqslant \psi \leqslant \pi/2)$ und $h = \dfrac{\sin\varphi\cos\varphi}{\sqrt{1-m\sin^2\varphi}} = \dfrac{\sin\psi\cos\psi}{\sqrt{1-m\cos^2\psi}}$.

Spezialfälle: $F(\varphi|m) = \dfrac{1}{\sqrt{1-m}}\, F\left(\psi\,\middle|\,\dfrac{m}{m-1}\right)$ (Beispiel 2.1-8),

$$E(\varphi|m) = \sqrt{1-m}\, E\left(\psi\,\middle|\,\frac{m}{m-1}\right) + mh,$$

$$B(\varphi|m) = \frac{1}{\sqrt{1-m}}\, D\left(\psi\,\middle|\,\frac{m}{m-1}\right) + h,$$

$$D(\varphi|m) = \frac{1}{\sqrt{1-m}}\, B\left(\psi\,\middle|\,\frac{m}{m-1}\right) - h,$$

$$C(\varphi|m) = \frac{1}{(1-m)^{3/2}}\, C\left(\psi\,\middle|\,\frac{m}{m-1}\right) - \frac{2}{m}h.$$

Man teste die G-Routine mit der Berechnung von $C(1|-3)$. [Hinweis: nach Gl. (2.55) ist $C(\varphi|m) = G(\varphi|m;-1/m, 1/m)$.] –
Für die Reflexion wird $\psi = \arctan(2\tan 1) = 1.260144552$, Tastenfolge 1 Rad tan × 2 = und dann INV tan A' oder hier auch [vgl. Abschnitt (c)] STO 27. Ferner ist $h = \sin 1 \cos 1/\sqrt{1+3\sin^2 1} =$ $= 0.2572202433$, Tastenfolge 1 sin × 1 cos ÷ (1 + 3 × 1 sin x^2) $\sqrt{x}$ = STO 00. Es kommt $C(1|-3) = \frac{1}{8}C(\psi|\frac{3}{4}) + \frac{2}{3}h = 0.1391340484$, Tastenfolge .75 1/x D' +/– C' .75 E' ÷ 8 + 2 ÷ 3 × RCL 00 =

Kontrolle: auf direktem Weg erhält man $C(1|-3) = 0.1391340484$, Tastenfolge 1 A' 3 1/x C' +/– D' 3 +/– E'

- *Beispiel 2.2-10:* Setzt man die Reduktionsformel II (aus Beispiel 2.2-7) für $n = 0$ in die Reflexionsformel I (aus Beispiel 2.2-9) ein, so ergibt sich die folgende *Reflexionsformel II:*

$$G(\varphi|m;\alpha,\beta) = G(m;\alpha,\beta) - \frac{1}{\sqrt{1-m}}\, G\left(\frac{\pi}{2}-\varphi \,\middle|\, \frac{m}{m-1};\beta,\alpha\right)$$

$$(0 \leqslant \varphi \leqslant \pi,\ m < 1;\ \alpha,\beta \text{ beliebig})$$

[Für $\varphi = 0$ erhält man die Reflexionsformel für G aus Beispiel 1.4-6.]

Spezialfälle:
$$F(\varphi|m) = K(m) - \frac{1}{\sqrt{1-m}} F\left(\frac{\pi}{2}-\varphi \,\middle|\, \frac{m}{m-1}\right),$$
$$E(\varphi|m) = E(m) - \sqrt{1-m}\, E\left(\frac{\pi}{2}-\varphi \,\middle|\, \frac{m}{m-1}\right),$$
$$B(\varphi|m) = B(m) - \frac{1}{\sqrt{1-m}} D\left(\frac{\pi}{2}-\varphi \,\middle|\, \frac{m}{m-1}\right),$$
$$D(\varphi|m) = D(m) - \frac{1}{\sqrt{1-m}} B\left(\frac{\pi}{2}-\varphi \,\middle|\, \frac{m}{m-1}\right),$$
$$C(\varphi|m) = C(m) - \frac{1}{(1-m)^{3/2}} C\left(\frac{\pi}{2}-\varphi \,\middle|\, \frac{m}{m-1}\right).$$

Man teste die G-Routine mit der Berechnung von $C(1|-3)$. –
Es kommt $C(1|-3) = C(-3) - \frac{1}{8} C(\frac{\pi}{2} - 1|\frac{3}{4}) = 0.1391340484$ (in Übereinstimmung mit Beispiel 2.2-9), Tastenfolge π ÷ 2 = A' 3 1/x C' +/– D' 3 +/– E' – (π ÷ 2 – 1) A' .75 1/x D' +/– C' .75 E' ÷ 8 =

- *Beispiel 2.2-11:* Durch Kombination der Reflexionsformeln I und II (aus Beispiel 2.2-9 und 10) erhält man folgende *Reflexionsformel III:*

$$G(\varphi|m;\alpha,\beta) = G(m;\alpha,\beta) - G(\chi|m;\alpha,\beta) + (\alpha-\beta)\,h$$
$$(-\pi/2 \leqslant \varphi \leqslant \pi/2,\ m<1;\ \alpha,\beta \text{ beliebig})$$

mit $\chi = \arctan\left(\frac{1}{\sqrt{1-m}\tan\varphi}\right)$ $(-\pi/2 \leqslant \chi \leqslant \pi/2)$ und $h = \frac{\sin\varphi\cos\varphi}{\sqrt{1-m\sin^2\varphi}} = \frac{\sin\chi\cos\chi}{\sqrt{1-m\sin^2\chi}}$.

[Für ψ aus Reflexionsformel I gilt $\psi = \pi/2 - \chi$.]

Spezialfälle:
$$F(\varphi|m) = K(m) - F(\chi|m),$$
$$E(\varphi|m) = E(m) - E(\chi|m) + mh,$$
$$B(\varphi|m) = B(m) - B(\chi|m) + h,$$
$$D(\varphi|m) = D(m) - D(\chi|m) - h,$$
$$C(\varphi|m) = C(m) - C(\chi|m) - \frac{2}{m} h.$$

Man teste die G-Routine mit der Berechnung von $C(1|-3)$. –
Für die Reflexion wird $\chi = \arctan[1/(2\tan 1)] = 0.3106517743$, Tastenfolge 1 Rad tan X 2 = 1/x und dann INV tan A' oder hier auch [vgl. Abschnitt (c)] STO 27. Ferner ist $h = \sin 1 \cos 1/\sqrt{1+3\sin^2 1} = 0.2572202433$, Tastenfolge 1 sin X 1 cos ÷ (1 + 3 X 1 sin x^2) $\sqrt{x}$ = STO 00. Es kommt $C(1|-3) = -C(\chi|-3) + C(-3) + (2/3)\,h = -G(\chi|-3; 1/3, -1/3) + G(\pi/2|-3; 1/3, -1/3) + (2/3)\,h = 0.1391340484$ (in Übereinstimmung mit Beispiel 2.2-9), Tastenfolge 3 1/x C' +/– D' 3 +/– E' +/– + (π ÷ 2) A' 3 +/– E' + 2 ÷ 3 X RCL 00 =

- *Beispiel 2.2-12:* Vertauscht man in der Integraldarstellung für G (Gl. 2.50) im Integranden die Funktionen sin und cos, so erhält man das Integral

$$\int_0^{\varphi} \frac{\alpha\sin^2 t + \beta\cos^2 t}{\sqrt{1-m\cos^2 t}}\,dt = \int_{\pi/2-\varphi}^{\pi/2} \frac{\alpha\cos^2 t + \beta\sin^2 t}{\sqrt{1-m\sin^2 t}}\,dt = G(m;\alpha,\beta) - G(\tfrac{\pi}{2}-\varphi|m;\alpha,\beta) =$$
$$= \frac{1}{\sqrt{1-m}}\, G(\varphi|\tfrac{m}{m-1};\beta,\alpha) \qquad (m<1;\ \alpha,\beta \text{ beliebig})$$

[Bei der letzten Umformung wurde die Reflexionsformel II aus Beispiel 2.2-10 benutzt. Andere Herleitung: im ersten Integranden ist $\sqrt{1-m\cos^2 t} = \sqrt{1-m+m\sin^2 t} = \sqrt{1-m}\sqrt{1-\frac{m}{m-1}\sin^2 t}$.]

Spezialfälle:

$$(\alpha=\beta=1:)\qquad \int_0^{\varphi} \frac{dt}{\sqrt{1-m\cos^2 t}} = K(m) - F(\tfrac{\pi}{2}-\varphi|m) = \frac{1}{\sqrt{1-m}}\,F(\varphi|\tfrac{m}{m-1})$$

$$(\alpha=1,\ \beta=1-m:)\qquad \int_0^{\varphi} \sqrt{1-m\cos^2 t}\,dt = E(m) - E(\tfrac{\pi}{2}-\varphi|m) = \sqrt{1-m}\,E(\varphi|\tfrac{m}{m-1})$$

$$(\alpha=1,\ \beta=0:)\qquad \int_0^{\varphi} \frac{\sin^2 t}{\sqrt{1-m\cos^2 t}}\,dt = B(m) - B(\tfrac{\pi}{2}-\varphi|m) = \frac{1}{\sqrt{1-m}}\,D(\varphi|\tfrac{m}{m-1})$$

$$(\alpha=0,\ \beta=1:)\qquad \int_0^{\varphi} \frac{\cos^2 t}{\sqrt{1-m\cos^2 t}}\,dt = D(m) - D(\tfrac{\pi}{2}-\varphi|m) = \frac{1}{\sqrt{1-m}}\,B(\varphi|\tfrac{m}{m-1})$$

$$(\alpha=-\tfrac{1}{m},\ \beta=\tfrac{1}{m}:)\qquad \frac{1}{m}\int_0^{\varphi} \frac{\cos^2 t-\sin^2 t}{\sqrt{1-m\cos^2 t}}\,dt = \int_0^{\varphi} \frac{\sin^2 t\cos^2 t}{(1-m\cos^2 t)^{3/2}}\,dt = C(m) - C(\tfrac{\pi}{2}-\varphi|m) =$$

$$= \frac{1}{(1-m)^{3/2}}\,C(\varphi|\tfrac{m}{m-1})$$

Man berechne das Integral $P = \int_0^{\pi/6} \sqrt{1+3\cos^2 t}\,dt$. –

Mit $\varphi=\pi/6$ und $m=-3$ kommt $P = 2\,E(\pi/6|3/4) = 1.012184145$, Tastenfolge $\pi \div 6 =$ A' .75 C × 2 =

Kontrolle: Die alternative Berechnungsart ergibt $P = E(-3) - E(\pi/3|-3) = E(\pi/2|-3) - E(\pi/3|-3) = 1.012184145$, Tastenfolge $\pi \div 2 =$ A' 3 +/– C – ($\pi \div 3$) A' 3 +/– C =

• *Beispiel 2.2-13:* Bogenlänge einer Ellipse. Eine Ellipse mit den Halbachsen a und b (Bild 2.2-5) wird in normaler Lage beschrieben durch die cartesische Gleichung $x^2/a^2 + y^2/b^2 = 1$. Dazu äquivalent ist die Parameter-Darstellung $x = a\sin t$, $y = b\cos t$ (mit dem Parameter t, der nach Bild 2.2-5 geometrisch als Winkel im affinen Inkreis oder Umkreis deutbar ist). Die Bogenlänge zwischen dem Nebenscheitel B und dem allgemeinen Punkt P_1 (mit Parameter t_1) ist

$$s_1 = \int_0^{t_1} \sqrt{\dot{x}^2+\dot{y}^2}\,dt = \int_0^{t_1} \sqrt{a^2\cos^2 t + b^2\sin^2 t}\,dt = \int_0^{t_1} \sqrt{a^2-(a^2-b^2)\sin^2 t}\,dt = a\int_0^{t_1} \sqrt{1-e^2\sin^2 t}\,dt$$

mit der (numerischen) Exzentrizität $e = \sqrt{a^2-b^2}/a$.

Nach Gl. (2.6) folgt $s_1 = a\,E(t_1|e^2)$. Man berechne die Bogenlänge s_1 einer Ellipse zwischen Nebenscheitel B und dem Punkt P_1 ($x_1 = 2$, $y_1 = \sqrt{20}/3$), wenn die Halbachsen gegeben sind durch $a = 3$ und $b = 2$. –

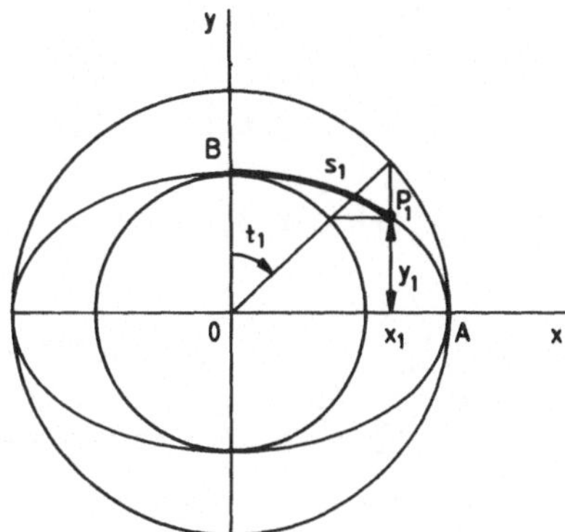

Bild 2.2-5
Bogenlänge einer Ellipse

Man überzeugt sich zunächst, daß der Punkt P_1 tatsächlich auf der Ellipse liegt, indem seine Koordinaten x_1, y_1 die Ellipsengleichung $x^2/9 + y^2/4 = 1$ erfüllen: $4/9 + (20/9)/4 = 1$. Der Parameterwert t_1 folgt aus $t_1 = \arcsin(x_1/a) = \arcsin(2/3) = 0.7297276562$ (im Bogenmaß) oder auch aus $t_1 = \arccos(y_1/b) = \arccos(\sqrt{20}/6)$. Die Exzentrizität ist $e = \sqrt{5}/3$, ihr Quadrat ist $e^2 = 5/9$. Somit wird die Bogenlänge $s_1 = 3\,E(\arcsin(2/3)\,|\,5/9) = 2.088076642$, Tastenfolge 2 ÷ 3 = Rad INV sin A' 5 ÷ 9 = C X 3 =

- *Beispiel 2.2-14: Aufsteigende Landen-Transformation.* [Eine quadratische Transformation. Zur Bezeichnung ‚aufsteigend' vgl. Beispiel 1.4-9.] Mit den Abkürzungen $k = \sqrt{m}$ und $M = 4k/(1+k)^2$ gilt die Funktionalgleichung

$$G(\varphi\,|\,m;\alpha,\beta) = \frac{2}{(1+k)\,k}\,G(\psi\,|\,M;(1+k)\,\alpha-\beta,\beta-(1-k)\,\alpha) - (\alpha-\beta)\,h$$

$$(-\pi \leqslant \varphi \leqslant \pi,\ 0 < m < 1;\ \alpha,\beta \text{ beliebig})$$

mit $\psi = \frac{1}{2}[\varphi + \arcsin(k\sin\varphi)]\ (-\frac{\pi}{2} \leqslant \psi \leqslant \frac{\pi}{2})$ und $h = \frac{1}{k}\sin\varphi = \frac{1}{k}\,\dfrac{1+\sqrt{1-M}}{\sqrt{1-M\sin^2\psi}}\sin\psi\cos\psi$.

Spezialfälle:
$$F(\varphi\,|\,m) = \frac{2}{1+k}\,F(\psi\,|\,M),$$
$$E(\varphi\,|\,m) = (1+k)\,E(\psi\,|\,M) + (1-k)\,F(\psi\,|\,M) - mh,$$
$$B(\varphi\,|\,m) = \frac{2}{k}\left[B(\psi\,|\,M) - \frac{1-k}{1+k}\,D(\psi\,|\,M)\right] - h,$$
$$D(\varphi\,|\,m) = \frac{8}{(1+k)^3}\,C(\psi\,|\,M) + h = \frac{2}{(1+k)\,k}\,[D(\psi\,|\,M) - B(\psi\,|\,M)] + h.$$

Man teste die G-Routine mit der Berechnung von $G(\frac{\pi}{4}\,|\,\frac{1}{9};-1,2)$. –

Für $\varphi = \pi/4$ und $m = 1/9$ wird $k = 1/3$, $M = 3/4$, $h = 3/\sqrt{2}$ und $\psi = \frac{1}{2}[\frac{\pi}{4} + \arcsin(\frac{1}{3\sqrt{2}})] = 0.5116696441$, Tastenfolge 1 ÷ 3 ÷ 2 $\sqrt{x}$ = Rad INV sin + π ÷ 4 = ÷ 2 = A'. Es kommt $G(\pi/4\,|\,1/9;-1,2) = (9/2)\,G(\psi\,|\,3/4;-10/3,8/3) + 3h = 3\,G(\psi\,|\,3/4;-5,4) + 9/\sqrt{2} = -0.3577867274$, Tastenfolge 5 +/− C' 4 D' .75 E' X 3 + 9 ÷ 2 $\sqrt{x}$ =

Kontrolle: auf direktem Weg erhält man $G(\pi/4\,|\,1/9;-1,2) = -0.3577867274$, Tastenfolge π ÷ 4 = A' 1 +/− C' 2 D' 9 1/x E'

- *Beispiel 2.2-15:* Die aufsteigende Landen-Transformation aus Beispiel 2.2-14 ergibt für C die Beziehung

$$C(\varphi|m) = \frac{2}{(1+k)\,m}\left[\frac{8}{(1+k)^2}\,C(\psi|M) - F(\psi|M)\right] + \frac{2}{m}h \qquad (-\pi \leqslant \varphi \leqslant \pi,\ 0 < m < 1)$$

oder einfacher $C(\varphi|m) = \frac{2}{(1+k)\,m}\,G(\psi|M; -1-\frac{2}{k}, -1+\frac{2}{k}) + \frac{2}{m}h$ (mit k, M, ψ, h wie in Beispiel 2.2-14). Man berechne $C(\frac{\pi}{6}|\frac{1}{4})$. –

Für $\varphi = \pi/6$ und $m = 1/4$ wird $k = 1/2$, $M = 8/9$, $h = 1$ und $\psi = \frac{1}{2}\,[\frac{\pi}{6} + \arcsin(\frac{1}{4})] = 0.3881395154$, Tastenfolge 4 1/x Rad INV sin + π ÷ 6 = ÷ 2 = A'. Es ergibt sich $C(\pi/6|1/4) =$ $(16/3)\,G(\psi|8/9; -5, 3) + 8 = -1.748220358$, Tastenfolge 5 +/– C' 3 D' 8 ÷ 9 = E' X 16 ÷ 3 + 8 =

Kontrolle: auf direktem Weg erhält man $C(\pi/6|1/4) = G(\pi/6|1/4; -4, 4) = -1.748220358$, Tastenfolge π ÷ 6 = A' 4 +/– C' 4 D' 1/x E'

- *Beispiel 2.2-16: Absteigende Landen-Transformation.* [Umkehrung zur aufsteigenden Landen-Transformation aus Beispiel 2.2-14. Eine quadratische Transformation. Zur Bezeichnung ‚absteigend' vgl. Beispiel 1.4-12.] Mit den Abkürzungen $\kappa = \sqrt{1-m}$ und $\mu = [(1-\kappa)/(1+\kappa)]^2$ gilt die Funktionalgleichung

$$G(\varphi|m;\alpha,\beta) = \frac{1}{1+\kappa}\,G\left(\psi|\mu; \frac{\alpha+\beta}{2}, \frac{\beta+\alpha\kappa}{1+\kappa}\right) + \frac{\alpha-\beta}{2}h \qquad (-\tfrac{\pi}{2} \leqslant \varphi \leqslant \tfrac{\pi}{2},\ m < 1)$$

mit $\psi = \varphi + \arctan(\kappa\,\tan\varphi)$ $(-\pi \leqslant \psi \leqslant \pi)$ und $h = \frac{\sin\varphi\cos\varphi}{\sqrt{1-m\sin^2\varphi}} = \frac{\sin\psi}{1+\kappa}$.

Spezialfälle:

$$F(\varphi|m) = \frac{1}{1+\kappa}\,F(\psi|\mu),$$

$$E(\varphi|m) = \frac{1+\kappa}{2}\,E(\psi|\mu) - \frac{\kappa}{1+\kappa}\,F(\psi|\mu) + \frac{m}{2}h,$$

$$B(\varphi|m) = \frac{1}{1+\kappa}\,[\tfrac{1}{2}B(\psi|\mu) + \tfrac{\kappa}{1+\kappa}D(\psi|\mu)] + \tfrac{1}{2}h,$$

$$D(\varphi|m) = \frac{1}{1+\kappa}\,[\tfrac{1}{2}B(\psi|\mu) + \tfrac{1}{1+\kappa}D(\psi|\mu)] - \tfrac{1}{2}h.$$

Man teste die G-Routine mit der Berechnung von $G(\frac{\pi}{4}|\frac{3}{4}; -1, 2)$. –

Für $\varphi = \pi/4$ und $m = 3/4$ wird $\kappa = 1/2$, $\mu = 1/9$, $h = \sqrt{2/5}$ und $\psi = \pi/4 + \arctan(1/2) =$ $= 1.249045772$, Tastenfolge π ÷ 4 + .5 Rad INV tan = A'. Es kommt $G(\pi/4|3/4; -1, 2) =$ $= (2/3)\,G(\psi|1/9; 1/2, 1) - 3/\sqrt{10} = -0.3592253746$, Tastenfolge .5 C' 1 D' 9 1/x E' X 2 ÷ 3 – 3 ÷ 10 √x =

Kontrolle: auf direktem Weg erhält man $G(\pi/4|3/4; -1, 2) = -0.3592253746$, Tastenfolge π ÷ 4 = A' 1 +/– C' 2 D' .75 E'

- *Beispiel 2.2-17:* Die absteigende Landen-Transformation aus Beispiel 2.2-16 ergibt für C die Beziehung

$$C(\varphi|m) = \frac{1}{(1+\kappa)^3}\,D(\psi|\mu) - \frac{1}{m}h \qquad (-\pi/2 \leqslant \varphi \leqslant \pi/2,\ m \leqslant 1)$$

(mit κ, μ, ψ, h wie in Beispiel 2.2-16). Man teste die D-Routine mit der Berechnung von $C(1|-3)$. –

Für $\varphi = 1$ und $m = -3$ wird $\kappa = 2$, $\mu = 1/9$, $h = \sin 1 \cos 1/\sqrt{1 + 3\sin^2 1}$ und $\psi = 1 + \arctan(2\tan 1) = 2.260144552$, Tastenfolge 1 Rad tan X 2 = INV tan + 1 = STO 00. Hier ist nun $\psi > \pi/2 = 1.57\ldots$, so daß eine Reduktion der Amplitude vorzunehmen ist: Reduktionsformel I aus Beispiel 2.2-5 ergibt $D(\psi | 1/9) = D(\psi - \pi | 1/9) + 2\,D(1/9)$. Somit erhält man $C(1|-3) = (1/27)\,[D(\psi - \pi | 1/9) + 2\,D(1/9)] + (1/3)\,h = 0.1391340484$ (in Übereinstimmung mit Beispiel 2.2-9), Tastenfolge RCL 00 − π = A' 9 1/x D + (π ÷ 2) A' 9 1/x D X 2 = ÷ 27 + 1 sin X 1 cos ÷ (1 + 3 X 1 sin x²) √x ÷ 3 =

• *Beispiel 2.2-18: Aufsteigende Gauß-Transformation.* [Eine quadratische Transformation. Zur Bezeichnung ,aufsteigend' vgl. Beispiel 1.4-9.] Mit den Abkürzungen $k = \sqrt{m}$ und $M = 4k/(1+k)^2$ gilt die Funktionalgleichung

$$G(\varphi | m; \alpha, \beta) = \frac{1}{(1+k)\,k}\,G(\psi | M; (1+k)\,\alpha - \beta, \beta - (1-k)\,\alpha) - (\alpha - \beta)\,h$$

$$(-\pi/2 \leqslant \varphi \leqslant \pi/2,\ 0 < m < 1;\ \alpha, \beta \text{ beliebig})$$

mit $\psi = \arcsin\left(\frac{(1+k)\sin\varphi}{1 + k\sin^2\varphi}\right)\ (-\frac{\pi}{2} \leqslant \psi \leqslant \frac{\pi}{2})$ und $h = \frac{1}{k}\,\frac{\sqrt{1 - m\sin^2\varphi}}{1 + k\sin^2\varphi}\sin\varphi\cos\varphi =$

$$= \frac{1}{k}\,\frac{1 + \sqrt{1-M}}{1 + \sqrt{1 - M\sin^2\psi}}\sin\psi\cos\psi \equiv \frac{1}{k}\,\frac{1 - \sqrt{1 - M\sin^2\psi}}{1 - \sqrt{1-M}}\cot\psi.$$

Spezialfälle: $F(\varphi | m) = \frac{1}{1+k}\,F(\psi | M)$,

$$E(\varphi | m) = \frac{1+k}{2}\,E(\psi | M) + \frac{1-k}{2}\,F(\psi | M) - mh,$$

$$B(\varphi | m) = \frac{1}{k}\left[D(\psi | M) - \frac{1-k}{1+k}\,D(\psi | M)\right] - h,$$

$$D(\varphi | m) = \frac{4}{(1+k)^3}\,C(\psi | M) + h = \frac{1}{(1+k)\,k}\,[D(\psi | M) - B(\psi | M)] + h.$$

Man teste die G-Routine mit der Berechnung von $G(\frac{\pi}{4} | \frac{1}{9}; -1, 2)$. –
Für $\varphi = \pi/4$ und $m = 1/9$ wird $k = 1/3$, $M = 3/4$, $h = (3/7)\sqrt{17/2}$ und $\psi = \arcsin(4\sqrt{2}/7) = 0.9409567928$, Tastenfolge 4 X 2 √x ÷ 7 = Rad INV sin A'. Es kommt $G(\pi/4 | 1/9; -1, 2) = (9/4)\,G(\psi | 3/4; -10/3, 8/3) + 3h = (3/2)\,G(\psi | 3/4; -5, 4) + (9/7)\sqrt{17/2} = -0.3577867274$ (in Übereinstimmung mit Beispiel 2.2-14), Tastenfolge 5 +/− C' 4 D' .75 E' X 1.5 + 9 ÷ 7 X 8.5 √x =

• *Beispiel 2.2-19:* Die aufsteigende Gauß-Transformation aus Beispiel 2.2-18 ergibt für C die Beziehung

$$C(\varphi | m) = \frac{1}{(1+k)\,m}\left[\frac{8}{(1+k)^2}\,C(\psi | M) - F(\psi | M)\right] + \frac{2}{m}\,h \qquad (-\tfrac{\pi}{2} \leqslant \varphi \leqslant \tfrac{\pi}{2},\ 0 < m < 1)$$

oder einfacher $C(\varphi | m) = \frac{1}{(1+k)\,m}\,G(\psi | M; -1 - \frac{2}{k}, -1 + \frac{2}{k}) + \frac{2}{m}\,h$

(mit k, M, ψ, h wie in Beispiel 2.2-18). Man berechne $C(\frac{\pi}{6} | \frac{1}{4})$. –
Für $\varphi = \pi/6$ und $m = 1/4$ wird $k = 1/2$, $M = 8/9$, $h = \sqrt{5}/3$ und $\psi = \arcsin(2/3) = 0.7297276562$, Tastenfolge 2 ÷ 3 = Rad INV sin A'. Es ergibt sich $C(\pi/6 | 1/4) = (8/3)\,G(\psi | 8/9; -5, 3) + 8\sqrt{5}/3 = -1.748220358$ (in Übereinstimmung mit Beispiel 2.2-15), Tastenfolge 5 +/− C' 3 D' 8 ÷ 9 = E' X 8 ÷ 3 + 8 X 5 √x ÷ 3 =

- *Beispiel 2.2-20: Absteigende Gauß-Transformation.* [Umkehrung zur aufsteigenden Gauß-Transformation aus Beispiel 2.2-18: Eine quadratische Transformation. Zur Bezeichnung ‚absteigend' vgl. Beispiel 1.4-12.] Mit den Abkürzungen $\kappa = \sqrt{1-m}$ und $\mu = [(1-\kappa)/(1+\kappa)]^2$ gilt die Funktionalgleichung

$$G(\varphi|m;\alpha,\beta) = \frac{2}{1+\kappa} G\left(\psi|\mu; \frac{\alpha+\beta}{2}, \frac{\beta+\alpha\kappa}{1+\kappa}\right) + (\alpha-\beta)\,h \qquad (-\tfrac{\pi}{2} \leqslant \varphi \leqslant \tfrac{\pi}{2},\ m<1)$$

$$\text{mit} \quad \psi = \arcsin\left(\frac{1-\sqrt{1-m\sin^2\varphi}}{(1-\kappa)\sin\varphi}\right) \ (-\tfrac{\pi}{2} \leqslant \psi \leqslant \tfrac{\pi}{2}) \quad \text{und} \quad h = \frac{\sin\varphi\cos\varphi}{1+\sqrt{1-m\sin^2\varphi}} \equiv$$

$$\equiv \frac{1}{m}\,(1-\sqrt{1-m\sin^2\varphi})\cot\varphi = \frac{1}{1+\kappa}\,\frac{\sqrt{1-\mu\sin^2\psi}}{1+\sqrt{\mu}\sin^2\psi}\sin\psi\cos\psi.$$

Spezialfälle: $F(\varphi|m) = \frac{2}{1+\kappa} F(\psi|\mu),$

$$E(\varphi|m) = (1+\kappa)\,E(\psi|\mu) - \frac{2\kappa}{1+\kappa} F(\psi|\mu) + m h,$$

$$B(\varphi|m) = \frac{1}{1+\kappa}\left[B(\psi|\mu) + \frac{2\kappa}{1+\kappa} D(\psi|\mu)\right] + h,$$

$$D(\varphi|m) = \frac{1}{1+\kappa}\left[B(\psi|\mu) + \frac{2}{1+\kappa} D(\psi|\mu)\right] - h.$$

Man teste die G-Routine mit der Berechnung von $G(\frac{\pi}{4}|\frac{3}{4}; -1, 2)$. –
Für $\varphi = \pi/4$ und $m = 3/4$ wird $\kappa = 1/2$, $\mu = 1/9$, $h = 1/(2+\sqrt{5/2})$ und $\psi = \arcsin(2\sqrt{2}-\sqrt{5}) =$ $= 0.6339838656$, Tastenfolge 2 X $\sqrt{x}$ – 5 $\sqrt{x}$ = Rad INV sin A'. Es kommt $G(\pi/4|3/4; -1, 2) =$ $= (4/3)\,G(\psi|1/9; 1/2, 1) - 3/(2+\sqrt{5/2}) = -0.3592253746$ (in Übereinstimmung mit Beispiel 2.2-16), Tastenfolge .5 C' 1 D' 9 1/x E' X 4 ÷ 3 – 3 ÷ (2 + 2.5 $\sqrt{x}$ =

- *Beispiel 2.2-21:* Die absteigende Gauß-Transformation aus Beispiel 2.2-20 ergibt für C die Beziehung

$$C(\varphi|m) = \frac{2}{(1+\kappa)^3} D(\psi|\mu) - \frac{2}{m} h \qquad (-\tfrac{\pi}{2} \leqslant \varphi \leqslant \tfrac{\pi}{2},\ m \leqslant 1)$$

(mit κ, μ, ψ, h wie in Beispiel 2.2-20). Man teste die D-Routine mit der Berechnung von $C(1|-3)$. –
Für $\varphi = 1$ und $m = -3$ wird $\kappa = 2$, $\mu = 1/9$, $h = \sin 1 \cos 1/(1+\sqrt{1+3\sin^2 1})$ und $\psi = \arcsin[(1-\sqrt{1+3\sin^2 1})/(-\sin 1)] = 1.148495597$, Tastenfolge 1 – (1 + 3 X 1 Rad sin x^2) $\sqrt{x}$ = ÷ 1 sin +/– = INV sin. Es kommt $C(1|-3) = (2/27)\,D(\psi|1/9) + (2/3)\,h = 0.1391340484$ (in Übereinstimmung mit Beispiel 2.2-9), Tastenfolge 9 1/x D X 2 ÷ 27 + 2 ÷ 3 X 1 sin X 1 cos ÷ (1 + (1 + 3 X 1 sin x^2) $\sqrt{x}$ =

- *Beispiel 2.2-22:* Wählt man in Beispiel 2.2-14 $\varphi = \pi/2$, so ergibt sich die Beziehung

$$G(m;\alpha,\beta) = 2\,G\left(\arctan\frac{1}{\sqrt[4]{1-m}}\,\middle|\,m;\alpha,\beta\right) - \frac{\alpha-\beta}{1+\sqrt{1-m}} \qquad (m<1)$$

[Zur Herleitung wird die Identität $\frac{\pi}{4} + \frac{1}{2}\arcsin\frac{1-x}{1+x} = \arctan\frac{1}{\sqrt{x}}$ $(x>0)$ mitbenutzt.]

Spezialfälle:

$$K(m) = 2\,F\left(\arctan \frac{1}{\sqrt[4]{1-m}}\,\middle|\, m\right),$$

$$E(m) = 2\,E\left(\arctan \frac{1}{\sqrt[4]{1-m}}\,\middle|\, m\right) - 1 + \sqrt{1-m},$$

$$B(m) = 2\,B\left(\arctan \frac{1}{\sqrt[4]{1-m}}\,\middle|\, m\right) - \frac{1}{1+\sqrt{1-m}},$$

$$D(m) = 2\,D\left(\arctan \frac{1}{\sqrt[4]{1-m}}\,\middle|\, m\right) + \frac{1}{1+\sqrt{1-m}},$$

$$C(m) = 2\,C\left(\arctan \frac{1}{\sqrt[4]{1-m}}\,\middle|\, m\right) + \frac{2}{m}\,\frac{1}{1+\sqrt{1-m}}.$$

Man teste die G-Routine mit der Berechnung von $C(1/2)$. –
Es kommt $C(1/2) = 2\,C(\arctan \sqrt[4]{2}\,|\,1/2) + 4/(1 + 1/\sqrt{2}) = 0.3192970154$, Tastenfolge 2 $\sqrt{x}$ $\sqrt{x}$ und dann Rad INV tan A' oder hier auch [vgl. Abschnitt (c)] STO 27, ferner 2 D' +/– C' .5 E' X 2 + 4 ÷ (1 + .5 $\sqrt{x}$ =

Kontrolle: auf direktem Weg erhält man $C(1/2) = C(\pi/2\,|\,1/2) = G(\pi/2\,|\,1/2; -2, 2) = = 0.3192970154$, Tastenfolge π ÷ 2 = A' 2 D' +/– C' .5 E'

- *Beispiel 2.2-23:* Nach Gl. (2.55) sind die unvollständigen elliptischen Integrale F, E, A, B, C, D als Sonderfälle des generalisierten Integrals G darstellbar. Weitere unvollständige elliptische Integrale zweiter Gattung, die durch die G-Funktion ausdrückbar sind ($-\pi/2 \leqslant \varphi \leqslant \pi/2$; α, β beliebig):

$$\text{(I)}\quad \int_0^{\varphi} \frac{\alpha \cos^2 t + \beta \sin^2 t}{(1 - m \sin^2 t)^{3/2}}\,dt = \int_0^{F(\varphi|m)} \frac{\alpha\,\mathrm{cn}^2(u|m) + \beta\,\mathrm{sn}^2(u|m)}{\mathrm{dn}^2(u|m)}\,du =$$
$$= G\left(\varphi|m;\ \frac{\beta}{1-m}, \alpha\right) + \left(\alpha - \frac{\beta}{1-m}\right)\frac{\sin\varphi\cos\varphi}{\sqrt{1 - m\sin^2\varphi}} \qquad (m < 1)$$

$$\text{(II)}\quad \int_0^{\varphi} (\alpha\cos^2 t + \beta\sin^2 t)\sqrt{1 - m\sin^2 t}\,dt = \int_0^{F(\varphi|m)} [\alpha\,\mathrm{cn}^2(u|m) + \beta\,\mathrm{sn}^2(u|m)]\,\mathrm{dn}^2(u|m)\,du =$$
$$= G\left(\varphi|m;\ \frac{2\alpha+\beta}{3}, \frac{\alpha+2\beta}{3}(1-m)\right) + \frac{\alpha-\beta}{3}\sin\varphi\cos\varphi\sqrt{1-m\sin^2\varphi} \qquad (m \leqslant 1)$$

Spezialfälle zu (I):

$$\text{(Ia)}\quad (\alpha = \beta = 1:)\quad \int_0^{\varphi} \frac{dt}{(1-m\sin^2 t)^{3/2}} = \int_0^{F(\varphi|m)} \frac{du}{\mathrm{dn}^2(u|m)} = \frac{1}{1-m}\left[E(\varphi|m) - m\,\frac{\sin\varphi\cos\varphi}{\sqrt{1-m\sin^2\varphi}}\right]$$
$$(m < 1)$$

$$\text{(Ib)}\quad (\alpha = 1, \beta = 0:)\quad \int_0^{\varphi} \frac{\cos^2 t}{(1-m\sin^2 t)^{3/2}}\,dt = \int_0^{F(\varphi|m)} \frac{\mathrm{cn}^2(u|m)}{\mathrm{dn}^2(u|m)}\,du = D(\varphi|m) + \frac{\sin\varphi\cos\varphi}{\sqrt{1-m\sin^2\varphi}} \quad (m < 1)$$

(Ic) $(\alpha = 0, \beta = 1:) \int_0^{\varphi} \frac{\sin^2 t}{(1 - m \sin^2 t)^{3/2}} dt = \int_0^{F(\varphi|m)} \frac{\operatorname{sn}^2(u|m)}{\operatorname{dn}^2(u|m)} du =$

$$= \frac{1}{1-m}\left[B(\varphi|m) - \frac{\sin\varphi\cos\varphi}{\sqrt{1 - m\sin^2\varphi}}\right] \qquad (m < 1)$$

Spezialfälle zu (II):

(IIa) $(\alpha = 1, \beta = 0:) \int_0^{\varphi} \cos^2 t \sqrt{1 - m \sin^2 t}\, dt = \int_0^{F(\varphi|m)} \operatorname{cn}^2(u|m)\operatorname{dn}^2(u|m)\, du =$

$$= \frac{1}{3}[E(\varphi|m) + B(\varphi|m)] + \frac{h}{3} =$$

$$= \frac{1}{3m}[(1+m)E(\varphi|m) - (1-m)F(\varphi|m)] + \frac{h}{3} =$$

$$= G\left(\varphi|m; \frac{2}{3}, \frac{1-m}{3}\right) + \frac{h}{3} \text{ mit } h = \sin\varphi\cos\varphi\sqrt{1 - m\sin^2\varphi} \qquad (m \leqslant 1)$$

(IIb) $(\alpha = 0, \beta = 1:) \int_0^{\varphi} \sin^2 t \sqrt{1 - m \sin^2 t}\, dt = \int_0^{F(\varphi|m)} \operatorname{sn}^2(u|m)\operatorname{dn}^2(u|m)\, du =$

$$= \frac{1}{3}[2E(\varphi|m) - B(\varphi|m)] - \frac{h}{3} =$$

$$= \frac{1}{3m}[(2m-1)E(\varphi|m) + (1-m)F(\varphi|m)] - \frac{h}{3} =$$

$$= G\left(\varphi|m; \frac{1}{3}, \frac{2(1-m)}{3}\right) - \frac{h}{3} \text{ mit } h = \sin\varphi\cos\varphi\sqrt{1 - m\sin^2\varphi} \qquad (m \leqslant 1)$$

Man berechne das Integral $Q = \int_0^{\pi/6} \sin^2 t \sqrt{1 + 3\sin^2 t}\, dt$. –

Nach (IIb) kommt (mit $\varphi = \pi/6$ und $m = -3$) $Q = G(\pi/6|-3; 1/3, 8/3) - \sqrt{21}/24 =$ $= 0.0545527017$, Tastenfolge π ÷ 6 = A' 3 1/x C' X 8 = D' 3 +/– E' – 21 √x ÷ 24 =

- *Beispiel 2.2-24:* Weitere unvollständige elliptische Integrale zweiter Gattung, die durch die G-Funktion ausdrückbar sind:

(I) $\int_0^{\varphi} \frac{\sin^2 t \cos^2 t}{\sqrt{1 - m\sin^2 t}} dt = \int_0^{F(\varphi|m)} \operatorname{sn}^2(u|m)\operatorname{cn}^2(u|m)\, du =$

$$= \frac{1}{3m^2}[(2-m)E(\varphi|m) - 2(1-m)F(\varphi|m)] - \frac{h}{3m} =$$

$$= \frac{1}{3m} G(\varphi|m; 1, m-1) - \frac{h}{3m} \text{ mit } h = \sin\varphi\cos\varphi\sqrt{1 - m\sin^2\varphi} \qquad (m \leqslant 1)$$

$$\text{(II)} \quad \int_0^{\varphi} \sin^2 t \cos^2 t \sqrt{1 - m \sin^2 t}\, dt = \int_0^{F(\varphi|m)} sn^2(u|m)\, cn^2(u|m)\, dn^2(u|m)\, du =$$

$$= \frac{1}{15\,m^2}[2(1-m+m^2)\,E(\varphi|m) - (1-m)(2-m)\,F(\varphi|m)] - \frac{h}{15\,m}(1+m-3\,m\sin^2\varphi) =$$

$$= \frac{1}{15\,m}\,G(\varphi|m;\, 1+m,\, m(3-2\,m)-1) - \frac{h}{15\,m}(1+m-3\,m\sin^2\varphi) \qquad (m \leqslant 1)$$

mit $h = \sin\varphi\cos\varphi\sqrt{1 - m\sin^2\varphi}$

(Gröbner-Hofreiter). Man berechne das Integral $R = \int_0^{\pi/6} \sin^2 t \cos^2 t \sqrt{1 + 3\sin^2 t}\, dt$. –

Nach (II) kommt (mit $\varphi = \pi/6$ und $m = -3$) $R = +\frac{1}{45}\,G(\pi/6|\,-3;\, +2,\, +28) + \sqrt{21}/1440 =$
$= 0.045991765$, Tastenfolge $\pi \div 6 =$ A' 2 C' 28 D' 3 +/– E' $\div$ 45 + 21 $\sqrt{x}$ $\div$ 1440 =

• *Beispiel 2.2-25:* Weitere unvollständige elliptische Integrale zweiter Gattung, die durch die G-Funktion ausdrückbar sind:

$$\text{(I)} \quad \int_0^{\varphi} \frac{\alpha + \beta\tan^2 t}{\sqrt{1 - m\sin^2 t}}\, dt = \int_0^{F(\varphi|m)} \left[\alpha + \beta\,\frac{sn^2(u|m)}{cn^2(u|m)}\right] du =$$

$$= G\left(\varphi|m;\, \alpha - \frac{\beta}{1-m},\, \alpha - \beta\right) + \beta\,\frac{\tan\varphi}{1-m}\sqrt{1 - m\sin^2\varphi} \qquad (m < 1)$$

$$\text{(II)} \quad \int_0^{\varphi} (\alpha + \beta\tan^2 t)\sqrt{1 - m\sin^2 t}\, dt = \int_0^{F(\varphi|m)} \left[\alpha + \beta\,\frac{sn^2(u|m)}{cn^2(u|m)}\right] dn^2(u|m)\, du =$$

$$= G(\varphi|m;\, \alpha-\beta,\, \alpha-\beta+(2\beta-\alpha)\,m) + \beta\tan\varphi\sqrt{1 - m\sin^2\varphi} \qquad (m \leqslant 1)$$

Spezialfälle zu (I):

$$\text{(Ia)} \quad (\alpha = \beta = 1:) \quad \int_0^{\varphi} \frac{dt}{\cos^2 t\sqrt{1 - m\sin^2 t}} = \int_0^{F(\varphi|m)} \frac{du}{cn^2(u|m)} =$$

$$= \frac{1}{1-m}[\tan\varphi\sqrt{1 - m\sin^2\varphi} - m\,B(\varphi|m)] \quad (m < 1)$$

$$\text{(Ib)} \quad (\alpha = 1,\, \beta = 1-m:) \int_0^{\varphi} \frac{\sqrt{1 - m\sin^2 t}}{\cos^2 t}\, dt = \int_0^{F(\varphi|m)} \frac{dn^2(u|m)}{cn^2(u|m)}\, du =$$

$$= m\,D(\varphi|m) + \tan\varphi\sqrt{1 - m\sin^2\varphi} \qquad (m < 1)$$

$$\text{(Ic)} \quad (\alpha = 0,\, \beta = 1:) \quad \int_0^{\varphi} \frac{\tan^2 t}{\sqrt{1 - m\sin^2 t}}\, dt = \int_0^{F(\varphi|m)} \frac{sn^2(u|m)}{cn^2(u|m)}\, du =$$

$$= \frac{1}{1-m}[\tan\varphi\sqrt{1 - m\sin^2\varphi} - E(\varphi|m)] \quad (m < 1)$$

Spezialfälle zu (II):

(IIa) $(\alpha = 0, \beta = 1:)$ $\displaystyle\int_0^{\varphi} \tan^2 t \sqrt{1 - m \sin^2 t}\, dt = \int_0^{F(\varphi|m)} \frac{\operatorname{sn}^2(u|m)\operatorname{dn}^2(u|m)}{\operatorname{cn}^2(u|m)}\, du =$

$$= F(\varphi|m) - 2\,E(\varphi|m) + h = m\,D(\varphi|m) - E(\varphi|m) + h =$$
$$= G(\varphi|m; -1, 2m-1) + h \quad \text{mit} \quad h = \tan\varphi\sqrt{1 - m\sin^2\varphi} \qquad (m \leqslant 1)$$

(IIb) $(\alpha = 1, \beta = 1 - m:)$ $\displaystyle\int_0^{\varphi} \frac{(1 - m\sin^2 t)^{3/2}}{\cos^2 t}\, dt = \int_0^{F(\varphi|m)} \frac{\operatorname{dn}^4(u|m)}{\operatorname{cn}^2(u|m)}\, du =$

$$= (2m-1)\,E(\varphi|m) + (1-m)\,[F(\varphi|m) + h] =$$
$$= G(\varphi|m; m, 2m(1-m)) + (1-m)\,h \quad \text{mit} \quad h = \tan\varphi\sqrt{1 - m\sin^2\varphi} \qquad (m \leqslant 1)$$

Man berechne das Integral $S = \displaystyle\int_0^{\pi/6} \tan^2 t \sqrt{1 + 3\sin^2 t}\, dt$. –

Nach (IIa) kommt (mit $\varphi = \pi/6$ und $m = -3$) $S = G(\pi/6|-3; -1, -7) + \sqrt{21}/6 = 0.0650711989$, Tastenfolge $\pi \div 6 =$ A' 1 +/– C' 7 +/– D' 3 +/– E' + 21 $\sqrt{x}$ $\div$ 6 =

- *Beispiel 2.2-26:* Weitere unvollständige Integrale zweiter Gattung, die durch die G-Funktion ausdrückbar sind:

(I) $\displaystyle\int_{\varphi}^{\pi/2} \frac{\alpha + \beta\cot^2 t}{\sqrt{1 - m\sin^2 t}}\, dt = \int_{F(\varphi|m)}^{K(m)} \left[\alpha + \beta\frac{\operatorname{cn}^2(u|m)}{\operatorname{sn}^2(u|m)}\right] du =$

$$= G(m; \alpha - \beta, \alpha + (m-1)\beta) - G(\varphi|m; \alpha - \beta, \alpha + (m-1)\beta) + \beta h =$$
$$= \frac{1}{\sqrt{1-m}}\, G\left(\frac{\pi}{2} - \varphi \,\middle|\, \frac{m}{m-1}; \alpha + (m-1)\beta, \alpha - \beta\right) + \beta h$$

mit $h = \cot\varphi\sqrt{1 - m\sin^2\varphi}$ $\qquad (m < 1)$

(II) $\displaystyle\int_{\varphi}^{\pi/2} (\alpha + \beta\cot^2 t)\sqrt{1 - m\sin^2 t}\, dt = \int_{F(\varphi|m)}^{K(m)} \left[\alpha + \beta\frac{\operatorname{cn}^2(u|m)}{\operatorname{sn}^2(u|m)}\right] \operatorname{dn}^2(u|m)\, du =$

$$= G(m; \alpha - (1+m)\beta, (\alpha - \beta)(1-m)) - G(\varphi|m; \alpha - (1+m)\beta, (\alpha - \beta)(1-m)) + \beta h =$$
$$= \frac{1}{\sqrt{1-m}}\, G\left(\frac{\pi}{2} - \varphi \,\middle|\, \frac{m}{m-1}; (\alpha - \beta)(1-m), \alpha - (1+m)\beta\right) + \beta h$$

mit $h = \cot\varphi\sqrt{1 - m\sin^2\varphi}$ $\qquad (m < 1)$

Spezialfälle zu (I):

(Ia) $(\alpha=\beta=1:)$ $$\int_{\varphi}^{\pi/2}\frac{dt}{\sin^2 t\sqrt{1-m\sin^2 t}}=\int_{F(\varphi|m)}^{K(m)}\frac{du}{sn^2(u|m)}=m[D(m)-D(\varphi|m)]+h=$$
$$=\frac{m}{\sqrt{1-m}}B\left(\frac{\pi}{2}-\varphi\,\middle|\,\frac{m}{m-1}\right)+h \quad \text{mit} \quad h=\cot\varphi\sqrt{1-m\sin^2\varphi} \qquad (m<1)$$

(Ib) $(\alpha=1-m,\beta=1:)$ $$\int_{\varphi}^{\pi/2}\frac{\sqrt{1-m\sin^2 t}}{\sin^2 t}dt=\int_{F(\varphi|m)}^{K(m)}\frac{dn^2(u|m)}{sn^2(u|m)}du=h-m[B(m)-B(\varphi|m)]=$$
$$=h-\frac{m}{\sqrt{1-m}}D\left(\frac{\pi}{2}-\varphi\,\middle|\,\frac{m}{m-1}\right) \qquad (m<1)$$

(Ic) $(\alpha=0,\beta=1:)$ $$\int_{\varphi}^{\pi/2}\frac{\cot^2 t}{\sqrt{1-m\sin^2 t}}dt=\int_{F(\varphi|m)}^{K(m)}\frac{cn^2(u|m)}{sn^2(u|m)}du=h-E(m)+E(\varphi|m)=$$
$$=h-\sqrt{1-m}\,E\left(\frac{\pi}{2}-\varphi\,\middle|\,\frac{m}{m-1}\right) \quad \text{mit} \quad h=\cot\varphi\sqrt{1-m\sin^2\varphi} \qquad (m<1)$$

(Id) $(\alpha=1,\beta=0:)$ $$\int_{\varphi}^{\pi/2}\frac{dt}{\sqrt{1-m\sin^2 t}}=\int_{F(\varphi|m)}^{K(m)}du=K(m)-F(\varphi|m)=\frac{1}{\sqrt{1-m}}F\left(\frac{\pi}{2}-\varphi\,\middle|\,\frac{m}{m-1}\right)$$
$(m<1)$

Spezialfälle zu (II):

(IIa) $(\alpha=0,\beta=1:)$ $$\int_{\varphi}^{\pi/2}\cot^2 t\sqrt{1-m\sin^2 t}\,dt=\int_{F(\varphi|m)}^{K(m)}\frac{cn^2(u|m)\,dn^2(u|m)}{sn^2(u|m)}du=$$
$$=(1-m)[K(m)-F(\varphi|m)]-2[E(m)-E(\varphi|m)]+h$$
$$=\sqrt{1-m}\left[F\left(\frac{\pi}{2}-\varphi\,\middle|\,\frac{m}{m-1}\right)-2E\left(\frac{\pi}{2}-\varphi\,\middle|\,\frac{m}{m-1}\right)\right]+h$$
$$=G(m;-1-m,-1+m)-G(\varphi|m;-1-m,-1+m)+h$$
$$=\frac{1}{\sqrt{1-m}}G\left(\frac{\pi}{2}-\varphi\,\middle|\,\frac{m}{m-1};-1+m,-1-m\right)+h \quad \text{mit} \quad h=\cot\varphi\sqrt{1-m\sin^2\varphi} \quad (m<1)$$

(IIb) $(\alpha=1,\beta=0:)$ $$\int_{\varphi}^{\pi/2}\sqrt{1-m\sin^2 t}\,dt=\int_{F(\varphi|m)}^{K(m)}dn^2(u|m)\,du=E(m)-E(\varphi|m)=$$
$$=\sqrt{1-m}\,E\left(\frac{\pi}{2}-\varphi\,\middle|\,\frac{m}{m-1}\right) \qquad (m<1)$$

(IIc) $(\alpha = 1 - m, \beta = 1:)$ $\displaystyle\int_{\varphi}^{\pi/2} \frac{(1 - m\sin^2 t)^{3/2}}{\sin^2 t}\, dt = \int_{F(\varphi|m)}^{K(m)} \frac{dn^4(u|m)}{sn^2(u|m)}\, du =$

$$= (1-m)\,[K(m) - F(\varphi|m)] - (1+m)\,[E(m) - E(\varphi|m)] + h$$

$$= \sqrt{1-m}\left[F\left(\frac{\pi}{2} - \varphi|m\right) - (1+m)\,E\left(\frac{\pi}{2} - \varphi|m\right)\right] + h$$

$$= -m\,[G(m; 2, 1-m) - G(\varphi|m; 2, 1-m)] + h$$

$$= -\frac{m}{\sqrt{1-m}}\,G\left(\frac{\pi}{2} - \varphi \,\middle|\, \frac{m}{m-1}; 1-m, 2\right) + h \quad \text{mit} \quad h = \cot\varphi\sqrt{1 - m\sin^2\varphi} \qquad (m < 1)$$

Man berechne das Integral $U = \displaystyle\int_{\pi/6}^{\pi/2} \cot^2 t\sqrt{1 + 3\sin^2 t}\, dt$. –

Nach (IIa) kommt (mit $\varphi = \pi/6$ und $m = -3$) $U = \frac{1}{2}\,G(\pi/3|3/4; -4, 2) + \sqrt{21}/2 = 1.042907901$, Tastenfolge $\pi \div 3 =$ A' 4 +/– C' 2 D' .75 E' $\div$ 2 + 21 $\sqrt{x}$ $\div$ 2 =

● *Beispiel 2.2-27:* Man erstelle ein Programm zur Auswertung der Funktion

$$P(\vartheta) = \int_0^{\vartheta} \sqrt{\sin t}\, dt = \int_{\pi/2-\vartheta}^{\pi/2} \sqrt{\cos t}\, dt = \int_0^{\sin\vartheta} \sqrt{\frac{t}{1-t^2}}\, dt = 2\int_0^{\sqrt{\sin\vartheta}} \frac{t^2}{\sqrt{1-t^4}}\, dt \qquad (0 \leqslant \vartheta \leqslant \pi). -$$

Mit den gleichen Umformungen wie in Beispiel 2.1-9 ist $P(\vartheta) = \displaystyle\int_0^{\vartheta} \sqrt{\sin t}\, dt =$

$$= 2\int_{\pi/4-\vartheta/2}^{\pi/4} \sqrt{1 - 2\sin^2 t}\, dt = \sqrt{2}\int_{\varphi}^{\pi/2} \frac{\cos^2 t\, dt}{\sqrt{1 - \frac{1}{2}\sin^2 t}} = \sqrt{2}\,[B(\tfrac{1}{2}) - B(\varphi|\tfrac{1}{2})] \text{ mit}$$

$\varphi = \arcsin[\sqrt{2}\sin(\frac{\pi}{4} - \frac{\vartheta}{2})]$. [Nach Reflexionsformel III (aus Beispiel 2.2-11) wäre eine Vereinfachung $P(\vartheta) = 2\,D(\psi|-1)$ mit $\psi = \pi/2 - \varphi$, was sich aber wie bei Beispiel 2.1-9 nicht lohnt.]

Eine zweckmäßige Darstellung ist somit $P(\vartheta) = d - \sqrt{2}\,B(\varphi|\frac{1}{2}) = d + \sqrt{2}\,B(-\varphi|\frac{1}{2})$ mit der zugeordneten Lemniskaten-Konstante $d = P(\pi/2) = \sqrt{2}\,B(1/2) = 1.198140235$ (aus Beispiel 1.3-10).

Zusatzroutine für $P(\vartheta)$ mit abschließender Rundung auf 8 D [Eingabe ϑ im Bogenmaß $(0 \leqslant \vartheta \leqslant \pi)$, Aufruf E]:

```
240  76  LBL
241  15  E
242  53  (
243  70  RAD
244  55  ÷
245  02  2
246  75  -
247  89  π
248  55  ÷
249  04  4
250  54  )
251  53  (
252  38  SIN
253  65  ×
254  02  2
255  34  √X
256  54  )
257  22  INV
258  38  SIN
259  16  A'
260  93  .
261  05  5
262  53  (
263  12  B
264  65  ×
265  02  2
266  34  √X
267  85  +
268  01  1
269  85  +
270  93  .
271  01  1
272  09  9
273  08  8
274  01  1
275  04  4
276  00  0
277  02  2
278  03  3
279  04  4
280  07  7
281  54  )
282  58  FIX
283  08  08
284  52  EE
285  22  INV
286  52  EE
287  22  INV
288  58  FIX
289  92  RTN
```

Testwerte: $P(\pi/4) = 0.45383715$, Tastenfolge $\pi \div 4 =$ E; $P(1/\pi) = 0.11929174$

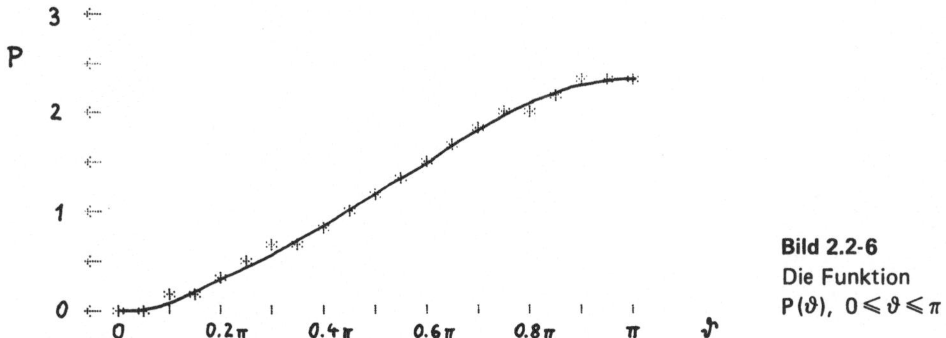

Bild 2.2-6
Die Funktion
$P(\vartheta),\ 0 \leqslant \vartheta \leqslant \pi$

Eigenschaften der Funktion $P(\vartheta)$ [vgl. Bild 2.2-6]:

(1) Spezielle Werte: $P(0) = 0,\ P(\pi/2) = d = 1.19814023,\ P(\pi) = 2d = 2.39628047$

(2) Reflexionsformel: $P(\vartheta) = 2d - P(\pi - \vartheta)$

(3) Ableitung: $dP/d\vartheta = \sqrt{\sin\vartheta}$

- *Beispiel 2.2-28:* Für die Funktion $P(\vartheta)$, die aus Beispiel 2.2-27 bekannt ist, sind in [1] folgende Werte angegeben (Argument ϑ in Grad):

ϑ	$P(\vartheta)$	ϑ	$P(\vartheta)$
0°	0.00	100°	1.37
10°	0.05	110°	1.54
20°	0.14	120°	1.70
30°	0.25	130°	1.86
40°	0.38	140°	2.00
50°	0.53	150°	2.13
60°	0.69	160°	2.25
70°	0.85	170°	2.34
80°	1.02	177°	2.37
90°	1.19	180°	2.38

Man erstelle eine analoge Tabelle mit einer Genauigkeit von 8D. –

Die Zusatzroutine aus Beispiel 2.2-27 wird geringfügig modifiziert (zur Behandlung des Arguments ϑ im Gradmaß und zum Drucken mit 8D):

```
240  76  LBL
241  15  E
242  53  (
243  60  DEG
244  55  ÷
245  02  2
246  75  -
247  04  4
248  05  5
249  54  )
250  53  (
251  38  SIN
252  65  ×
253  02  2
254  34  ΓX
255  54  )
256  70  RAD
257  22  INV
258  38  SIN
259  16  A'
260  93  .
261  05  5
262  53  (
263  12  B
264  65  ×
265  02  2
266  34  ΓX
267  85  +
268  01  1
269  85  +
270  93  .
271  01  1
272  09  9
273  08  8
274  01  1
275  04  4
276  00  0
277  02  2
278  03  3
279  04  4
280  07  7
281  54  )
282  58  FIX
283  08  08
284  99  PRT
285  92  RTN
```

[1] *Freeman, J. G.* (1947): Mathematical Theory of Deflection of Beam. Phil. Mag. (7) **37**, 855–862.

Eingabe: ϑ (in Grad); Aufruf: E. Man erhält diese Tabelle:

ϑ	$P(\vartheta)$	ϑ	$P(\vartheta)$
0°	0.00000000	100°	1.37222977
10	0.04855703	110	1.54365060
20	0.13689165	120	1.70968933
30	0.25011492	130	1.86752898
40	0.38212726	140	2.01415320
50	0.52875149	150	2.14616555
60	0.68659113	160	2.25938882
70	0.85262987	170	2.34772344
80	1.02405070	177	2.38829383
90	1.19814023	180	2.39628047

• *Beispiel 2.2-29:* Endliche Biegung. Ein elastischer Stab ist an den Enden frei gelagert und wird in Stab-Mitte durch eine Kraft F (die senkrecht zur Achse wirkt) auf Biegung belastet (Bild 2.2-7). Die Auslenkung a läßt sich durch den Biegewinkel ϑ ausdrücken[1]:

$$a = \frac{L}{2} f(\vartheta) \quad \text{mit} \quad f(\vartheta) = \frac{2 \sin\vartheta \sqrt{\sin\vartheta} - \cos\vartheta \, P(\vartheta)}{2 \cos\vartheta \sqrt{\sin\vartheta} + \sin\vartheta \, P(\vartheta)},$$

wobei $P(\vartheta) = \int_0^{\vartheta} \sqrt{\sin t}\, dt$ (vgl. Beispiel 2.2-27). [L kürzester Abstand der Auflagerpunkte ("span"); die Auflagerkraft ist $R = \frac{1}{2} F/\cos\vartheta$.]

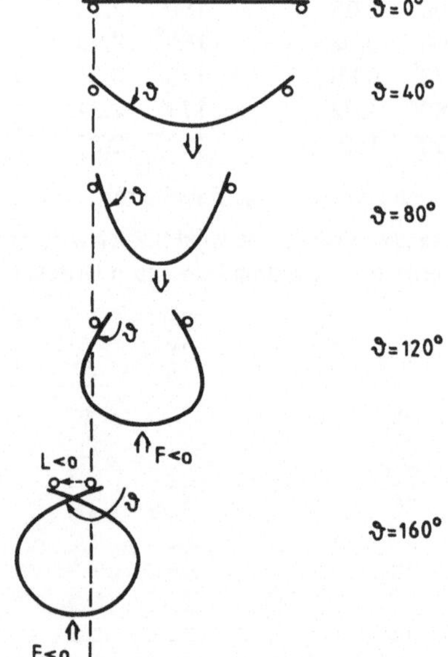

Bild 2.2-7 Endliche Biegung eines elastischen Stabs

a Auslenkung
F Belastung (F < 0 Unterstützung)
L kürzester Abstand der Auflagerpunkte
ϑ Biegewinkel

1) *Freeman, J. G.* (1947): Mathematical Theory of Deflection of Beam. Phil. Mag. (7) **37**, 855–862.

In [1] sind Werte der Funktion f angegeben (Argument ϑ in Grad):

ϑ	$f(\vartheta)$	ϑ	$f(\vartheta)$
0°	0.00	100°	2.20
10°	0.12	110°	3.00
20°	0.24	120°	4.59
30°	0.36	130°	8.60
40°	0.50	140°	44.20
50°	0.65	150°	−16.08
60°	0.84	160°	−7.63
70°	1.05	170°	−5.91
80°	1.32	177°	−7.21
90°	1.68	180°	$-\infty$

Man erstelle eine analoge Tabelle mit einer Genauigkeit von 8D. –

Die Zusatzroutine für $P(\vartheta)$ wird aus Beispiel 2.2-28 übernommen (Aufruf hier B'). Gesamte Zusatzroutine für $f(\vartheta)$:

```
240  76  LBL
241  17  B'
242  53  (
243  60  DEG
244  55  ÷
245  02  2
246  75  -
247  04  4
248  05  5
249  54  )
250  53  (
251  38  SIN
252  65  ×
253  02  2
254  34  √X
255  54  )
256  70  RAD
257  22  INV
258  38  SIN
259  16  A'
260  93  .
261  05  5
262  53  (
263  12  B
264  65  ×
265  02  2
266  34  √X
267  85  +
268  01  1
269  85  +
270  93  .
271  01  1
272  09  9
273  08  8
274  01  1
275  04  4
276  00  0
277  02  2
278  03  3
279  04  4
280  07  7
281  54  )
282  92  RTN
283  76  LBL
284  15  E
285  29  CP
286  67  EQ
287  03  03
288  34  34
289  42  STO
290  00  00
291  17  B'
292  48  EXC
293  00  00
294  42  STO
295  01  01
296  60  DEG
297  38  SIN
298  48  EXC
299  01  01
300  53  (
301  39  COS
302  65  ×
303  32  X⇄T
304  43  RCL
305  01  01
306  34  √X
307  65  ×
308  02  2
309  85  +
310  43  RCL
311  01  01
312  65  ×
313  43  RCL
314  00  00
315  54  )
316  53  (
317  53  (
318  32  X⇄T
319  94  +/-
320  65  ×
321  43  RCL
322  00  00
323  85  +
324  43  RCL
325  01  01
326  65  ×
327  34  √X
328  65  ×
329  02  2
330  54  )
331  55  ÷
332  32  X⇄T
333  54  )
334  58  FIX
335  08  08
336  99  PRT
337  92  RTN
```

[1] *Freeman, J. G.* (1947): Mathematical Theory of Deflection of Beam. Phil. Mag. (7) **37**, 855–862.

Eingabe: ϑ (in Grad). Aufruf: E. Man erhält diese Tabelle (vgl. Bild 2.2-8):

ϑ	$f(\vartheta)$	ϑ	$f(\vartheta)$
0°	0.00000000	100°	2.17821312
10	0.11686419	110	2.98400141
20	0.23684473	120	4.48466745
30	0.36338722	130	8.32079720
40	0.50067097	140	38.79731238
50	0.65419428	150	-16.91748148
60	0.83172753	160	-7.73138631
70	1.04501379	170	-5.94742337
80	1.31307231	177	-7.25766407
90	1.66925368	180	$-\infty$

Die folgende Detail-Tabelle zeigt, daß knapp vor $\vartheta = 143.0°$ ein Pol ($f = \pm\infty$) der Funktion $f(\vartheta)$ liegt und die Funktion dort ihr Vorzeichen wechselt (vgl. Bild 2.2-8):

ϑ	$f(\vartheta)$
142.7°	554.6776358
142.8	1076.873664
142.9	18056.21146
143.0	-1224.227153
143.1	-592.3974476
143.2	-390.8913110
143.3	-291.7630937

In Bild 2.2-8 ist die Funktion $f(\vartheta)$ graphisch dargestellt [nach Freeman, Fig. 2, Curve (A); umgezeichnet].

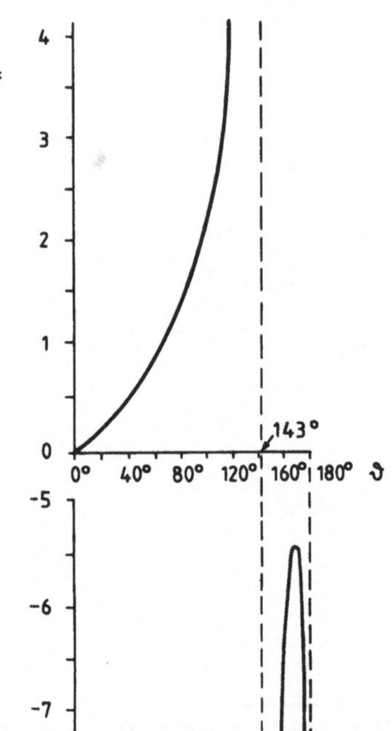

Bild 2.2-8
(Normierte) Auslenkung
$2a/L = f(\vartheta)$

• *Beispiel 2.2-30: Oberfläche eines Ellipsoids.* Die Oberfläche eines Ellipsoids mit den Halbachsen $a \geqslant b > c$ (Bild 2.2-9) ist[1)]

$$A = 2\pi \left\{ c^2 + bc \left[\frac{c}{\sqrt{a^2 - c^2}} F(\varphi|m) + \frac{\sqrt{a^2 - c^2}}{c} E(\varphi|m) \right] \right\}$$

mit der Amplitude $\varphi = \arccos\left(\frac{c}{a}\right)$ und mit dem Parameter $m = \frac{a^2}{b^2} \frac{b^2 - c^2}{a^2 - c^2} = \frac{1 - (c/b)^2}{1 - (c/a)^2} = \frac{1 - (c/b)^2}{\sin^2 \varphi}$.

Gleichwertige Formen sind bei Legendre[1)]

$$A = 2\pi \left\{ c^2 + \frac{ab}{\sin\varphi} \left[\frac{c^2}{a^2} F(\varphi|m) + \frac{a^2 - c^2}{a^2} E(\varphi|m) \right] \right\}$$

oder

$$A = 2\pi \left\{ c^2 + \frac{ab}{\sin\varphi} [\cos^2\varphi\, F(\varphi|m) + \sin^2\varphi\, E(\varphi|m)] \right\}$$

und bei Schellbach[2)]

$$A = 2\pi \{ c^2 + bc [\cot\varphi\, F(\varphi|m) + \tan\varphi\, E(\varphi|m)] \}$$

mit $\tan\varphi = \sqrt{a^2 - c^2}/c = \sqrt{(a/c)^2 - 1}$ und $\cot\varphi = 1/\tan\varphi$.

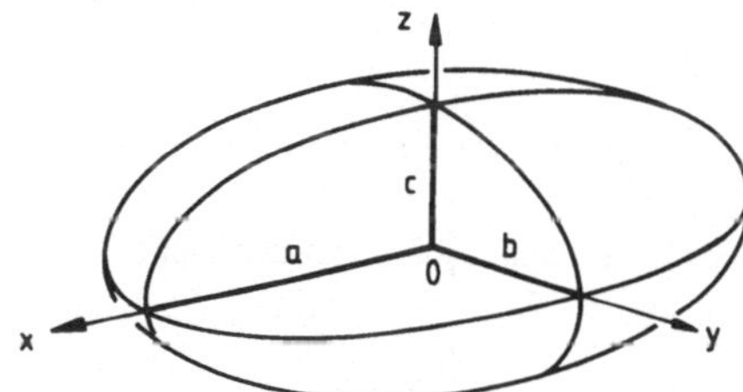

Bild 2.2-9
Dreiachsiges Ellipsoid

Mit dem generalisierten Integral G vereinfachen sich die Darstellungen auf

$$A = 2\pi \left[c^2 + a^2 \frac{b}{\sqrt{a^2 - c^2}} G\left(\varphi|m; 1, 1 - m \frac{a^2 - c^2}{a^2}\right) \right]$$

$$= 2\pi \left[c^2 + \frac{ab}{\sin\varphi} G\left(\varphi|m; 1, 1 - m \frac{a^2 - c^2}{a^2}\right) \right]$$

$$= 2\pi \left[c^2 + \frac{ab}{\sin\varphi} G(\varphi|m; 1, 1 - m \sin^2\varphi) \right]$$

$$= 2\pi [c^2 + bc\, G(\varphi|m; \cot\varphi + \tan\varphi, \cot\varphi + (1 - m)\tan\varphi)].$$

Man berechne die Oberfläche eines Ellipsoids mit den Halbachsen $a = 3, b = 2, c = 1$. –

---

1) *Legendre, A. M.* (1825): Traité des Fonctions Elliptiques, Tome I. (Appendice „Application a la géométrie", Sect. II: Determination de l'aire de l'ellipsoide.) Huzard-Courcier, Paris.

2) *Schellbach, K. H.* (1864): Die Lehre von den elliptischen Integralen und den Theta-Functionen. (Zweite Abtheilung, erster Abschnitt: Die Oberfläche des Ellipsoids.) Reimer, Berlin.

Man erhält als Amplitude $\varphi = \arccos(1/3) = 1.230959417$, Tastenfolge 3 1/x Rad INV cos A', und als Parameter $m = \frac{3/4}{8/9} = \frac{27}{32}$. Somit wird die Oberfläche

$$A = 2\pi\,\{1 + 2\,[\tfrac{1}{\sqrt{8}}\,F(\varphi\,|\,\tfrac{27}{32}) + \sqrt{8}\,E(\varphi\,|\,\tfrac{27}{32})]\}$$

oder einfacher mit der G-Funktion

$$A = 2\pi\,[1 + \tfrac{9}{\sqrt{8}}\,G(\varphi\,|\,\tfrac{27}{32};\,2,\,\tfrac{1}{2})] = 48.88214630,$$

Tastenfolge 2 C' 1/x D' 27 ÷ 32 = E' X 9 ÷ 8 $\sqrt{x}$ + 1 = X 2 X π =

Bemerkungen:

(I) Für ein abgeplattetes Rotationsellipsoid ($a = b$, daher $m = 1$) wird die Oberfläche $A = 2\pi\,[c^2 + ac\,G(\varphi\,|\,1;\,\cot\varphi + \tan\varphi,\,\cot\varphi)]$, was sich nach Beispiel 2.2-8 vereinfacht auf

$$A = 2\pi\,[c^2 + ac\,(\tan\varphi\sin\varphi + \cot\varphi\,\operatorname{arggd}\varphi)] \qquad (\text{mit } \cos\varphi = c/a)$$

oder auch (nach Legendre)

$$A = 2\pi\left[a^2 + \frac{c^2}{2\sin\varphi}\ln\left(\frac{1+\sin\varphi}{1-\sin\varphi}\right)\right] \quad \text{mit} \quad \sin\varphi = \sqrt{1-\left(\frac{c}{a}\right)^2}$$

(II) Für ein langgestrecktes Rotationsellipsoid ($b = c$, daher $m = 0$) wird die Oberfläche $A = 2\pi b^2\,[1 + (\tan\varphi + \cot\varphi)\,G(\varphi\,|\,0;\,1,\,1)]$, was sich nach Beispiel 2.2-8 vereinfacht auf

$$A = 2\pi b^2\,[1 + (\tan\varphi + \cot\varphi)\,\varphi]$$

oder auch (nach Legendre)

$$A = 2\pi\,\frac{ab}{\sin\varphi}\,(\varphi + \sin\varphi\cos\varphi) \quad \text{mit} \quad \cos\varphi = b/a \quad \text{und} \quad \sin\varphi = \sqrt{1-\cos^2\varphi}$$

(III) Für eine Kugel ($a = b = c$) wird nach (II) $\varphi = \arccos 1 = 0$; man erhält als Oberfläche

$$A = 2\pi a^2 \lim_{\varphi\to 0}\left(\frac{\varphi}{\sin\varphi} + \cos\varphi\right) = 4\pi a^2$$

(IV) Für $a > b$, aber $c \to 0$ reduziert sich die Ellipsoid-Oberfläche A auf zwei Ellipsenflächen S (nämlich Vorder- und Rückseite des ausgearteten Ellipsoids): mit $\varphi = \arccos 0 = \pi/2$ und $m = 1$ wird $A = 2S = 2\pi ab\,G(\frac{\pi}{2}\,|\,1;\,1,\,0) = 2\pi ab\,B(1) = 2\pi ab$. Eine Ellipse (Halbachsen a, b) hat somit den Flächeninhalt $S = \pi ab$.

• *Beispiel 2.2-31: Potential eines Ellipsoids.* Für ein homogenes Ellipsoid (Halbachsen $a \geqslant b > c$, Bild 2.2-9) wird das Schwerepotential U an einer Stelle x, y, z im Innern (oder auf der Oberfläche) dargestellt durch[1] [2]

$$U = \tfrac{3}{4}\,\gamma\,\frac{M}{a}\left(A_0 - A_1\frac{x^2}{a^2} - A_2\frac{y^2}{a^2} - A_3\frac{z^2}{a^2}\right)$$

---

1) *Legendre, A. M.* (1825): Traité des Fonctions Elliptiques, Tome I. (Appendice „Application a la mécanique", Sect. III: Sur l'attraction des ellipsoides homogènes.) Huzard-Courcier, Paris.

2) *Ansel, E. A.* (1936): Zur Theorie des irdischen Schwerefeldes. (§ 176: Das Feld eines homogenen Ellipsoides.) In: Handbuch der Geophysik, Band 1 (B. Gutenberg ed.). Borntraeger, Berlin.

(γ Gravitationskonstante, M Gesamtmasse). Die Koeffizienten (A_0 bis A_3) sind durch elliptische Integrale erster und zweiter Gattung gegeben:

$$A_0 = \frac{2}{w}\int_0^w \frac{dt}{\sqrt{(1-t^2)(1-mt^2)}} = \frac{2}{w}\int_0^\varphi \frac{dt}{\sqrt{1-m\sin^2 t}},$$

wobei $w = \frac{1}{a}\sqrt{a^2-c^2}$, $\varphi = \arcsin w$ und $m = \frac{a^2-b^2}{a^2-c^2}$;

$$A_1 = \frac{2}{w^3}\int_0^w \frac{t^2\,dt}{\sqrt{(1-t^2)(1-mt^2)}} = \frac{2}{w^3}\int_0^\varphi \frac{\sin^2 t\,dt}{\sqrt{1-m\sin^2 t}},$$

$$A_2 = \frac{2}{w^3}\int_0^w \frac{t^2\,dt}{(1-mt^2)^{3/2}\sqrt{1-t^2}} = \frac{2}{w^3}\int_0^\varphi \frac{\sin^2 t\,dt}{(1-m\sin^2 t)^{3/2}},$$

$$A_3 = \frac{2}{w^3}\int_0^w \frac{t^2\,dt}{(1-t^2)^{3/2}\sqrt{1-mt^2}} = \frac{2}{w^3}\int_0^\varphi \frac{\tan^2 t\,dt}{\sqrt{1-m\sin^2 t}}$$

Nach Gl. (2.1), Gl. (2.29), Beispiel 2.23 (Ic) und Beispiel 2.25 (Ic) erhält man

$$A_0 = \frac{2}{w}F(\varphi|m),\quad A_1 = \frac{2}{w^3}D(\varphi|m),\quad A_2 = \frac{2}{w^3}\left[B(\varphi|m) - \frac{\sin\varphi\cos\varphi}{\sqrt{1-m\sin^2\varphi}}\right],$$

$$A_3 = \frac{2}{w^3}\,\frac{1}{1-m}\left[\tan\varphi\sqrt{1-m\sin^2\varphi} - E(\varphi|m)\right].$$

Anwendung auf die Erde:

(1) Die Erde wurde früher[1)] oft als dreiachsiges Ellipsoid idealisiert mit den Achsenverhältnissen $b/a = \sqrt{0.999948} = 0.999974$ und $c/a = \sqrt{0.99326} = 0.996624$.

(2) Das derzeit gültige geodätische Referenzellipsoid[2)] ist ein abgeplattetes Rotationsellipsoid ($a = b$) mit den Achsenverhältnissen $b/a = 1$ und $c/a = 1-(a-c)/a = 1 - 1/298.257 = 0.996647$.

Für beide Fälle berechne man die Koeffizienten A_0 bis A_3. —

(1) Im Fall des dreiachsigen Ellipsoids kommt $w = \sqrt{1-c^2/a^2} = \sqrt{0.00674} = 0.0820975030$, Tastenfolge .00674 $\sqrt{x}$ STO 01, und $\varphi = \arcsin w = 0.0821900067$, Tastenfolge Rad INV sin A', sowie $m = (1-b^2/a^2)/(1-c^2/a^2) = 0.000052/0.00674 = 0.0077151335$, Tastenfolge .000052 ÷ .00674 = STO 00.
Somit wird $A_0 = \frac{2}{w}F(\varphi|m) = 2.002271$, Tastenfolge RCL 00 A × 2 ÷ RCL 01 =, und $A_1 = \frac{2}{w^3}D(\varphi|m) = 0.668030$, Tastenfolge RCL 00 D × 2 ÷ (RCL 01 × x^2 =
Ferner ist $A_2 = \frac{2}{w^3}\left[B(\varphi|m) - \frac{w\sqrt{1-w^2}}{\sqrt{1-mw^2}}\right] = 0.662897$, Tastenfolge RCL 00 B − RCL 01 × (1 − RCL 01 x^2) $\sqrt{x}$ ÷ (1 − RCL 00 × RCL 01 x^2) $\sqrt{x}$ = × 2 ÷ (RCL 01 × x^2 =, und

1) *Ansel, E. A.* (1936): Zur Theorie des irdischen Schwerefeldes. (§ 176: Das Feld eines homogenen Ellipsoides.) In: Handbuch der Geophysik, Band 1 (B. Gutenberg ed.). Borntraeger, Berlin.

2) Vgl. den Übersichtsartikel von *Moritz, H.* (1980): The Figure of the Earth. IUGG-Chronicle **139**, 5–17.

$$A_3 = \frac{2}{w^3}\,\frac{1}{1-m}\left[\frac{w}{\sqrt{1-w^2}}\sqrt{1-m\,w^2} - E(\varphi|m)\right] = 0.670746,$$ Tastenfolge RCL 00 C +/– + RCL 01 × (1 – RCL 00 × RCL 01 x^2) $\sqrt{x}$ ÷ (1 – RCL 01 x^2) $\sqrt{x}$ = ÷ (1 – RCL 00) × 2 ÷ (RCL 01 × x^2 =

(2) Im Fall des Rotationsellipsoids wird $w = \sqrt{1 - c^2/a^2} = 0.0818192214$, $\varphi = \arcsin w = 0.0819107858$ und $m = 0$; damit ergibt sich nach Beispiel 2.2-8 einfach

$$A_0 = \frac{2}{w} F(\varphi|0) = \frac{2}{w}\varphi = 2.002238$$

$$A_1 = \frac{2}{w^3} D(\varphi|0) = \frac{1}{w^3}(\varphi - \sin\varphi\cos\varphi) = \frac{1}{w^3}(\varphi - w\sqrt{1-w^2}) = 0.672577$$

$$A_2 = \frac{2}{w^3}[B(\varphi|0) - \sin\varphi\cos\varphi] = \frac{1}{w^3}(\varphi - \sin\varphi\cos\varphi) = A_1 = 0.672577$$

$$A_3 = \frac{2}{w^3}[\tan\varphi - E(\varphi|0)] = \frac{2}{w^3}(\tan\varphi - \varphi) = \frac{2}{w^3}\left(\frac{w}{\sqrt{1-w^2}} - \varphi\right) = 0.670707$$

Bemerkung: Im Fall einer Kugel ($a = b = c$) wäre

$$A_0 = \lim_{\varphi\to 0} \frac{2}{\sin\varphi}\varphi = \lim_{\varphi\to 0}\frac{2}{\varphi + \ldots}\varphi = 2$$

$$A_1 = A_2 = \lim_{\varphi\to 0}\frac{1}{\sin^3\varphi}\left(\varphi - \frac{\sin 2\varphi}{2}\right) = \lim_{\varphi\to 0}\frac{1}{\varphi^3 + \ldots}\left(\frac{2}{3}\varphi^3 + \ldots\right) = \frac{2}{3} = 0.666667$$

$$A_3 = \lim_{\varphi\to 0}\frac{2}{\sin^3\varphi}(\tan\varphi - \varphi) = \lim_{\varphi\to 0}\frac{2}{\varphi^3 + \ldots}\left(\frac{1}{3}\varphi^3 + \ldots\right) = \frac{2}{3} = 0.666667$$

• *Beispiel 2.2-32: Imaginäre Amplitude.* Es gilt

$$\frac{1}{i} G(i\varphi|m; \alpha, \beta) = \frac{1}{m} G(\psi|1-m; (m-1)\alpha + \beta, (1-m)\beta + (2m-1)\alpha) + \frac{\alpha-\beta}{m} h$$

($i = \sqrt{-1}$; φ, α, β beliebig; $0 \leqslant m \leqslant 1$ [Sonderfälle $m = 0$ und $m = 1$: Beispiel 2.2-34])

mit $\psi = \operatorname{gd}\varphi = \arctan(\sinh\varphi) = \arcsin(\tanh\varphi) = 2\arctan(\exp\varphi) - \pi/2$ $(-\pi/2 \leqslant \psi \leqslant \pi/2$; zur Gudermann-Funktion gd vgl. z.B. Band 3/II) und

$$h = (\tan\psi)\sqrt{1-(1-m)\sin^2\psi} = (\sinh\varphi)\sqrt{1-(1-m)\tanh^2\varphi} = \sqrt{(1+ms)\,s/(1+s)},$$

wobei $s = \tan^2\psi = \sinh^2\varphi = \frac{1}{2}[\cosh(2\varphi) - 1] = \frac{1}{4}[\exp(2\varphi) + \exp(-2\varphi) - 2]$.

Spezialfälle: $\frac{1}{i} F(i\varphi|m) = F(\psi|1-m)$

$$\frac{1}{i} E(i\varphi|m) = (1-m)\,D(\psi|1-m) + h = F(\psi|1-m) - E(\psi|1-m) + h$$

$$\frac{1}{i} B(i\varphi|m) = \frac{m-1}{m} B(\psi|1-m) + \frac{2m-1}{m} D(\psi|1-m) + \frac{1}{m} h$$

$$\frac{1}{i} D(i\varphi|m) = \frac{1}{m} E(\psi|1-m) - \frac{1}{m} h = \frac{1-m}{m} D(\psi|1-m) + \frac{1}{m} B(\psi|1-m) - \frac{1}{m} h$$

Man berechne $\frac{1}{i} E(3i|\frac{1}{2})$. –

Für $\varphi = 3$ und $m = 1/2$ wird $\psi = \mathrm{gd}\,(3) = 2\,\mathrm{arc\,tan}\,(\exp 3) - \pi/2 = 1.471304341$, Tastenfolge 3 INV ln x Rad INV tan X 2 − π ÷ 2 = A'. Die Hilfsgröße s wird $s = \tan^2 \psi = 100.3578181$, Tastenfolge tan x^2 STO 00, oder auch $s = \sinh^2 (3) = \frac{1}{4}[\exp(6) + \exp(-6) - 2] = 100.3578181$, Tastenfolge 6 INV ln x + 1/x − 2 = ÷ 4 = STO 00. Für h erhält man $h = \sqrt{(1 + s/2)\,s/(1 + s)} = 7.118565587$, Tastenfolge RCL 00 X (CE ÷ 2 + 1) ÷ (RCL 00 + 1 = $\sqrt{x}$ STO 00. Es kommt $\frac{1}{i}\,E(3i\,|\,\frac{1}{2}) = \frac{1}{2}\,D(\psi\,|\,\frac{1}{2}) + h = 7.551991235$, Tastenfolge .5 X D + RCL 00 =

- *Beispiel 2.2-33:* Aus Beispiel 2.2-32 erhält man für C die Beziehung

$$\frac{1}{i}\,C(i\varphi\,|\,m) = \frac{1}{m^2}\,G(\psi\,|\,1 - m; 2 - m, 2 - 3m) - \frac{2}{m^2}\,h$$

(mit φ, m, ψ, h wie in Beispiel 2.2-32). Man berechne $\frac{1}{i}\,C(3i\,|\,\frac{1}{2})$. –

Die Größen ψ und h sind noch aus Beispiel 2.2-32 gespeichert. Es kommt $\frac{1}{i}\,C(3i\,|\,\frac{1}{2}) = 4\,G(\psi\,|\,\frac{1}{2}; \frac{3}{2}, \frac{1}{2}) - 8h = G(\psi\,|\,\frac{1}{2}; 6, 2) - 8h = -50.13431543$, Tastenfolge 6 C' 2 D' .5 E' − RCL 00 X 8 =

- *Beispiel 2.2-34: Sonderfälle* von $\frac{1}{i}\,G(i\varphi\,|\,m; \alpha, \beta)$ sind

(I) $m = 0$: $\quad \frac{1}{i}\,G(i\varphi\,|\,0; \alpha, \beta) = \frac{\alpha + \beta}{2}\,\varphi + \frac{\alpha - \beta}{2}\,\sinh\varphi\cosh\varphi$

(II) $m = 1$: $\quad \frac{1}{i}\,G(i\varphi\,|\,1; \alpha, \beta) = (\alpha - \beta)\sinh\varphi + \beta\,\mathrm{gd}\,\varphi$

(mit der Gudermann-Funktion gd wie in Beispiel 2.2-32)

Spezialfälle:

$\frac{1}{i}\,F(i\varphi\,|\,0) = \varphi$	$\frac{1}{i}\,F(i\varphi\,|\,1) = \mathrm{gd}\,\varphi$
$\frac{1}{i}\,E(i\varphi\,|\,0) = \varphi$	$\frac{1}{i}\,E(i\varphi\,|\,1) = \sinh\varphi$
$\frac{1}{i}\,B(i\varphi\,|\,0) = \frac{1}{2}(\varphi + \sinh\varphi\cosh\varphi)$	$\frac{1}{i}\,B(i\varphi\,|\,1) = \sinh\varphi$
$\frac{1}{i}\,D(i\varphi\,|\,0) = \frac{1}{2}(\varphi - \sinh\varphi\cosh\varphi)$	$\frac{1}{i}\,D(i\varphi\,|\,1) = \mathrm{gd}\,\varphi - \sinh\varphi$
$\lim_{m \to 0} m\,\frac{1}{i}\,C(i\varphi\,|\,m) = -\sinh\varphi\cosh\varphi$	$\frac{1}{i}\,C(i\varphi\,|\,1) = \mathrm{gd}\,\varphi - 2\sinh\varphi$

Man berechne $\frac{1}{i}\,E(3i\,|\,0)$ und $\frac{1}{i}\,E(3i\,|\,1)$. –

Man erhält $\frac{1}{i}\,E(3i\,|\,0) = 3$ und $\frac{1}{i}\,E(3i\,|\,1) = \sinh 3 = \frac{1}{2}[\exp(3) - \exp(-3)] = 10.01787493$, Tastenfolge 3 INV ln x − 1/x = ÷ 2 =

Anhang

α. Referenzwerte

Die nachstehenden Referenzwerte wurden aus Tabellen sehr hoher Genauigkeit aus der Literatur entnommen, in den Datenregistern $R_{60}-R_{79}$ abgespeichert und mit Programm E4 (aus Band 3/I) 13-stellig aufgelistet. Sie dienten zur Gewinnung der Fehlerkurven in Anhang β.

Tabelle α-1 Referenzwerte K(m) nach [1] (Table 17.1) m = 0 (.05) .95, 13S

```
1.57079632     R60          1.85407467     R70
     6.795      00               7.301      00
1.59100345     R61          1.89892491     R71
     3.791      00               0.272      00
1.61244134     R62          1.94956774     R72
     8.720      00               9.806      00
1.63525673     R63          2.00759839     R73
     2.265      00               8.424      00
1.65962359     R64          2.07536313     R74
     8.611      00               5.292      00
1.68575035     R65          2.15651564     R75
     4.813      00               7.500      00
1.71388944     R66          2.25720532     R76
     8.179      00               6.821      00
1.74435059     R67          2.38901648     R77
     7.226      00               6.326      00
1.77751937     R68          2.57809211     R78
     1.491      00               3.348      00
1.81388393     R69          2.90833724     R79
     6.817      00               8.445      00
```

[1] *Abramowitz, M.* and *I. A. Stegun* (1968): Handbook of Mathematical Functions. (Ch. 17: Elliptic Integrals.) NBS, U. S. Govt. Printing Office, Washington, D.C.

Tabelle α-2 Referenzwerte $E(\sin^2\gamma)$ nach [1] (Table 17.2) $\gamma = 0° (5°) 90°$, 13S

1.57079632	R60	1.30553909	R70
6.795	00	4.298	00
1.56780907	R61	1.25867962	R71
3.978	00	4.780	00
1.55888719	R62	1.21105602	R72
6.602	00	7.568	00
1.54415049	R63	1.16382796	R73
6.915	00	4.493	00
1.52379920	R64	1.11837773	R74
5.260	00	7.970	00
1.49811492	R65	1.07640511	R75
8.422	00	3.076	00
1.46746220	R66	1.04011439	R76
9.339	00	5.706	00
1.43229096	R67	1.01266350	R77
9.307	00	6.234	00
1.39314024	R68	1.00000000	R78
8.524	00	0.000	00
1.35064388	R69		
1.048	00		

Tabelle α-3 Referenzwerte $q(m)$ nach [1] (Table 17.1) $m = 0\,(.05)\,.95$, 11–13S [so daß 13D]

0	**R60**	4.32139182	R70
3.20578697	R61	6.380	-02
0.700	-03	4.97422621	R71
6.58465155	R62	6.460	-02
3.900	-03	5.70202578	R72
1.01560362	R63	1.460	-02
3.720	-02	6.52421836	R73
1.39428572	R64	7.870	-02
7.530	-02	7.46899435	R74
1.79723870	R65	3.720	-02
0.900	-02	8.57957337	R75
2.22774361	R66	0.220	-02
5.720	-02	9.92736973	R76
2.68979677	R67	3.880	-02
5.140	-02	1.16439060	R77
3.18833473	R68	7.175	-01
1.340	-02	1.40173126	R78
3.72955570	R69	9.543	-01
7.580	-02	1.79316006	R79
		9.557	-01

Tabelle α-4 Referenzwerte $F(\frac{\pi}{4}|\sin^2\gamma)$ nach [1] $\gamma = 0^\circ\ (5^\circ)\ 90^\circ$, 12S

7.85398163	R60
3.970	-01
7.85941108	R61
9.680	-01
7.87564937	R62
4.910	-01
7.90254163	R63
6.790	-01
7.93981429	R64
9.610	-01
7.98705142	R65
6.920	-01
8.04366101	R66
2.320	-01
8.10883110	R67
2.420	-01
8.18147652	R68
2.000	-01
8.26017876	R69
2.490	-01
8.34312472	R70
6.290	-01
8.42805484	R71
0.390	-01
8.51223749	R72
0.710	-01
8.59249362	R73
0.380	-01
8.66529957	R74
4.500	-01
8.72699238	R75
3.670	-01
8.77408330	R76
4.060	-01
8.80365019	R77
3.720	-01
8.81373587	R78
0.200	-01

Tabelle α-5 Referenzwerte $E(\frac{\pi}{4}|\sin^2\gamma)$ nach [2] $\gamma = 0^\circ\ (5^\circ)\ 90^\circ$, 12S

7.85398163	R60
3.970	-01
7.84855861	R61
8.900	-01
7.83241622	R62
9.610	-01
7.80593365	R63
3.800	-01
7.76974018	R64
5.130	-01
7.72471088	R65
5.550	-01
7.67195985	R66
7.120	-01
7.61283038	R67
1.370	-01
7.54888085	R68
4.070	-01
7.48186504	R69
1.760	-01
7.41370473	R70
5.320	-01
7.34645244	R71
7.420	-01
7.28224155	R72
4.570	-01
7.22322149	R73
7.040	-01
7.17147672	R74
5.750	-01
7.12893044	R75
6.890	-01
7.09723805	R76
1.140	-01
7.07767994	R77
2.890	-01
7.07106781	R78
1.860	-01

[1] *Legendre, A. M.* (1826): Traité des Fonctions Elliptiques, Tome II. (Table VIII.) Huzard-Courcier, Paris. [Abgedruckt in: Tafeln der elliptischen Normalintegrale erster und zweiter Gattung. (F. Emde ed.) Wittwer, Stuttgart, 1931.]

β. Fehlerkurven zu Funktionsroutinen

Die nachstehenden Fehlerkurven wurden mit Programm e1 und e2 (aus Band 3/II) erzeugt.[1]

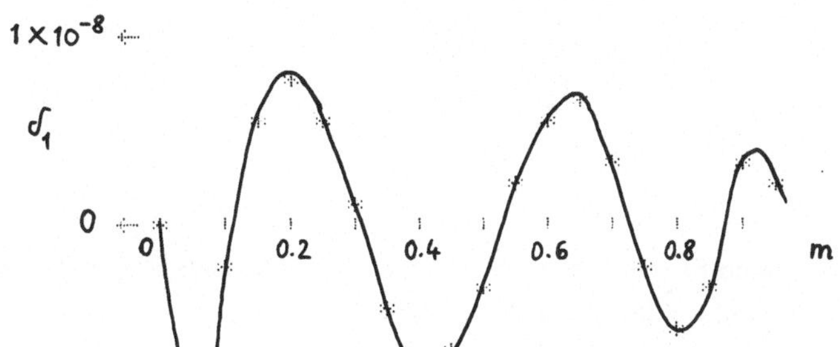

Bild β-1 (Modifizierter) relativer Fehler der K-Routine aus Programm 1.1
$\delta_1(m) = [K(m) - \widetilde{K}(m)]/\widetilde{K}(m), \quad 0 \leqslant m < 1$
[Referenz K nach Tab. α-1, Approximation $\widetilde{K}$ nach Programm 1.1]

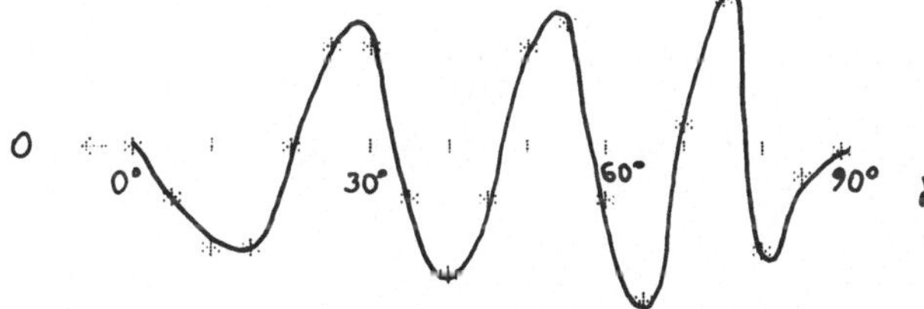

Bild β-2 (Modifizierter) relativer Fehler der E-Routine aus Programm 1.1
$\delta_2\langle\gamma\rangle = [E(\sin^2\gamma) - \widetilde{E}(\sin^2\gamma)]/\widetilde{E}(\sin^2\gamma), \quad 0° \leqslant \gamma \leqslant 90°$
[Referenz E nach Tab. α-2, Approximation $\widetilde{E}$ nach Programm 1.1]

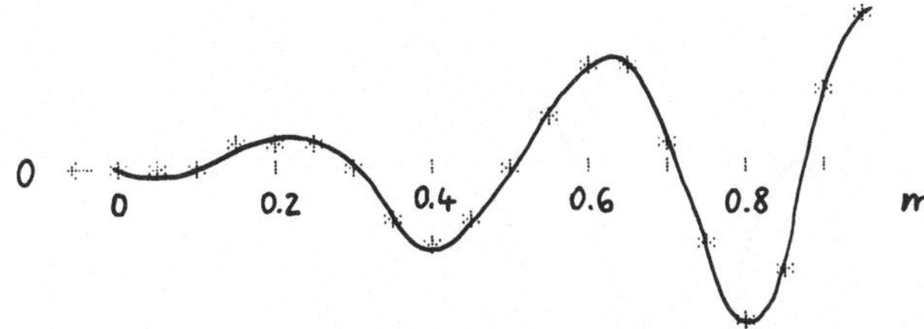

Bild β-3 Absoluter Fehler der q-Routine aus Programm 1.1
$\epsilon(m) = q(m) - \widetilde{q}(m), \quad 0 \leqslant m < 1$
[Referenz q nach Tab. α-3, Approximation $\widetilde{q}$ nach Programm 1.1]

---

1) Vgl. dazu *C. T. Fike* (1968): Computer Evaluation of Mathematical Functions. (Sec. 1.6: Investigating the accuracy of computed results.) Prentice-Hall, Englewood Cliffs.

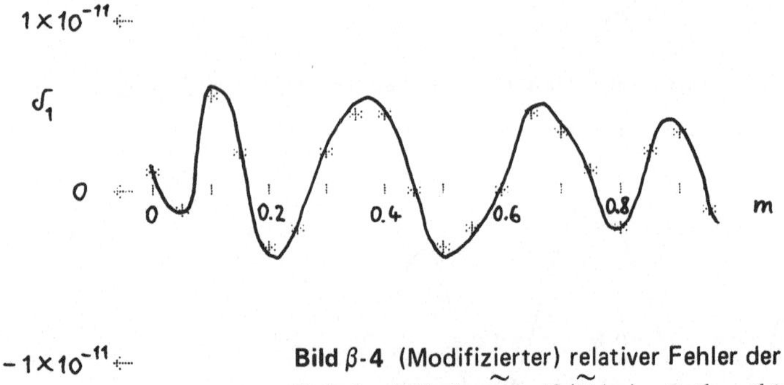

1×10^-11
δ1
0
0
0.2
0.4
0.6
0.8
m
-1×10^-11

Bild β-4 (Modifizierter) relativer Fehler der K-Routine aus Programm 1.2
$\delta_1(m) = [K(m) - \tilde{K}(m)]/\tilde{K}(m), \quad 0 \leqslant m < 1$
[Referenz K nach Tab. α-1, Approximation $\tilde{K}$ nach Programm 1.2]

1.5×10^-11
δ2
0
0°
30°
60°
90°
γ
-1.5×10^-11

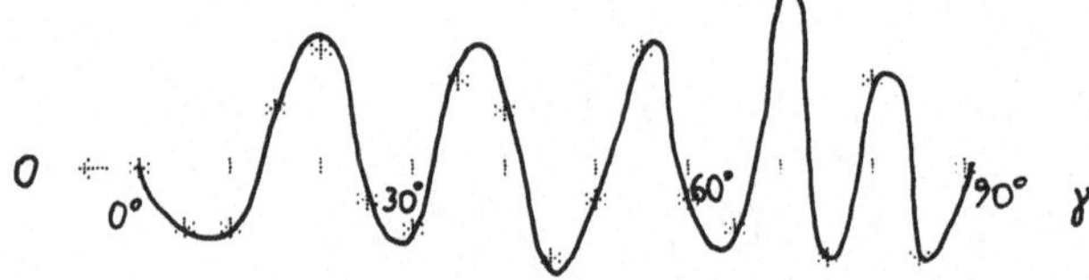

Bild β-5 (Modifizierter) relativer Fehler der E-Routine aus Programm 1.2
$\delta_2\langle\gamma\rangle = [E(\sin^2\gamma) - \tilde{E}(\sin^2\gamma)]/\tilde{E}(\sin^2\gamma), \quad 0^\circ \leqslant \gamma \leqslant 90^\circ$
[Referenz E nach Tab. α-2, Approximation $\tilde{E}$ nach Programm 1.2]

1×10^-12
ε
0
0
0.2
0.4
0.6
0.8
m
-1×10^-12

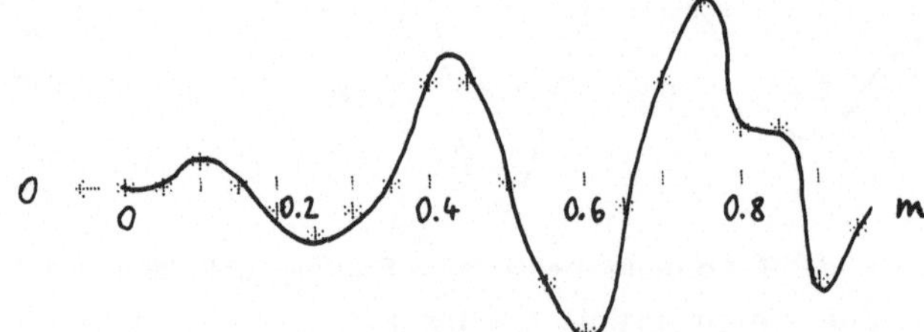

Bild β-6 Absoluter Fehler der q-Routine aus Programm 1.2
$\epsilon(m) = q(m) - \tilde{q}(m), \quad 0 \leqslant m < 1$
[Referenz q nach Tab. α-3, Approximation $\tilde{q}$ nach Programm 1.2]

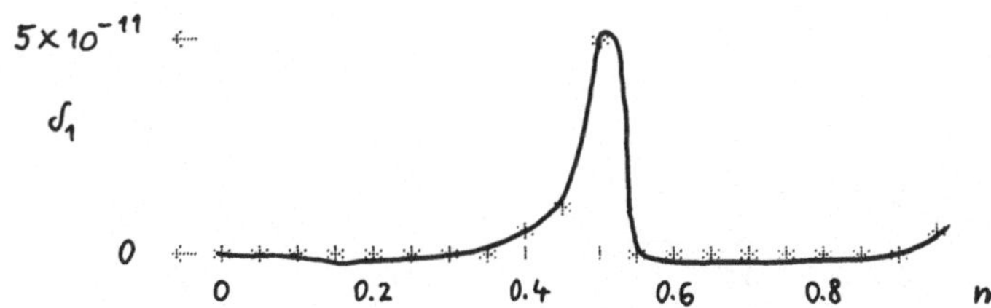

5×10⁻¹¹
δ₁
0
0
0.2
0.4
0.6
0.8
m
-5×10⁻¹¹

Bild β-7 (Modifizierter) relativer Fehler der K-Routine aus Programm 1.3
$\delta_1(m) = [K(m) - \tilde{K}(m)]/\tilde{K}(m), \quad 0 \leqslant m < 1$
[Referenz K nach Tab. α-1, Approximation $\tilde{K}$ nach Programm 1.3 (über Taste A oder C)]

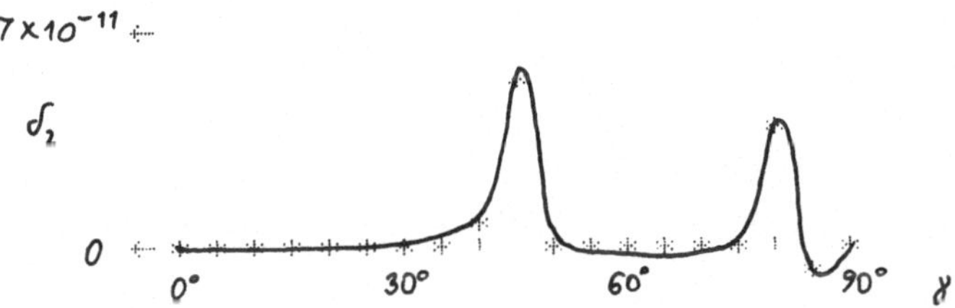

7×10⁻¹¹
δ₂
0
0°
30°
60°
90°
γ
-7×10⁻¹¹

Bild β-8 (Modifizierter) relativer Fehler der E-Routine aus Programm 1.3
$\delta_2\langle\gamma\rangle = [E(\sin^2\gamma) - \tilde{E}(\sin^2\gamma)]/\tilde{E}(\sin^2\gamma), \quad 0° \leqslant \gamma \leqslant 90°$
[Referenz E nach Tab. α-2, Approximation $\tilde{E}$ nach Programm 1.3]

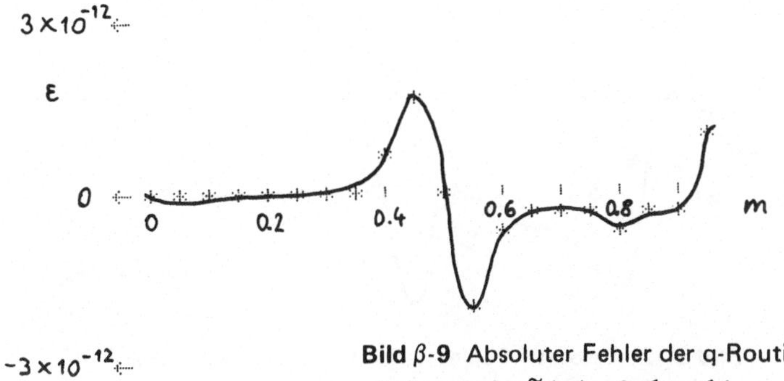

3×10⁻¹²
ε
0
0
0.2
0.4
0.6
0.8
m
-3×10⁻¹²

Bild β-9 Absoluter Fehler der q-Routine aus Programm 1.3
$\epsilon(m) = q(m) - \tilde{q}(m), \quad 0 \leqslant m < 1$
[Referenz q nach Tab. α-3, Approximation $\tilde{q}$ nach Programm 1.3]

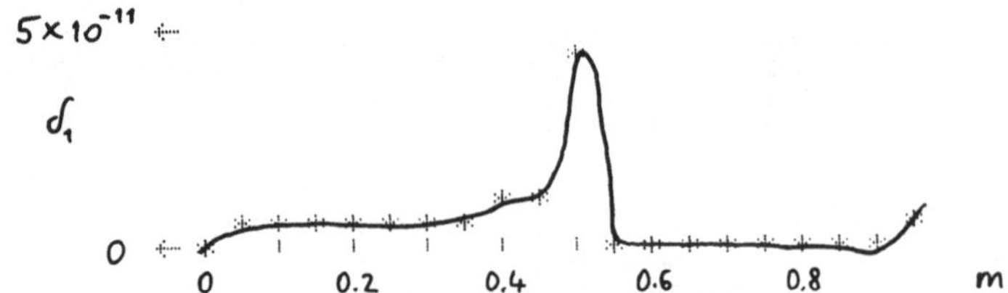

Bild β-10 (Modifizierter) relativer Fehler der K-Routine aus Programm 1.4
$\delta_1(m) = [K(m) - \widetilde{K}(m)]/\widetilde{K}(m), \quad 0 \leqslant m < 1$
[Referenz K nach Tab. α-1, Approximation $\widetilde{K}$ nach Programm 1.4]

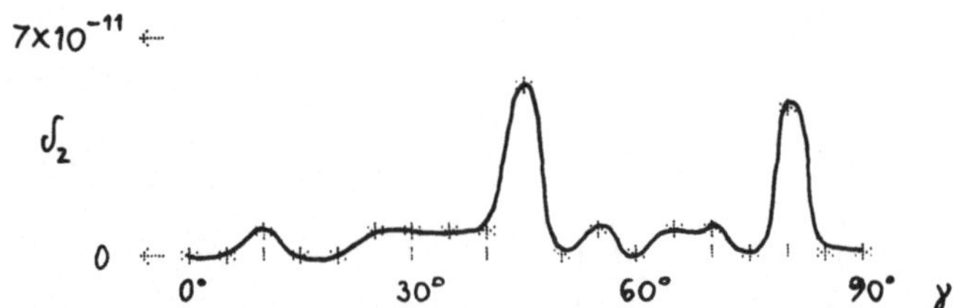

Bild β-11 (Modifizierter) relativer Fehler der E-Routine aus Programm 1.4
$\delta_2 \langle\gamma\rangle = [E(\sin^2\gamma) - \widetilde{E}(\sin^2\gamma)]/\widetilde{E}(\sin^2\gamma), \quad 0° \leqslant \gamma \leqslant 90°$
[Referenz E nach Tab. α-2, Approximation $\widetilde{E}$ nach Programm 1.4]

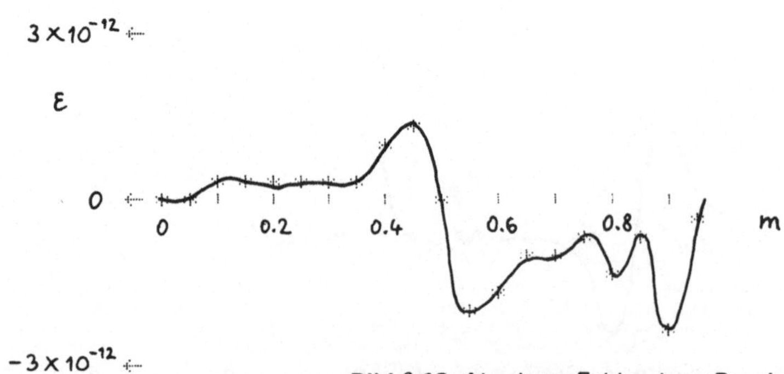

3×10⁻¹²
ε
0
0 0.2 0.4 0.6 0.8 m
−3×10⁻¹²

Bild β-12 Absoluter Fehler der q-Routine aus Programm 1.4
$\epsilon(m) = q(m) - \widetilde{q}(m), \quad 0 \leqslant m < 1$
[Referenz q nach Tab. α-3, Approximation $\widetilde{q}$ nach Programm 1.4]

1 × 10⁻¹¹

δ_1

0 0 0.2 0.4 0.6 0.8 m

−1 × 10⁻¹¹

Bild β-13 (Modifizierter) relativer Fehler der F-Routine aus Programm 2.1 oder 2.2

$\delta_1(m) = [F(\frac{\pi}{2}|m) - \widetilde{F}(\frac{\pi}{2}|m)] / \widetilde{F}(\frac{\pi}{2}|m), \quad 0 \leqslant m < 1$

[Referenz $F(\frac{\pi}{2}|m) = K(m)$ nach Tab. α-1, Approximation $\widetilde{F}(\frac{\pi}{2}|m)$ nach Programm 2.1 oder 2.2]

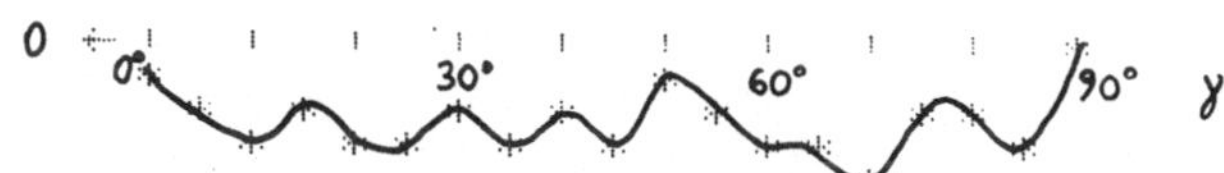

Bild β-14 (Modifizierter) relativer Fehler der F-Routine aus Programm 2.1 oder 2.2

$\delta_2\langle\gamma\rangle = [F(\frac{\pi}{4}|\sin^2\gamma) - \widetilde{F}(\frac{\pi}{4}|\sin^2\gamma)] / \widetilde{F}(\frac{\pi}{4}|\sin^2\gamma), \quad 0° \leqslant \gamma \leqslant 90°$

[Referenz F nach Tab. α-4, Approximation $\widetilde{F}$ nach Programm 2.1 oder 2.2]

1 × 10⁻¹¹

δ_3

0 0° 30° 60° 90° γ

−1 × 10⁻¹¹

Bild β-15 (Modifizierter) relativer Fehler der E-Routine aus Programm 2.2

$\delta_3\langle\gamma\rangle = [E(\frac{\pi}{2}|\sin^2\gamma) - \widetilde{E}(\frac{\pi}{2}|\sin^2\gamma)] / \widetilde{E}(\frac{\pi}{2}|\sin^2\gamma), \quad 0° \leqslant \gamma \leqslant 90°$

[Referenz $E(\frac{\pi}{2}|\sin^2\gamma) = E(\sin^2\gamma)$ nach Tab. α-2, Approximation $\widetilde{E}(\frac{\pi}{2}|\sin^2\gamma)$ nach Programm 2.2]

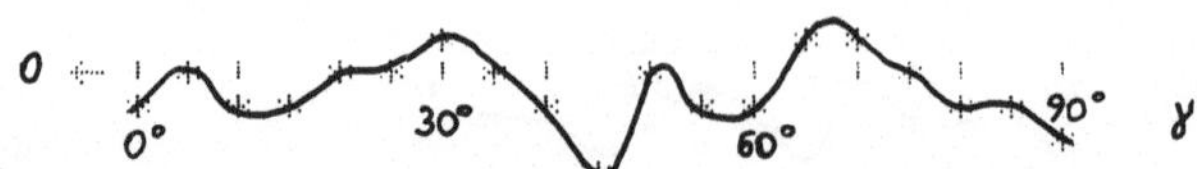

Bild β-16 (Modifizierter) relativer Fehler der E-Routine aus Programm 2.2
$\delta_4 \langle\gamma\rangle = [E(\frac{\pi}{4}|\sin^2\gamma) - \widetilde{E}(\frac{\pi}{4}|\sin^2\gamma)] / \widetilde{E}(\frac{\pi}{4}|\sin^2\gamma)$, $0° \leqslant \gamma \leqslant 90°$
[Referenz E nach Tab. α-5, Approximation $\widetilde{E}$ nach Programm 2.2]

Namenverzeichnis

Sachverzeichnis

Symbolverzeichnis

(I) Lateinische Buchstaben

A(m)	vollständiges elliptisches Integral zweiter Gattung 7, 18
$A(\varphi\|m)$	unvollständiges elliptisches Integral zweiter Gattung 76, 103
a(x)	komplementäre Born-Funktion 91
arggd φ	inverse Gudermann-Funktion 82, 87, 96, 105
B(m)	vollständiges elliptisches Integral zweiter Gattung 7, 14, 50
$B(\varphi\|m)$	unvollständiges elliptisches Integral zweiter Gattung 76, 96
b(x)	Born-Funktion 89
C(m)	vollständiges elliptisches Integral zweiter Gattung 9, 43, 58, 59
$C(\varphi\|m)$	unvollständiges elliptisches Integral zweiter Gattung 78, 104, 106, 110
c	Lemniskaten-Konstante 20, 24, 44, 88, 91, 92
$cn(u\|m)$	elliptische Funktion von Jacobi 7, 11, 76, 79 (vgl. Band 17)
D(m)	vollständiges elliptisches Integral zweiter Gattung 8, 14, 50
$D(\varphi\|m)$	unvollständiges elliptisches Integral zweiter Gattung 77, 96
d	zugeordnete Lemniskaten-Konstante 45, 118
$dn(u\|m)$	elliptische Funktion von Jacobi 6, 75 (vgl. Band 17)
E(m)	vollständiges elliptisches Integral zweiter Gattung 6, 13, 26, 37, 50
$E(\varphi\|m)$	unvollständiges elliptisches Integral zweiter Gattung 75, 96
$F(\varphi\|m)$	unvollständiges elliptisches Integral erster Gattung 75, 81, 96
f(m)	Maxwell-Funktion 67
$G(m;\alpha,\beta)$	generalisiertes vollständiges elliptisches Integral zweiter Gattung 10, 48, 56
$G(\varphi\|m;\alpha,\beta)$	generalisiertes unvollständiges elliptisches Integral zweiter Gattung 79, 93, 103
gd φ	Gudermann-Funktion 126, 127
K(m)	vollständiges elliptisches Integral erster Gattung 4, 13, 25, 37, 50
$k = \sin\gamma$	Modul 3, 4
$m = k^2$	Milne-Parameter 3, 4
$P(\vartheta)$	Freeman-Funktion 118, 119
$p(\vartheta)$	87
$q = \exp(-\pi w)$	Jacobi-Parameter 3, 4, 5, 14
R(m)	Induktivitäts-Funktion 68
$sn(u\|m)$	elliptische Funktion von Jacobi 8, 11, 77, 79 (vgl. Band 17)
$w = K(1-m)/K(m)$	Enneper-Parameter 3, 4, 5, 14
$\sim$	asymptotisch gleich
$\approx$	näherungsweise gleich

(II) Griechische Buchstaben

α, β	Koeffizienten 10, 56, 79, 103
γ	Modularwinkel 3, 4
$\Delta = \epsilon/f = (f - \tilde{f})/f$	relativer Fehler einer Näherung $\tilde{f}$ gegenüber dem exakten Wert f [Vorzeichen von Δ wie üblich so, daß $f = \tilde{f} + f\Delta$]
$\delta = \epsilon/\tilde{f} = (f - \tilde{f})/\tilde{f}$	modifizierter relativer Fehler einer Näherung $\tilde{f}$ gegenüber dem exakten Wert f [Vorzeichen von δ wie üblich so, daß $f = (1 + \delta)\,\tilde{f}$] 13, 25, 26, 37, 39, 49, 82, 95, 131–136 *Bemerkung:* Da i.a. $\lvert\delta\rvert \ll 1$ und $\lvert\Delta\rvert \ll 1$, ist der Unterschied zwischen Δ und δ meist vernachlässigbar: $\Delta = 1 - (1 + \delta)^{-1} = \delta - \delta^2 + \delta^3 - \ldots \approx \delta,$ $\delta = (1 - \Delta)^{-1} - 1 = \Delta + \Delta^2 + \Delta^3 + \ldots \approx \Delta.$
$\epsilon = f - \tilde{f}$	(absoluter) Fehler einer Näherung $\tilde{f}$ gegenüber dem exakten Wert f [Vorzeichen von ϵ wie üblich so, daß $f = \tilde{f} + \epsilon$] 14, 27, 33, 40, 50, 60, 131–134
$\pi = 3.14159\ldots$	Verhältnis Kreisumfang/Durchmesser
φ	Amplitude 74
$\omega(m)$	Abfluß-Funktion 71

Verzeichnis der behandelten Funktionen (geordnet nach F.M.R.-Nummern)

Zur Kennzeichnung und Katalogisierung von speziellen Funktionen dienen häufig Nummern aus dem F.M.R.-Index:

Fletcher, A., J. C. P. Miller, L. Rosenhead and *L. J. Comrie* (1962): An Index of Mathematical Tables. (Part I: Index according to functions.) Blackwell, Oxford.

Die Funktionen des vorliegenden Bandes lassen sich in Abschnitt 21 des F.M.R.-Index einordnen (Section 21: Elliptic Integrals, Elliptic Functions, Theta Functions).

• *Anwendungsbeispiel.* Gegeben: Modularwinkel $\gamma = 35°$. Gesucht: zugehöriger Wert des vollständigen elliptischen Integrals K. –

Aus dem nachstehenden Verzeichnis (erste Zeile) ist ersichtlich, daß der Zusammenhang $K\langle\gamma\rangle$ durch die F.M.R.-Nummer 21.21 gekennzeichnet ist und von Programm 1.1, 1.2, 1.3 oder 1.4 geliefert wird. Für mäßige Genauigkeit reicht Programm 1.1 [wie man der Übersicht (I) zu Beginn von Kap. 1 entnehmen kann]. Als zweckmäßige Berechnung ist im nachstehenden Verzeichnis $K(\sin^2\gamma)$ angegeben, d.h. zunächst wird $\sin^2\gamma$ gebildet (Winkelmodus Deg) und dann K berechnet. Ergebnis: $K\langle 35°\rangle = K(\sin^2 35°) = 1.731245$, Tastenfolge 35 Deg sin x^2 A

F.M.R.	Funktion	Programm	Zweckmäßige Berechnung	Beispiel
21.21	$K\langle\gamma\rangle$	1.1, 1.2, 1.3, 1.4	$K(\sin^2\gamma)$	s.o.
	$E\langle\gamma\rangle$	1.1, 1.2, 1.3, 1.4	$E(\sin^2\gamma)$	
21.23	K(m)	1.1, 1.2, 1.3, 1.4	direkt	1.2-5 etc.
	E(m)	1.1, 1.2, 1.3, 1.4	direkt	1.2-7 etc.
21.24	B(m)	1.1, 1.2, 1.3, 1.4	direkt	
	A(m)	1.1, 1.2, 1.3, 1.4	2m B(m)	1.1-1
	C(m)	(a) 1.3	$[(2-m)K(m)-2E(m)]/m^2$	1.3-2
		(b) 1.4	$G(m; -1/m, 1/m)$	
	D(m)	1.1, 1.2, 1.3, 1.4	direkt	
	$G(m; \alpha, \beta)$	1.4	direkt	1.4-5 etc.
	w(m)	1.1, 1.2, 1.3, 1.4	direkt	1.1-2 etc.
	E(m)/K(m)	1.3	E(m)/K(m)	
21.25	$K[k]$	1.1, 1.2, 1.3, 1.4	$K(k^2)$	
	$E[k]$	1.1, 1.2, 1.3, 1.4	$E(k^2)$	

F.M.R.	Funktion	Programm	Zweckmäßige Berechnung	Beispiel
21.28	Maxwell-Funktion f(m)	(a) 1.3 (b) 1.4	$[(2-m)\,K(m)-2\,E(m)]/\sqrt{m}$ $m^{3/2}\,C(m) = G(m; -\sqrt{m}, \sqrt{m})$	
	$f\langle\gamma\rangle = f(\sin^2\gamma)$	1.4	$\sin^3\gamma\,C(\sin^2\gamma) =$ $\sin\gamma\,G(\sin^2\gamma; -1, 1)$	1.4-19
	Induktivitäts-Funktion R(m)	(a) 1.3	$\pi\sqrt{m}\left[\frac{2-m}{1-m}E(m)-2\,K(m)\right]$	
		(b) 1.4	$\pi\,m^{3/2}\,G\left(m; \frac{1}{1-m}, -1\right)$	1.4-20
	Induktivitäts-Funktion Q(v)	(a) 1.3	$Q(v) = \frac{4}{3\pi} \times$ $\left\{\frac{1}{v^2}\sqrt{1+v^2}\left[K\left(\frac{v^2}{1+v^2}\right)+\right.\right.$ $\left.\left.+(v^2-1)\,E\left(\frac{v^2}{1+v^2}\right)\right]-v\right\}$	
		(b) 1.4	$Q(v) = \frac{4}{3\pi}\left[\frac{1}{\sqrt{1+v^2}} \times\right.$ $\left.G\left(\frac{v^2}{1+v^2}; 1+v^2, 2\right)-v\right]$	1.4-21
	Abfluß-Funktion $\omega(m)$	(a) 1.3	$\omega(m) = 2(1-m+m^2)\,E(m)-$ $-(2-3m+m^2)\,K(m)$	
		(b) 1.4	$\omega(m) = m\,G(m; 1+m,$ $m(3-2m)-1)$	1.4-22
21.31	$F\langle\varphi, \gamma\rangle$ $E\langle\varphi, \gamma\rangle$	2.1, 2.2 2.2	$F(\varphi\,\vert\,\sin^2\gamma)$ $E(\varphi\,\vert\,\sin^2\gamma)$	
21.32	$F(\varphi\,\vert\,m)$ $E(\varphi\,\vert\,m)$	2.1, 2.2 2.2	direkt direkt	2.1-1 etc. 2.2-1 etc.
21.33	$F(\varphi, k)$ $E(\varphi, k)$	2.1, 2.2 2.2	$F(\varphi\,\vert\,k^2)$ $E(\varphi\,\vert\,k^2)$	
21.36	Freeman-Funktion $P(\vartheta)$	2.2	$d-\sqrt{2}\,B(\varphi(\vartheta)\,\vert\,\frac{1}{2})$	2.2-27, 2.2-28
	$p(\vartheta)$	2.1, 2.2	$c-\sqrt{2}\,F(\varphi(\vartheta)\,\vert\,\frac{1}{2})$	2.1-9
	Born-Funktion b(x)	2.1, 2.2	$\frac{1}{2}\,F(2\,\mathrm{arc\,tan}\,\frac{1}{x}\,\vert\,\frac{1}{2})$	2.1-10
	Komplementäre Born-Funktion a(x)	2.1, 2.2	$\frac{1}{2}\,F(2\,\mathrm{arc\,tan}\,x\,\vert\,\frac{1}{2})$	2.1-10
	$B(\varphi\,\vert\,m)$	2.2	direkt	
	$A(\varphi\,\vert\,m)$	2.2	$2m\,B(\varphi\,\vert\,m)$	2.2-3
	$D(\varphi\,\vert\,m)$	2.2	direkt	
	$G(\varphi\,\vert\,m; \alpha, \beta)$	2.2	direkt	2.2-4 etc.
21.71	$q\langle\gamma\rangle$	1.1, 1.2, 1.3, 1.4	$q(\sin^2\gamma)$	
21.72	q(m)	1.1, 1.2, 1.3, 1.4	direkt	1.1-2 etc.

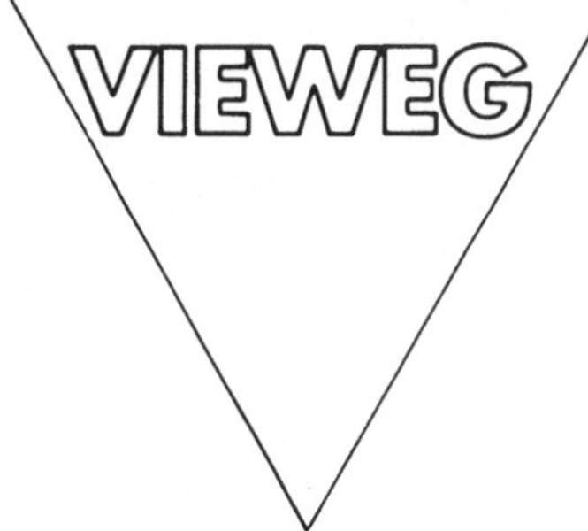

Anwendung programmierbarer Taschenrechner

Mathematische Routinen der Physik, Chemie und Technik für AOS-Rechner

von Peter Kahlig

Band 3/I:

Mit 21 Programmen, 71 Abbildungen, 129 Beispielen, 34 Tabellen und einem Anhang: Universelle Sonderprogramme zum Zeichnen und Drucken. 1979. VI, 178 S. DIN C 5. Kartoniert

Inhalt: Gamma- und Beta-Funktion, Kombinationen (Binomialkoeffizienten), Variationen (permutations, factorial powers) und ihre Logarithmen – Digamma-Funktion und ihre ersten sechs Ableitungen (Polygamma-Funktionen), beta-Funktion und ihre ersten sechs Ableitungen – Exponentialintegrale, Integrallogarithmus, Integralsinus und -cosinus, hyperbolischer Integralsinus und -cosinus.

Interessante mathematische Algorithmen werden in diesem Buch für die Programmierung aufbereitet.

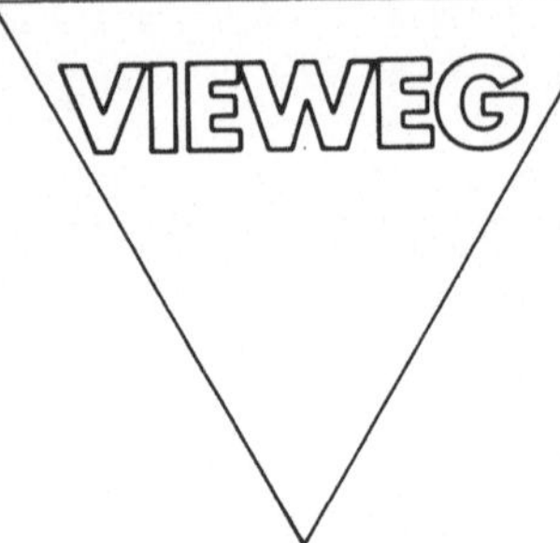

Anwendung programmierbarer Taschenrechner

Mathematische Routinen der Physik, Chemie und Technik für AOS-Rechner

von Peter Kahlig

Band 3/II:

Mit 14 Programmen, 71 Abbildungen, 137 Beispielen, 16 Tabellen und einem Anhang: Anleitungen zum logarithmischen Plotten von Kurven und Programmen zur Erzeugung von Fehlerkurven zu Funktionsroutinen. 1980. VIII, 180 S. DIN C 5. Kartoniert

Inhalt: zeta-, xi- und Xi-Funktion von Riemann, eta-, kappa- und rho-Funktion, L-Funktionen von Dirichlet — Polylogarithmen, chi-Funktionen von Legendre — Arcustangens-Integrale — Clausen-Integrale und Glaisher-Funktionen.

Die Bände enthalten insgesamt 27 ausgefeilte AOS-Programme für 51 oft benötigte Funktionen aus den Bereichen der Physik, Chemie und Technik. Zur Auflockerung und zur zusätzlichen Information dienen 142 Abbildungen, die fast alle vom Rechner selbst gezeichnet wurden.